Brüggemann Zu früh ins Leben?

Dr. med. J. H. Brüggemann

Zu früh ins Leben?

Was alle Eltern über Risiko- und Frühgeburt wissen sollten

mit Beiträgen von
Prof. Dr. med. G. Jorch
und
Dr. med. Hans v. Lüpke
B. v. Lüpke

TRIAS THIEME HIPPOKRATES ENKE

Anschrift des Autors:
Dr. med. J. H. Brüggemann
Böttgerstr. 20
D-60389 Frankfurt/M.

Umschlaggestaltung und
Konzeption der Typographie:
B. und H. P. Willberg, Eppstein/Ts.

Umschlag- und Textzeichnungen:
Friedrich Hartmann, Nagold

Die Deutsche Bibliothek – CIP-Einheitsaufnahme

Brüggemann, Jan Hein:
Zu früh ins Leben? : Was alle Eltern über Risiko- und Frühgeburt wissen sollten / J. H. Brüggemann. Mit Beitr. von G. Jorch und Hans v. Lüpke. – Stuttgart : TRIAS – Thieme Hippokrates Enke, 1993

Wichtiger Hinweis: Wie jede Wissenschaft ist die Medizin ständigen Entwicklungen unterworfen. Forschung und klinische Erfahrung erweitern unsere Erkenntnisse, insbesondere was Behandlung und medikamentöse Therapie anbelangt. Soweit in diesem Werk eine Dosierung oder eine Applikation erwähnt wird, darf der Leser zwar darauf vertrauen, daß Autoren, Herausgeber und Verlag große Sorgfalt darauf verwandt haben, daß diese Angabe dem Wissensstand bei Fertigstellung des Werkes entspricht.
Für Angaben über Dosierungsanweisungen und Applikationsformen kann vom Verlag jedoch keine Gewähr übernommen werden. Jeder Benutzer ist angehalten, durch sorgfältige Prüfung der Beipackzettel der verwendeten Präparate und gegebenenfalls nach Konsultation eines Spezialisten festzustellen, ob die dort gegebene Empfehlung für Dosierungen oder die Beachtung von Kontraindikationen gegenüber der Angabe in diesem Buch abweicht. Eine solche Prüfung ist besonders wichtig bei selten verwendeten Präparaten oder solchen, die neu auf den Markt gebracht worden sind. Jede Dosierung oder Applikation erfolgt auf eigene Gefahr des Benutzers. Autoren und Verlag appellieren an jeden Benutzer, ihm etwa auffallende Ungenauigkeiten dem Verlag mitzuteilen.

Printed in Germany
Satz: Gulde-Druck GmbH, Tübingen
(Linotype System 6 [300 LTC])
Druck: Gutmann, Heilbronn

ISBN 3-89373-220-9 1 2 3 4 5 6

Für alle Ungeborenen
Für Angela + Marius
Meinen Lehrern

Zu diesem Buch

»Einerseits mag ich Dinge so einfach wie möglich, andererseits aber auch nicht einfacher!« (A. EINSTEIN)

Wir möchten werdenden Eltern mit diesem Buch in erster Linie das Unbehagen nehmen, das sie manchmal befällt, wenn die Geburt näherrückt. Speziell jene Eltern, die sich mehr Sorgen machen, weil sie Probleme in der Schwangerschaft belasten, sie von Frühgeburt gehört haben oder einfach verunsichert sind, sollen angesprochen werden. Angst entsteht aus Unkenntnis vor dem »was morgen kommt«. Lassen Sie sich deshalb informieren, welche großartigen Möglichkeiten in der Neugeborenenversorgung (Neonatologie) heutzutage bestehen, und wann es sinnvoll ist, sie im Interesse des Kindes zu nutzen.

Wenn Sie Bescheid wissen, fühlen Sie sich sicherer.

Ein besonderes Anliegen dieses Buches ist es, Ihnen den ersten Lebensabschnitt aus der Sicht der Kinder darzustellen. Diese Betrachtungsweise ist ungewöhnlich und dennoch »natürlich«. Schließlich sind die Neuankömmlinge Hauptbeteiligte bei ihrer Geburt.

Aus diesem Blickwinkel heraus öffnen sich überraschende Gedanken. Lassen Sie uns an dieser Stelle nur zwei Betrachtungen aufgreifen: Jede Mutter weiß, wie unterschiedlich ihre Kinder bereits im Mutterleib auf Ansprache reagieren oder besondere Vorlieben entwickeln. Offensichtlich ist jedes Ungeborene bereits weit vor der Geburt ausgestattet mit hochempfindlichen Antennen für das, was in seiner Umwelt passiert und vermag darauf je nach Temperament zu »antworten«. Verständigung über Körpersprache oder direktes Ansprechen steuern also bereits im vorgeburtlichen Wechselspiel Verhalten von Mutter und Kind. Das Ungeborene ist in höchstem Maße *lernbereit* und *entscheidungsfähig*!

So ist es kaum verwunderlich, daß wohl jedes Baby später auch seine Geburt mitgestaltet, sie bewußt wahrnimmt und unzweifelhaft genauso »schuftet« wie die Mutter.

Ist es unter diesem Blickwinkel betrachtet nicht erstaunlich, daß sich bei jeder stressigen Geburt ein Frauenarzt selbstverständlich um das Wohlergehen der werdenden Mutter kümmert, indes die gleichzeitige Anwesenheit des Kinderarztes vielerorts völlig überflüssig erscheint? Schwingt da noch die veraltete Vorstellung mit, das Kind »merke doch eh' nichts«?

Erschöpfte Babys denken aber anders. Für sie muß dieser Empfang wenig freundlich erscheinen: »Das also ist sie, die neue Welt!«

Verfolgen wir einen zweiten Gedanken: Entzieht sich ein Ungeborenes z.B. einer bedrohlichen Ernährungssituation im Mutterleib durch eine frühe Geburt, dann unterstreicht es damit zunächst *aktiv* seinen Lebenswillen. Die Organe mögen unreif sein, aber unter den gegebenen Umständen ist er/sie nicht zu früh geboren, sondern für sich genau zum richtigen Zeitpunkt – eben vor dem (Ver)Hungern. Anscheinend vertrauen sie darauf, »hier« ihr Problem besser lösen zu können.

Kann man diesem Gedanken folgen, dann stellt dieses Zutrauen in die neue Welt uns vor die besondere Verpflichtung wirklich alles zu unternehmen, um schon die Ankunft so behaglich wie möglich zu gestalten.

Die freudige Erwartung seitens der Eltern ist ihnen sicher. Leider reicht das für einen guten Start jedoch manchmal nicht aus. Nach Ansicht von Neugeborenenärzten (Neonatologen) benötigen etwa 100000 erschöpfte Neu- und Frühgeborene pro Jahr in Deutschland zusätzliche »Anschubhilfe« nach der Geburt. Diese Unterstützung unmittelbar nach der Ankunft ist deshalb so wichtig, weil sie körperliche und geistige Handicaps verhindert.

Zukünftige Eltern sind unseres Erachtens noch zu wenig über den Nutzen dieser Möglichkeit informiert.

Wenn Sie Bescheid wissen, können Sie auch sinnvolle Entscheidungen treffen.

In den ersten beiden Kapiteln möchten wir Ihnen Mittel und Wege aufzeigen, die Sie ergreifen können, um gelassener der Geburt und Zukunft entgegenzusehen.

Für die Eltern, deren Kind weit vor dem errechneten Geburtstermin zur Welt gekommen ist, und/oder auf einer Neugeborenen-Intensivstation betreut werden muß, sind die nachfolgenden Kapitel geschrieben. In den letzten Jahren sind gerade in diesem Bereich enorme Fortschritte erzielt worden. Die vielleicht wichtigste »nicht-medizinische« Erfahrung war, welch große *Persönlichkeit* bereits Frühgeborene besitzen. Diese Erkenntnisse möchten wir Ihnen mitteilen!

Für Eltern, die nicht genug erfahren können und in allen Details informiert sein wollen, gibt es einen Speziellen Teil, der sich mit Krankheiten und Komplikationen befaßt.

Wir hoffen auf Ihr kritisches Interesse.

Risiken vermindern – Sicherheit erhöhen

Die vorgeburtliche Situation (Pränatale Phase)

Zum Begriff »Risikoschwangerschaft«

Wenn jemand behauptet »Essen und Trinken ist das Natürlichste auf der Welt« so wird das im ersten Augenblick kaum jemand bestreiten. Die Feststellung trifft ja tatsächlich auch für den Großteil der Bevölkerung zu.

Würde allerdings dieselbe Aussage in einer Diabetiker-Runde vorgebracht werden, gäbe es bereits Diskussionen darüber, inwieweit eine Diät noch natürlich sei oder nicht. Fest steht jedenfalls, daß Zuckerkranke nicht mehr nach Belieben essen und trinken dürfen, sondern im Gegenteil bestimmte Ernährungsregeln einhalten müssen. Die Patienten wissen, daß sie sich auf diese Weise relativ einfach vor Dauerschäden schützen können.

Schwangerschaft und Geburt sind zunächst ebenfalls natürliche Lebensvorgänge. Daher verläuft auch dieses Naturereignis in der Mehrzahl ohne Komplikationen ab.

Leider gibt es unter allen Schwangeren aber auch Patientinnen, bei denen für das Kind eine erhöhte statistische Gesundheitsgefährdung vor oder während der Entbindung besteht. Man spricht in diesem Zusammenhang von Risikoschwangerschaft und Risikogeburt. Um die Gesundheitsgefährdung auch hier gering zu halten, müssen Risikoschwangere wie jene oben erwähnten Diabetiker gleichfalls einige Vorsorgeregeln beachten. Sie schützen damit ihr Kind.

Damit Sie sich keine unnötigen Sorgen machen, sei an dieser Stelle ausdrücklich betont: Der Begriff »Risikoschwangerschaft« besagt nicht, daß während der Schwangerschaft oder Geburt ein Problem auftreten *muß*, sondern er zwingt lediglich zu besonderer Aufmerksamkeit in der Schwangerschaft und Überlegung bei der Geburtsplanung.

Risikoschwangerschaft bedeutet nicht selten auch »Risikogeburt«. Risikogeburten erfordern besondere Aufmerksamkeit für das Kind. Besondere Aufmerksamkeit heißt: Anwesenheit des Kinderarztes!

Ob das Baby nach der Geburt auch wirklich kinderärztliche Hilfe benötigt oder nicht, ist hierbei zweitrangig. Sicherheit geht vor!

Vor noch nicht allzu langer Zeit war es keine Seltenheit, wenn Mütter bei der Geburt ihrer Kinder starben. Gleichfalls galt es als normal, daß ein gewisser Teil der Nachkommenschaft das Säuglingsalter nicht überlebte. Heutzutage muß bei der Geburt keine Frau mehr um ihr Leben fürchten. Auch die Abnahme der Säuglingssterblichkeit ist beachtlich. Trotzdem besteht kein Grund, die Hände in den Schoß zu legen. Entscheidend ist nämlich nicht mehr, *ob* ein Baby überlebt, sondern *wie* es überlebt. Diese sog. Morbidität (Krankheitsfälle pro Geburtenzahl) ist in Deutschland im Vergleich zu den Nachbarstaaten noch erheblich höher.

In jedem Jahr werden mehr als 40000 Kinder mit Behinderungen aller Art aus deutschen Kliniken entlassen. Das liegt auch daran, daß Risikoentbindungen ohne Anwesenheit des Kinderarztes durchgeführt werden. Eltern und vor allen Dingen die Kinder werden durch diese Praxis zu Opfern traditioneller, überalterter Entbindungsgewohnheiten. Das muß nicht so sein und darf nicht so bleiben!

Dieses Buch will Sie über Möglichkeiten informieren, welchen Beitrag zur Minderung der Probleme Sie in eigenem Interesse leisten können.

In diesem Zusammenhang ist es für werdende Eltern besonders wichtig zu wissen, daß etliche Handicaps erst im Kleinkindesalter in Erscheinung treten.

Trotzdem können sie ursächlich die Folge einer schweren oder »stressigen« Geburt sein. Mit dem oben erwähnten Begriff »Behinderungen« sind dann auch weniger die sichtbar körperlich-geistig Behinderten gemeint (deren Zahl ist deutlich rückläufig), sondern jene Sorgenkinder mit sog. »minimalen« Entwicklungsverzögerungen. Sie zeigen sich in Form von Konzentrationsproblemen, Ungeschicklichkeiten (»Er/sie hat zwei linke Füße«) und/oder mangelhaftem Selbstwertgefühl. Ängstlichkeit ist ein weiteres Zeichen.

Langfristig betrachtet stören diese Handicaps auf empfindliche Weise das Wohlbefinden der Kinder. Denn wer wird auf Dauer schon gefragt, ob er weiter mitspielen will, wenn er/sie dauernd »neben den Ball haut«.

Und um schulische Leistungsanforderungen zu erfüllen, benötigt ein Kind in der Regel ein beträchtliches Maß an Konzentrationsfähigkeit. Das entwicklungsverzögerte Kind aber kann (!) die Lernziele nicht (spielerisch) erreichen. Wird das mißverstanden, dann ist schnell der Punkt erreicht, wo der »Spaß aufhört«. Die Kinder haben trotz Leistungsbereitschaft Angst vor neuen Aufgaben, sie klammern sich an das was sie können, wagen sich aber nicht an »neue Ufer«. Stolz und Selbstbewußtsein haben unter diesen Umständen keine Chance auszukeimen. Dies ist ein verhängnisvoller Kreislauf, denn immer neue Frustrationen (meist noch von Spott begleitet) fördern Einzelgängertum. Gemeinschaftsgefühl, Eingliederung in Familie und Gesellschaft gestalten sich damit zunehmend schwieriger.

Um dieses Übel bei der »Wurzel zu packen« und so eine unbeschwerte Entfaltung möglichst aller Kinder zu gewährleisten, sollte daher – so die logische Schlußfolgerung –, speziell bei Risikoschwangerschaften bereits zur Geburt ein Kinderarzt mit Neugeborenenerfahrung (Neonatologe) anwesend sein, der die momentanen Bedürfnisse eines gestreßten Babys erkennt, und im Bedarfsfall ohne Zeitverzögerung dem Neugeborenen hilft, die ersten Klippen des Lebens sicher zu umschiffen.

Die fachgerechte Sofortbetreuung eines gestreßten Babys durch den erfahrenen Kinderarzt unmittelbar nach der Geburt stellt die Weichen für viele Qualitäten des weiteren Lebens.

Wenn Sie wissen möchten, in welchem Zusammenhang ein erhöhtes Risiko vorliegt, dann gehen Sie die Tabelle auf der nächsten Seite durch.

Viele Schwangere, die Risiken aufweisen, wissen das gar nicht. Es ist wie die schleichende Gefahr beim unerkannten Diabetes: man merkt es anfangs nicht! Der warnende Schmerz oder die körperlichen Beschwerden fehlen, und nichts scheint darauf hinzudeuten, daß es besser wäre, Schutzmaßnahmen für sich und das Baby ins Auge zu fassen.

Leider gesellt sich, selbst wenn Risiken bekannt sind, ein allzu menschliches, aber gleichwohl heimtückisches Problem hinzu: Die Patientinnen verdrängen trotz aller Sorge um das künftige Wohlbefinden ihrer Kinder unliebsame Befunde und handeln nach dem Motto: »Es wird schon gutgehen.« Auch wenn das gottlob bei vielen Entbindungen zutrifft, ist eine derartige Haltung im Einzelfall doch riskant. Deshalb sollte die Frage »Risiko für mein Kind – ja oder nein« bitte nicht ausgeklammert werden.

Der alte Grundsatz: »Vorsicht ist besser als Nachsicht« zahlt sich unter Umständen ein Leben lang aus.

Tab. 1 Risikoschwangerschaften

Schwangerschaftsproblem	Zeichen
1. Gestose (Schwangerschaftsvergiftung)	– Starke Kopfschmerzen – extreme Gewichtszunahme – Augenflimmern – Wassereinlagerung – Schäumender Urin infolge Eiweißausscheidung
2. Diabetes (Zuckerkrankheit)	– häufiges Wasserlassen mit Zuckerausscheidung – erhöhter Flüssigkeitsbedarf über 3–4 l/Tag – stark juckende Haut
3. Mehrlingsgeburten	
4. vorzeitiger Blasensprung (Platzen der Fruchtblase ohne Wehen) mehr als 24 Std. vor der Geburt	
5. pathologischer Scheidenabstrich (krankmachende Scheidenbakterien)	
6. hochgradige Anämie (Blutarmut der Mutter)	
7. hochgradige Polyglobulie (überstarke rote Blutzellenvermehrung),	
8. Cervixinsuffizienz (Gebärmutterhalsschwäche)	
9. »alte Erstgebärende« (Mutter älter als 35 Jahre)	
10. erhöhter Drogenkonsum (Nikotin, Alkohol, Medikamente e. a.)	
11. Plazenta praevia (Mutterkuchensitz am Scheideneingang)	
12. Plazentainsuffizienz (schlechte Mutterkuchenfunktion)	
13. Sturzunfälle	
14. Erkrankungen der inneren Organe (z. B. infektiöse Gelbsucht, u. a.)	
15. seelische Belastungen (psychische, familiäre, Partnerprobleme)	
16. sonstige auffällige Schwangerschaftsbefunde (→ Blaues Schwangerenvorsorgeheft)	

Was können Eltern tun?

Durch offene und ehrliche Auseinandersetzungen läßt sich bereits zum günstigsten Zeitpunkt, nämlich vor der Geburt, vieles in die gute Richtung lenken. Sollten Sie Befürchtungen haben, dann ist das zunächst etwas ganz Natürliches. Alle Eltern machen sich Gedanken um die Zukunft ihrer Kinder. Aber wenn Sie Sorgen quälen, sprechen Sie bitte darüber mit vertrauten Personen und holen Sie sich Rat bei Ihrem Frauenarzt/ärztin. Sie/er ist ein qualifizierter Ratgeber. Die Bereitschaft über Risiken oder Probleme im Vorfeld der Geburt zu diskutieren, ist ein ganz erheblicher Beitrag von Ihnen, der sehr entspannend(!) sein kann. Weiterhin ist die Schwangerschaftsvorsorge beim Frauenarzt (Blaues Heft) von herausragender Bedeutung.

Eine *gute Vorbereitung* und *regelmäßige Vorsorgeuntersuchungen* vermindern bereits deutlich die Wahrscheinlichkeit einer späteren Geburtskomplikation. Zeigt zum Beispiel die Untersuchung der Scheidenflora unmittelbar vor der Geburt ein normales Bakterienwachstum, dann ist damit eine Infektionsgefahr für das Kind auch bei länger zurückliegendem Blasensprung (s. S. 29 f.) praktisch nicht gegeben.

Durch regelmäßige Ultraschalluntersuchungen können werdende Mütter im Bild sehen, wie sich ihr Baby entwickelt. Nicht selten steigt nach so einer Untersuchung die Mutter-Kind-Beziehung sprunghaft an, was sich wiederum positiv auf die spätere Entbindung auswirkt. Eigene positive Wahrnehmungen untermauern die »frohe Erwartung«. Der Arzt erkennt wie das Ungeborene wächst, ob es gut ernährt ist, und wo der Mutterkuchen plaziert ist (vgl. Tabelle 1). Er untersucht, ob bestimmte Vorerkrankungen der Mutter für das Baby gefährlich werden können (s. S. 148 ff.), und kann Eltern, die ihr (erstes) Kind erwarten, in vielen Fragen zur Geburt beraten.

All das trägt dazu bei, später die Schwangerschaft glücklich zu beenden, und jedem Baby einen guten Start zu ermöglichen.

Zukünftige Eltern können sich noch weiter absichern

Die beste Risikoversicherung für Problementbindungen ist die Geburt in einem Krankenhaus, in dem Geburtsabteilung und Kinderklinik unter einem Dach liegen (perinatologisches Zentrum, perinatologischer Schwerpunkt.)

Die räumliche Nähe ermöglicht es dem Kinderarzt, auch in unvorhergesehenen Situationen noch während der Geburt rechtzeitig zur Stelle zu sein. Machen Sie sich bitte Folgendes klar:

Die Gegenwart von Kinderärzten im Kreißsaal bedeutet erhöhte Aufmerksamkeit für Ihr Baby von der ersten Minute an. Es ist keinesfalls ein bedrohliches Zeichen und bedeutet nicht, daß ihr Baby krank ist. Im Gegenteil: Sie erfahren aus erster Hand, daß ihr Baby gesund ist!

Wer gut aus den Startlöchern kommt, hat schon zu Beginn die Nase vorn.

Die geplante Frühgeburt

Etliche Schwangerschaftsrisiken belasten Mutter oder – weitaus häufiger – das Ungeborene so sehr, daß eine vorzeitige Entbindung erfolgen muß, um niemanden zu gefährden.

Die meisten Hochrisiko-Mütter können sehr gut betreut werden. Eine drohende Frühgeburt wird mit ihrer Hilfe rechtzeitig erkannt. Unregelmäßigkeiten im Wehenschreiber, Veränderungen am Gebärmutterhals, *regelmäßige Wehen*, verstärkter Scheidenausfluß, und nicht zuletzt das ungute Gefühl der Mutter »es passiert etwas«, leiten zu verstärkter Beobachtung über.

Entspannungsübungen, Gabe von Mineralstoffen oder pflanzlichen Mitteln sind erste Versuche, das Problem zu beseitigen. Gespräche, die Äußerung von Wünschen oder Gedanken sind seelische, druckentlastende Hilfen. Das Bedürfnis nach Aktivität sollte nicht unterdrückt werden. Angemessene Geschäftigkeit wirkt sich positiv auf den Erhalt der Schwangerschaft aus.

Grundsätzlich wird man versuchen, die Schwangerschaft wenigstens bis zur 36. Woche aufrechtzuerhalten, da erst zu diesem relativ späten Zeitpunkt die Organe des Ungeborenen weitgehend ausgereift sind. Die Lunge benötigt die längste Zeit zum Reifen.

Zeigen sich bereits vorher so starke Wehen, daß dies nicht möglich ist, dann kann je nach Schwangerschaftsmonat auch versucht werden, mit Hilfe von Medikamenten die Wehentätigkeit zu hemmen (Tokolyse). Der Versuch, die Lungen des Ungeborenen vorzeitig mit Cortisonpräparaten (Celestan®) reifen zu lassen, zeigt nach der Geburt oftmals erstaunliche Wirkung. Aber selbst, wenn die Geburt trotz aller Gegenmaßnahmen fortschreitet und die Entbindung notwendig wird (z. B. bei drohendem Sauerstoffmangel), wird die professionelle Erstversorgung durch das bereitstehende Kinderarztteam Ihr Baby »auffangen« und ihm Anpassungsprobleme ersparen (s. S. 35 ff.).

Was nach der Geburt passiert, läßt sich nicht regelhaft beantworten. Vielen Kindern geht es wegen der gezielten Anpassungshilfe so gut, daß sie bei den Eltern bleiben können. Es ist keinesfalls so, daß alle Frühgeborenen nach der Geburt »auf die Kinderstation verlegt« werden, sondern ein Grundsatz aller Beteiligten heißt:

Eltern und Kind sollen sich möglichst ungestört aneinander gewöhnen.

Sollten aber bei *kleinen Kindern unter 2500 g* Probleme nach der Geburt auftauchen, dann ist eine vorübergehende Aufnahme auf eine Kinderstation im gleichen Haus nicht zu vermeiden. Das hat den enormen Vorteil, daß Mutter und Kind zu keiner Zeit getrennt werden müssen. Mit gezielter Nachhilfe erholt sich das Baby viel besser. Langfristig gesehen bedeutet dies raschere Wiederherstellung der unbeschwerten Mutter-Kind-Beziehung. Ein langer Transport in eine andere Klinik verschlechtert unter diesen Umständen die Chancen für eine rasche Gesundung (s. S. 31 ff.). Die große räumliche Trennung verhindert darüber hinaus den ersten Mutter-Kind-Kontakt und ist ein weiteres Argument zugunsten der Entbindung einer geplanten Frühgeburt in einem Perinatalzentrum oder Perinatalschwerpunkt.

Kinder unter 2500 g oder Frühgeborene mit Atemstörungen und/oder Herzkreislaufproblemen müssen zunächst auf einer neonatologischen Intensivstation überwacht werden bis sichergestellt ist, daß keine Probleme auftauchen (s. S. 45 ff.).

Die überraschende Frühgeburt

Gott sei Dank ist der Mensch keine Maschine, die nach immer gültigen und berechenbaren Regeln funktioniert. Auch bei bester Vorsorge und Kontrolle in der Schwangerschaft kann die Ankunft eines Babys früher eintreten als geplant. Die wenigsten Frühgeburten setzen jedoch überfallartig ein. Es bleiben immer noch Stunden, die genutzt werden können.

Die Geburt kann sich durch

- regelmäßige krampfartige Unterleibsschmerzen,
- anhaltende Kreuzschmerzen,
- Schmierblutungen aus der Scheide,
- und/oder Fruchtwasserabgang (tröpfchenweise bis schwallartig) ankündigen.

Viele Frauen spüren: »Jetzt ist etwas passiert« und werden von Unruhe, Übelkeit, Erbrechen oder Durchfall geplagt. Es besteht jedoch – leichter gesagt als getan – kein Grund zur Panik.

Entspannen Sie sich, so schnell kommt kein Baby.

Telephonieren Sie mit ihrem Frauenarzt oder dem Krankenhaus, in dem Sie entbinden wollen (auch am Wochenende oder nachts). Zur Kontrolle wird man Sie einbestellen! Wahrscheinlich bleiben Sie zur Überwachung stationär. Vergessen Sie bitte deshalb Ihren gepackten Klinikkoffer nicht. Eine Hausgeburt wäre in diesem Zustand eine Katastrophe.

Bei einer

- plötzlichen starken vaginalen Blutung,
- bekannten Steiß- oder Querlage mit Blasensprung,
- Wehensituation, wo Sie als Mutter auf sich alleingestellt sind,

rufen Sie den Notarztwagen oder den Krankentransport einer der vielen Hilfsorganisationen. Etliche Frauen haben sich für solche Fälle einen Plan zurechtgelegt, einen Notkoffer bereit gestellt, und die wichtigsten Telephonnummern

Partner ....

Frauenarzt ....

Entbindungsklinik ....

Perinatalklinik ....

Rettungswache in der Nähe ....

Notarztwagen .... 110 oder 112

Babysitter für Geschwisterkinder(!) ....

griffbereit. Diese Praxis scheint übertrieben, vielleicht sogar ein wenig neurotisch, aber es ist sicherer, wenn man/frau mit »Netz und doppeltem Boden« arbeitet. Um so besser, wenn der Koffer erst zum errechneten Termin benötigt wird. Denken Sie bitte daran, daß *Taxiunternehmen nicht verpflichtet sind, Sie im Bedarfsfall in eine Klinik zu fahren.* Erkundigen Sie sich besser nach einer Rettungswache des Roten Kreuzes, Malteser Hilfsdienstes o.a. in Ihrer Nähe, und fragen Sie nach Transporthilfen bei unvorhergesehenen Situationen. In der Regel bieten alle Hilfsorganisationen Beistand. Notieren Sie die Telephonnummer. Sollten »alle Stricke reißen«, dann fordern Sie den Notarzt unter der Rufnummer 110 oder 112 an.

Bestehen Sie darauf, in der angenehmsten Position für Sie transportiert zu werden. Bei einem Blasensprung empfiehlt sich die liegende Haltung. Das auslaufende Fruchtwasser kann bei aufrechter Haltung wie ein Wasserstrudel die Nabelschnur mitreißen, im Gebärmutterhals einklemmen und beim Baby Sauerstoffnot verursachen. Das kommt zwar selten vor, sollte aber beachtet werden.

Kann man/frau Frühgeburten vermeiden?

Die Zahl der Frühgeburten hat sich in den letzten Jahren trotz umfassender medizinischer Betreuung erhöht.

Diese Aussage überrascht und beunruhigt zunächst. Die oben gestellte Frage muß also mit einem Nein beantwortet werden. Indes ist sie wahrscheinlich falsch gestellt, und müßte heißen: Kann ich *für mich* eine Frühgeburt vermeiden?

Die Antwort darauf ist schon nicht mehr so einfach. Grundsätzlich sind es drei Dinge, die zum vorzeitigen Ende der Schwangerschaft beitragen:

- körperliche organische Ursachen (z. B. Diabetes)
- seelische Belastungen (z. B. Familien-/Partnerkonflikte)
- kindliche Geburtsbestrebungen

Es mögen noch weitere Faktoren hinzukommen (z. B. Umweltbedingungen, notwendige Medikamente), die aber bei folgendem Denkmodell weniger von Bedeutung sind: Akzeptiert man einen eigenen Willen des Ungeborenen, da es – wie noch zu zeigen sein wird – schon im Mutterleib seine »fünf Sinne beieinander« hat und deshalb in der Lage ist, aktiv auch seinen *Einfluß geltend zu machen*, dann könnte man Frühgeburtlichkeit als Entscheidung eines (oder beider) Partners verstehen, sich bereits vorzeitig zu trennen, was auch immer der Anlaß dazu sein mag. Dabei ist zu bedenken, daß jemand, der »es in seiner Umgebung nicht aushält«, eher nach einem Ausweg sucht.

Läge es da nicht nahe, Frühgeburtsbestrebungen zumindest herauszögern zu können, indem beide Partner wechselseitig wie echte Freunde ohne Druck(!) Verständnis füreinander zeigen?

Das alles hat natürlich seine Grenzen: Rein organische Ursachen wie Infektionen, Gebärmutterfehlbildungen oder schwere Vorerkrankungen sind nicht zu vermeiden und für das Kind wie auch für die Mutter wenig entspannend. Sie haben daher – wie wir zuverlässig wissen – erheblichen Einfluß auf eine Frühgeburtlichkeit.

Trotzdem bleiben noch verschiedene Möglichkeiten, Wohlbefinden auch in derartiger Situation zu steigern: Das beginnt bei *Meiden von Alkohol*, dem *Verbannen der Zigarette* von Mutter und Vater. Ein *aufrichtiger und ungekünstelter Umgangston* verringert innere Spannungen. Der Versuch, anders sein zu wollen, als man in Wirklichkeit ist, immer nur Rücksicht auf den anderen zu nehmen, ist auf Dauer frustrierend. Ständig nur die

»Schwangerschaft in den Griff bekommen zu wollen« ist letztendlich für beide Seiten »kein Zustand zum Aushalten«.

Gelassenheit und Vertrauen in die Fähigkeit des Ungeborenen, es einfach nur wachsen zu lassen (weil er/sie das ja schließlich auch will) ist hingegen ein Zeichen echter partnerschaftlicher Bindungen. Glauben Sie einfach an Ihr Baby.

Medikamente sollten nur dann eingenommen werden, wenn es nicht anders geht. Das Ungeborene benötigt *keine Drogen*, muß aber immer »mitschlucken«. Die Contergan®-Einnahme, die als »harmloses Schlafmittel« propagiert wurde, und geradewegs in die Katastrophe führte, steckt jedem noch im Gedächtnis. *Schlaf durch Entspannung* ist, wenn es Umgebung und innere Einstellung zulassen, die bessere Medizin. *Regelmäßige Vorsorgen* erhöhen – wie berichtet – die Sicherheit.

Der vielleicht wichtigste Beitrag, den Eltern leisten können, betrifft *die echte innere Hinwendung zum Kind.* Sie vermag, wie wir auf Neugeborenenstationen immer wieder bestätigt sehen, auch die Bereitschaft beim Kind zu wecken, sich anzustrengen und »sein Bestes zu geben«. Alle »Frühcheneltern« wissen das.

Existenzbedrohende seelische Belastungen wie finanzielle Not, Wohnungsprobleme, ungewollte Schwangerschaft oder langfristige, tiefe Partnersorgen haben einen unbestreitbaren negativen Einfluß auf den Erhalt einer Schwangerschaft. Sie sind wahrscheinlich »Die« Ursachen für die steigende Zahl an Frühgeburten.

Deshalb ist der Rat, seinem »Herzen Luft zu machen«, mit dem Frauenarzt oder der Hebamme im Geburtsvorbereitungskurs zu sprechen, kurzum sich die *Probleme »von der Seele zu reden«* so wichtig. Organisationen wie »pro familia« helfen bei dem Umgang mit Ämtern, nennen psychologische Betreuer und raten in Geldfragen weiter. Dieser Beistand entlastet ungemein, und ist daher eine große Chance, die Schwangerschaft eventuell besser annehmen zu können.

Auch wenn wirklich alles in diese Richtung unternommen wird, bleibt immer noch eine beträchtliche Gruppe übrig, wo es nicht gelingt, die Frühgeburtsbestrebungen aufzuhalten. Vieles bleibt dabei im dunklen. Aber ist es zu weit gedacht, wenn nach den Eingangsbetrachtungen die Frage aufgeworfen wird, ob nicht auch *die Persönlichkeit »Kind« selbst*, unabhängig vom guten Willen seiner werdenden Eltern, je nach seinem Temperament und der eigenen Vorstellung »wann es genug sei«, den Geburtszeitpunkt mitbestimmen kann? Auch Ungeborene besitzen halt einen eigenen Willen, lange bevor wir es ihnen zutrauen.

Die Risikogeburt am errechneten Termin

In vielen Kinofilmen gelangt man nur unter Wasser oder durch dunkle Tunnel in die Freiheit! Für manche Zuschauer ist das spannend, andere erleben diese Sequenzen als Nervenkitzel, und nicht selten stellt man sich (vielleicht mehr als sonst) vor, wie man das als Betroffener selbst empfinden würde. Paradoxerweise ist aber für etliche Menschen allein die Idee, unter Wasser durch einen Tunnel schwimmen zu müssen, geradezu angstbesetzt.

Aber warum »schnürt« es ihnen »den Hals zu«, oder ist es so »beklemmend«? Könnte das nicht für sie eine uralte negative Geburtserfahrung sein? Es gilt zwar inzwischen als sicher, daß die meisten der Geburten keine psychisch negativen Spuren hinterlassen. Gleichwohl ist jede Entbindung aber ein Akt, dessen Dramatik nur schwer zu überbieten ist. Jeder, der daran beteiligt ist, wird sich bemühen, diesen an sich natürlichen Vorgang so sanft und harmonisch wie möglich mitzugestalten. Schließlich soll für alle eine positive Erinnerung zurückbleiben. Diese Forderung gilt aber nachdrücklich auch für jedes Neugeborene! Wir sollten uns darüber im klaren sein, daß jedes Kind ein Geburtserlebnis hat, welches spätestens dann nicht mehr harmonisch und natürlich verarbeitet werden kann, wenn sich die Nabelschnur um den Hals zerrt, das noch Ungeborene infiziertes Fruchtwasser trinken muß oder der Geburtsstreß zu lange dauert.

Diese und andere Unannehmlichkeiten sind im Einzelfall vor der Geburt leider nicht abzusehen. Insofern ist die Ankündigung »natürliche Geburt« nur dann ein Versprechen, wenn dem Kind bei der Geburt ein Neugeborenenarzt zur Seite gestellt wird, der sich auf die medizinischen Bedürfnisse des Neuankömmlings konzentriert und Probleme gegebenenfalls sofort beseitigt. Genauso wie der Geburtshelfer und die Hebamme die werdende Mutter betreuen.

»Natürlich« soll alles für das Wohlergehen der werdenden Mutter getan werden, schließlich hilft ihre Entspannung auch dem Baby. Aber manchmal langt das nicht. Jede Geburt bedeutet Arbeit. (Der englische Ausdruck für Geburt heißt auch »labour«.) Und die kann bisweilen für Mutter und Kind so belastend sein, daß zusätzliche Hilfe angeboten werden muß. Eine Hebamme allein kann sich aber nicht gleichzeitig um eine erschöpfte Mutter, die Nachgeburt und ein nach Luft ringendes Neugeborenes kümmern. Selbst wenn sie das könnte, bleibt die Frage ungeklärt, warum man freiwillig auf die Mithilfe eines Baby-Spezialisten verzichten sollte.

Jeder »Apparatemediziner« weiß, wie unvorteilhaft Unruhe, Angst und fehlende Geborgenheit für Mutter und Kind sind, die die Geburt verlängern und letztendlich unangenehme Erinnerungen zurücklassen. Das soll nicht heißen, daß Krankenhaus-Kreißsäle Orte der Entspannung wären. Da gibt es in der Tat noch viel zu verbessern (Einrichtung, Licht, freie Hebammenwahl, Angebote für alternative Entbindungsstellungen, u.v.a.). Aber andererseits muß deutlich hervorgehoben werden, daß *Elektronik und Überwachung in den Kliniken große Hilfen für Ihr Baby sein können.* Als Horchposten vermitteln sie einen genauen Überblick darüber, wie sehr sich das Ungeborene während der Geburtsphase anstrengen muß. Unter diesem Blickwinkel betrachtet, erfüllt z.B. der Wehenschreiber (CTG) eine geradezu »menschliche« Aufgabe: Er signalisiert zu jedem Zeitpunkt, ab wann es besser ist, dem Neuankömmling »unter die Arme zu greifen« oder ob noch zugewartet werden kann.

Mit diesen Überlegungen soll *keine grundsätzliche Abkehr von der Hausgeburt* betrieben werden. Manche Mütter haben einfach im Gefühl, daß es keine Probleme geben wird. Unter sachkundiger Leitung einer erfahrenen Hebamme und eines vertrauten Geburtshelfers, die wissen, was sie tun und wo ihre Grenzen liegen, kann die häusliche Atmosphäre sehr wohl die bessere Geburt und das schönere Erlebnis sein. Andererseits sollten Mütter aber Unbehagen und Risiken auch nicht leugnen. Für sie sind jene krankenhausbezogenen Überwachungsmöglichkeiten entwickelt worden. Es sind geburtshilfliche Trümpfe, die dann ausgespielt werden können, wenn doch unvorhergesehene Probleme unter der Geburt auftauchen. Deshalb ist es ja auch so wichtig, daß ein Kinderarzt bei einer plötzlichen Notsituation anwesend ist und nicht erst umständlich gerufen werden muß. Zeit ist in solchen Momenten kostbarstes Gut!

Sind Mutter und Kind nach der Geburt wohlauf, dann spricht (fast) nichts gegen eine ambulante Geburt. Wenn Ihnen jedoch danach ist, sich erst zu erholen und sich langsam an die Belastungen zu gewöhnen, dann sollten Sie den Wöchnerinnenaufenthalt in der Klinik genießen.

Leider können »Unstimmigkeiten« beim Baby gelegentlich der frühen Entlassung im Wege stehen. Zwei Beispiele sollen das verdeutlichen:

Normale Neugeborenengelbsucht

Bei etwa 10 Prozent aller Neugeborenen kommt es ab dem 3. Lebenstag zu einer sichtbaren Gelbverfärbung der Haut und der Augen.

Dieser an sich harmlose Befund wird als Neugeborenen-Gelbsucht bezeichnet. Er kommt dadurch zustande, daß die *Blutkörperchen des Kindes nach der Geburt vom Körper ausgewechselt* werden.

(»Altes« Blut aus der Schwangerschaft ist nämlich nicht so gut geeignet, den Sauerstoff unter der jetzt einsetzenden Lungenatmung zu transportieren.) Bei der Umstellung entsteht der gelbe Blutfarbstoff (Bilirubin) als Überrest.

Wenige Tage *nach der Geburt ist der Abbauweg über Leber und Galle in den Darm kurzfristig überlastet.* Die Folge davon ist ein *Aufstau des gelben Blutfarbstoffes »vor« der Gallenpforte im Blut.* Es entwickelt sich in wechselndem Maße die Neugeborenengelbsucht. Kurze Zeit später löst sich der »Stau« wieder auf. Die Hautfarbe normalisiert sich.

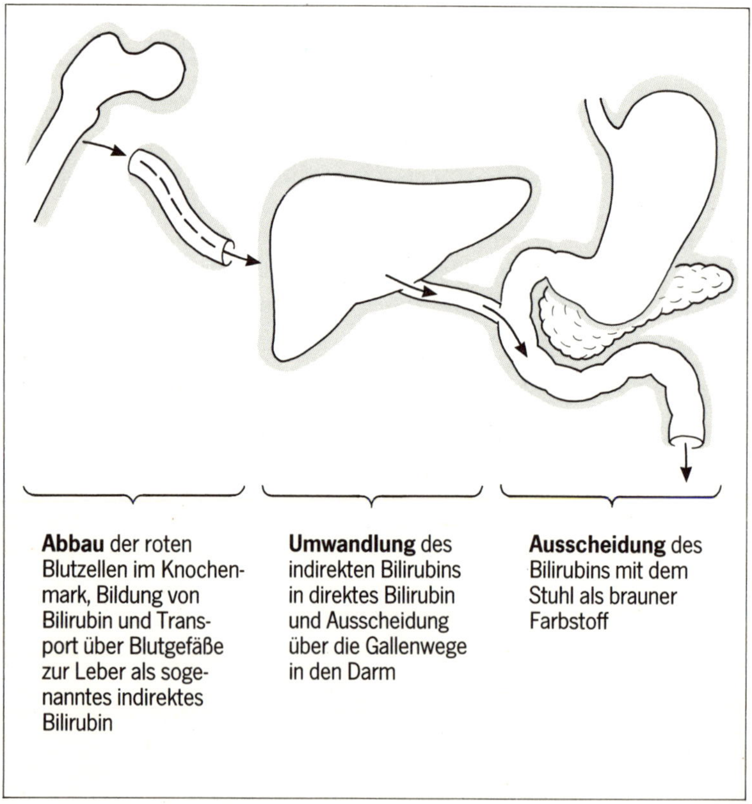

Abb. 1 Bilirubinentstehung, -abbau und -ausscheidung.

Bilirubin – also der gelbe Blutfarbstoff – ist in geringer Konzentration völlig unschädlich. Bei Überschreiten gewisser Mengen wird er jedoch im Gehirn abgelagert. Daher müssen bei rasch ansteigenden Werten oder *höheren Konzentrationen Gegenmaßnahmen* ergriffen werden. Die Behandlung mit Hilfe einer »Photolampe« zerstört den gelben Farbstoff in der Haut und senkt auf diese Weise die Konzentration im Blut. Meistens reichen 12–48 Stunden aus, um die kritische Phase zu überwinden. In seltenen Fällen muß eine zusätzliche Infusion zur Verdünnung des Blutgehaltes beitragen.

Da es nicht vorhersehbar ist, ob oder wie hoch der Bilirubin-Wert ansteigt, müssen manche »gelbstichigen« Neugeborenen eine etwas längere Beobachtungsdauer bzw. Behandlung über sich ergehen lassen.

Amnioninfektionssyndrom

Die Untersuchung des Scheidensekrets vor der Entbindung entdeckt bisweilen Bakterien, die *beim Kind gefährliche Lungenentzündungen* hervorrufen *können*. Sie verursachen bei der werdenden Mutter keine Beschwerden, und würden deshalb gar nicht auffallen, wenn man nicht danach fahnden würde (s. S. 161).

Kommt es nun zum *Blasensprung mehr als 24 Stunden vor der Geburt, verseuchen vorhandene Bakterien das restliche Fruchtwasser* und können auf diesem Weg auf das jetzt schutzlose Kind übergreifen (s. Abb. 25). Da sich die Erreger erst vermehren müssen, dauert es seine Zeit, bis eventuelle Krankheitszeichen auftreten. Die Kinder werden also *nur scheinbar gesund* geboren.

Nach der Geburt lautet dann die Frage: Ist das Baby infiziert? Wenn ja, wird es krank und benötigt Hilfe, oder wird es mit den Mikroben allein fertig? Die Fragen sind relativ leicht zu beantworten, aber – es dauert. Bakterienkulturen von der Haut des Neugeborenen, aus dem Rachen, und verschiedenen anderen Körperstellen müssen über 24 Stunden bebrütet werden bevor sie brauchbare Ergebnisse liefern. Wachsen keine Bakterienstämme, dann ist das Kind gesund; lassen sich die gleichen Stämme wie bei der Mutter anzüchten, ist damit die Besiedelung bewiesen.

Nun bleibt noch die Frage zu klären, ob das Kind allein damit fertig wird. Um dabei auf der »sicheren Seite« zu bleiben, muß das Baby von Anfang an beobachtet werden: *Schnelle Atmung, Pulserhöhung* oder *Temperaturprobleme* sind Warnzeichen für eine sich ausbreitende Entzündung. Gleichzeitig liefern Bluttests Aussagen darüber, wie die Körperabwehr reagiert.

Die Unterstützung der Körperabwehr mit Antibiotika (s. S. 80) will gut überlegt sein. Es muß von Fall zu Fall entschieden werden. So kann aus einem harmlos erscheinenden Befund ein etwas längerer Klinikaufenthalt resultieren. Aber – das Kind bleibt gesund. Wäre es entlassen worden, würden sehr aggressive Mikroben beim Neugeborenen mit hoher Wahrscheinlichkeit eine Blutvergiftung hervorrufen. Jeder kann sich ausmalen, was das für alle Beteiligten bedeutet. Was sind da schon wenige Tage mehr in der Klinik!

Man könnte jetzt argumentieren, es wäre doch möglich, das Kind unter vorbeugender Behandlung nach Hause zu entlassen. Das ist richtig; nur wenn die Kulturen »ohne Befund« wären, hätte man umsonst den Organismus mit Antibiotika belastet und im strengen Sinn fahrlässig gehandelt.

Es gibt eine ganze Reihe von derartigen Risiken, die es unumgänglich machen, Kontrollen und Beobachtungen über mehrere Tage durchzuführen. Da aber das Kind nicht von der Mutter getrennt zu werden braucht, wenn Kreißsaal und Kinderstation dicht beieinander liegen, muß auch bei Risikoentbindungen am Termin für die Geburt in einem spezialisierten Krankenhaus plädiert werden.

Das Transportproblem

Wie würden Sie reagieren, wenn man Ihnen nach einer Blinddarmoperation erklären würde, leider könnten Sie nicht in dieser Abteilung bleiben. Die Nachsorge müßte von einer Nachbarklinik übernommen werden, die über mehr Erfahrung verfüge. Außerdem sei dort das Personal besonders dafür ausgebildet. Im anderen Krankenhaus hätte man zwar auch schon die Blinddarmentfernung vornehmen können, aber das sei ja jetzt »egal«.

Was glauben Sie, würden Frühgeborene sagen, wenn man sie fragen würde, ob es ihnen nach schwerer Geburtsarbeit auch nur Spaß machen würde, eine Reise in eine entfernte Kinderklinik anzutreten? Sie würden sicher antworten, ob man das nicht vorher hätte klären können.

Vergleiche der statistischen Ergebnisse belegen eindeutig, daß die Chancen, gesund heranzuwachsen, deutlich steigen, wenn Frühgeborene nicht transportiert werden müssen.

Was macht den Baby-Transport so gefährlich?

Eltern müssen wissen, daß *Frühgeborene vor der 35. Woche* (insbesondere wenn sie Atemprobleme haben), ihren *Kreislauf nicht regulieren* (Autoregulation, s. S. 200f.) können. Das Blut in ihren Adern ist weitgehend physikalischen Fliehkräften ausgesetzt. Ähnlich wie bei einer schleudernden Waschmaschine wird in Kurvenfahrten oder bei Bremsmanövern vermehrt Blut in den Kopf gedrückt. Die Gefahr, daß dabei eines der noch dünnen Blutgefäße platzt und einen Gehirnschlag (s. S. 202) mit lebenslangen Folgen auslöst, ist die gefürchtetste Komplikation.

Kleine Babys unterkühlen sich auf langen Transporten viel schneller als größere Kinder. Um die Körpertemperatur aufrechtzuerhalten, müssen sie ihre Energiereserven (in Form von Zucker) unsinnig verschwenden. Die zudem geringen Vorräte schmelzen dahin wie Schnee in der Sonne. Es droht immer – trotz aller Gegenmaßnahmen der Transportärzte – die Unterzuckerung (s. S. 37f.). Außerdem steigert Kälte den Sauerstoffbedarf. Die Gefahr des Verschluckens (Aspiration) und erhebliche Kreislaufprobleme sind weitere Gefahren.

Ein weiterer Aspekt hat herausragende Bedeutung: Mutter und Kind liegen anfangs in getrennten Kliniken. Die Trennung belastet in der Folgezeit beide Partner ganz erheblich. Natürlich kann in den meisten Fällen die Mutter später auch verlegt werden. Aber der Kontakt ist zunächst erst einmal unterbrochen.

Das sind alles Faktoren, die beim vorgeburtlichen Transport der Mutter nicht bestehen, da Plazenta und Fruchtwasserkissen äußerst wirksame Puffer darstellen. Die Mutter-Kind-Einheit wird zu keinem Zeitpunkt unterbrochen.

Das Argument, die Geburt sei so rasch gekommen, daß keine Möglichkeit zum sog. »in utero (im Mutterleib) Transport« mehr bestanden habe, erweist sich – von Ausnahmen abgesehen – als nicht stichhaltig. Bei vorsichtiger Schätzung sind 80–90 Prozent aller Frühgeburten rechtzeitig zu erkennen. Es bleibt daher in der Regel genügend Zeit, Kontakt zu perinatologischen Kliniken aufzunehmen und die Verlegung von Mutter und Ungeborenem zu veranlassen.

Sollten Sie betroffene Eltern sein und die Entbindung vor der 37. Schwangerschaftswoche erfolgen, bestehen Sie im Interesse Ihres Kindes auf der vorbeugenden Verlegung in ein Krankenhaus mit angeschlossener Neugeborenenabteilung! Sie ersparen sich und Ihrem Kind damit viele Komplikationen.

Bei *größeren Kindern* ist die Gefahr eines Transportzwischenfalls geringer. Aber sie ist auch hier nicht zu unterschätzen. Kranke zu transportieren ist immer riskant. Daher lautet die Forderung der Neugeborenenärzte:

Kein Transport von Hochrisiko-Frühgeborenen, sondern rechtzeitige Verlegung der werdenden Mutter in eine Klinik mit Geburtshilfe und Neonatologie unter einem Dach!

Zusammenfassung

Auch wenn in den vorangegangenen Abschnitten der Begriff »Risiko« im Zentrum der Überlegungen stand, darf nicht vergessen werden, daß die Entbindungen ohne Komplikationen die Regel sind. Es besteht kein Grund, Schwangere grundsätzlich als krank zu betrachten und jede Geburt zum Notfall zu stilisieren. Leider gibt es aber einen beträchtlichen Anteil an Schwangerschaften, bei denen ein erhöhtes Risiko für die Gesundheit von Neugeborenen besteht.

Wenn man also Geburtshilfe nicht ausschließlich als »Hilfe bei der Geburt« versteht, sondern jede Entbindung auch als Familiengründung *mit Zukunftschancen* betrachtet, dann muß zumindest der Problemschwangeren zur Geburt ein Neugeborenenarzt zur Seite gestellt werden, der (im Notfall) die so wichtigen Anpassungsminuten des Lebens nach der Geburt wachsam und unterstützend begleitet. Folgeprobleme für ein ganzes Leben werden dadurch entscheidend reduziert.

Erstversorgung statt Wiederbelebung

Ankunft und Auffangphase

Das Geschäft des Herrn X. B. Liebig

Herr Liebig hatte soeben »einen dicken Fisch an Land gezogen«, und war dafür befördert worden. Das kam für ihn zwar nicht ganz überraschend, da er in seinem Beruf »Bescheid« wußte, sorgsam plante und immer auf der Höhe des Geschehens war. Aber natürlich freute er sich. Und da Herr Liebig auch sonst ein zugänglicher Mensch war, gönnte es ihm – fast – jeder.

Am nächsten Tag sollte der Auftrag, für den er die Anerkennung erhalten hatte, unter Dach und Fach gebracht werden. Es würde über lange Zeit hinweg ihm und der Firma Beschäftigung sichern. Man feierte.

Obwohl er sich in weiser Voraussicht schon frühzeitig verabschiedete, hatte Herr Liebig am nächsten Morgen zunächst Kopfschmerzen. Also nahm er – entgegen seinen sonstigen Gepflogenheiten – eine Kopfschmerztablette, da er verständlicherweise einen klaren Kopf brauchte. »Ungewöhnliche Dinge verlangen außergewöhnliche Maßnahmen«, dachte er und schluckte die bittere Pille.

Nach dem Frühstück machte er sich auf den Weg.

Ihm war nicht nur wegen der Kopfschmerzen ein wenig mulmig zumute. Die waren inzwischen sowieso kaum noch zu spüren. Nein, irgendwie spürte er ein Unbehagen. Er machte sich so seine Gedanken, über das, was heute auf ihn zukommen könnte. Er dachte nach. Heute sollte es sein Tag werden!

Im Büro herrschte Katerstimmung. Von irgendwoher war durchgesickert, daß es ein Problem gab, welches den Vertragsabschluß noch gefährden konnte.

Der Chef hatte Kopfschmerzen und jammerte andauernd, es sei alles verloren. Andere dachten schon mehr oder weniger kopflos über ihre Zukunft nach.

Aber Herr Liebig wäre nicht Herr Liebig, wenn er nicht noch ein paar Trümpfe im Ärmel gehabt hätte. Nachdem er in Erfahrung gebracht hatte, welche Punkte strittig waren, zog er sich zurück, bedachte, kalkulierte und nutzte sein Wissen. Er hatte an alle möglichen Eventualitäten gedacht: Er wußte, wo noch »Luft« war, dachte auch an Kleinigkeiten, ja er hatte sich sogar nach dem Geschmack der Vertragspartner erkundigt und ein Restaurant nach deren Gusto bestellt. Ein guter Empfang würde einiges vereinfachen.

Schließlich stand nicht nur für ihn viel auf dem Spiel. Er war sich trotz allem seiner Sache vorab schon ziemlich sicher. Da machte es auch nicht viel aus, daß die Verhandlungspartner reichlich früh kamen. Sie wurden freundlich begrüßt, waren zufrieden über die gute Betreuung und aufs Angenehmste erfreut, daß Herr Liebig auf die strittigen Fragen stets eine passende Lösung parat hatte.

Die Schwierigkeiten wurden rasch gelöst.

Später beim Essen verriet einer Herrn Liebig, daß man mit größeren Komplikationen gerechnet habe. Da wären doch einige Unklarheiten in letzter Sekunde aufgetaucht, mit denen zuvor nicht gerechnet worden war. Aber die Gegenvorschläge von ihm seien dann doch sehr überzeugend gewesen. Man habe offensichtlich die richtige Wahl getroffen.

Herrn X. B. Liebig freute das abermals. Natürlich erwähnte er nicht, daß ihm schon selbst vorher einige Ungereimtheiten aufgefallen waren. Warum sollte er das jetzt auch noch sagen. Da hatte er schon ganz andere »schwere Geburten« erlebt.

Der Kreißsaaleinsatz des Kinderarztes

Bei einer Entbindung, die vom natürlichen Weg abweicht, sollte der Kinderarzt vom Geburtshelfer informiert werden und anwesend sein. Das können sein:

Tab. 2 Kreißsaaleinsatz des Kinderarztes

Kinderarzt anwesend bei	Begründung
Gewicht < 2500 g/> 4300 g:	Unterkühlung/Unterzuckerung
Geburt < 38 o. > 42 Wochen:	Unterkühlung/Unterzuckerung
»grünes Fruchtwasser«:	Streß/Infektionsgefahr
Blasensprung > 24 Stunden:	Infektionsgefahr
Geb.dauer > 8 h b. geöffn. Blase:	Infektionsgefahr
Fieber der Mutter bei d. Geburt:	Infektionsgefahr
Geburtsstillstand (Vac./Zange):	Blutungsgefahr/Atemstörung
Nabelschnurübersäuerung (ph < 7.20):	Kreislaufstörung/Atemstörung Anpassungsprobleme
Kaiserschnittentbindung:	Ursache der Schnittentbindung selbst
wehenhemmende Mittel:	Unterzuckerung
Mehrlingsgeburten:	Kreislaufstörung/Atemstörung Blutverluste

Die Erstversorgung gefährdeter Kinder

Um es nicht zu dramatisieren: *Kinder am Geburtstermin,* die rosig sind, sich warm anfühlen und nach der Geburt gut trinken, sind im allgemeinen gesund. Sie benötigen die Eltern und nicht den Arzt.

Frühgeborene und Babys nach Streßgeburt, die eine blaß-bläuliche Hautfarbe beibehalten, eher müde und »schlapp« (floppy) sind, kurzum »geschafft« wirken, sind nach der Geburt allerdings wie Notfallpatienten zu behandeln. Sie sind von Anfang an auf Hilfestellung angewiesen.

Die gezielte Erstversorgung von Risikobabys staffelt sich wie folgt:

1. »Normalfall«

– Nach dem so wichtigen ersten Körperkontakt mit der Mutter erfolgt die Übergabe an den bereitstehenden Kinderarzt innerhalb der ersten Minuten. Anderenfalls droht gestreßten Babys eine Blutübersäuerung (s. S. 38, S. 54) innerhalb kurzer Zeit.

- Wärme wird über Heizstrahler zugeführt.
- Je nach Atembehinderung müssen Nase und Mundhöhle mit einem passenden Silikonkatheter abgesaugt werden. Atemgestörte Neugeborene haben Angst und trinken nicht!
- Der Herzschlag ist ein sehr empfindlicher Maßstab für die Kreislaufsituation (s. S. 80). Zudem ist er leicht meßbar. Zeigt sich ein Abfall der Herztöne, dann gelingt es in der Regel mit Sauerstoffzufuhr rasch, eine Anhebung der Frequenz zu erreichen. Absinken unter 100 Schläge/min bedeutet Blutdruckabfall mit Durchblutungsstörungen aller inneren Organe (s. Abb. 17).
- Mit einem Trick gelingt es (zumindest in der ersten Phase) fast immer, benommene Kinder (z. B. nach einer Kaiserschnittnarkose) zu aktivieren: Reibt man mit den Fingerspitzen sanft die Wirbelsäule im Atemrhythmus auf und ab, dann regt das zum Schreien an. Viele (auch sehr kleine) Neu- und Frühgeborene überwinden mit dem ersten Schrei den Öffnungsdruck (s. S. 71) der noch nassen, verklebten Lungenblätter. Diese Stimulation ist besonders wichtig, da erst nach Entfaltung der Lunge Blut durch die Lunge fließt.
- Nach 1 Minute wird der erste APGAR bestimmt. Das ist ein Gradmesser für die Vitalität des Kindes.

Tab. 3 APGAR-Bewertung

	0 Punkte	1 Punkt	2 Punkte
Atmung	keine	unregelmäßig	regelmäßig
Herzschlag	kein Herzton	< 100/min	> 100/min
Grundhaltung	schlaff	mäßig	gute Arm- und Beinbeugung
Aussehen der Haut	blau/weiß	Arme/Beine blau Stamm rosig	rosig
Reflexe	keine	mäßig	wehrt sich beim Absaugen

- Ein APGAR-Wert über 8 ist ein beruhigendes Zeichen. Er beweist, daß mehr Hilfe im Augenblick nicht notwendig ist. Die weiteren Minuten führen dann auch in der Regel zur Selbststabilisierung, so daß nach 5 und 10 Minuten der volle Punktwert erreicht ist.

- Nach Abnabeln und Einwickeln in neue trockene Tücher kann das Baby den Eltern mit gutem Gefühl nach wenigen Minuten in die Arme zurückgelegt werden. Das Abwischen der Käseschmiere auf dem Körper ist u.E. nur in Ausnahmefällen angezeigt. Die Natur macht nichts sinnlos. Es gibt allerdings auch Neugeborene, die Baden ausgesprochen angenehm finden. Am besten man beobachtet ihren Gesichtsausdruck und liest dort die Zufriedenheit einfach ab.
- Das Baby sollte dann – falls gewünscht – sofort angelegt werden.
- Damit gesunde Kinder gesund bleiben, können im Einzelfall weitere Maßnahmen auf der Säuglingsstation notwendig werden.

Tab. 4 Basisüberwachung je nach Risikoursache (vgl. Tab. 2)

Kreißsaaleinsatz	Maßnahmen
Gewicht < 2500 g / > 4300 g	Blutzuckerkontrolle, Puls, Atem, Temp.-kontr.
Geburt < 38. / > 42. Woche	Blutzuckerkontrolle, Puls, Atem, Temp.-kontr.
grünes Fruchtwasser	Kontrolle von Puls, Atmung, Temperatur
Blasensprung mehr als 24 Stunden vor der Geburt	– Kontrolle von Puls, Atmung, Temperatur – Bestimmung von Infektionshinweisen im Blut – Untersuchung von Körperabstrichen – Fahndung nach Bakterien im Blut – Untersuchung des Scheidenabstrichs d. Mutter
Geburtsfieber	Untersuchungen wie beim Blasensprung
Geburtsstillstand	– Kontrolle von Puls, Atmung, Temperatur – Bestimmung der Blutdicke – Ultraschallkontrolle der Hirnstrukturen
Nabelschnurübersäuerung	Kontrolle von Puls, Atmung, Temperatur Blutgasanalyse bis Normalisierung Blutdruckkontrollen Blutzuckerkontrollen
Kaiserschnitte	Kontrolle von Puls, Atmung, Temperatur Bestimmung der Blutdicke
Wehenhemmertherapie	Blutzuckerbestimmungen

Begründung:

Blutzuckerkontrollen: Bei Über- oder Untergewicht ergeben sich für die betroffenen Kinder in etlichen Fällen Probleme mit dem Halten der Körpertemperatur oder der Energiebilanz. Die Ursachen dafür werden deutlich, wenn man sich Folgendes vergegenwärtigt: Neugeborene verbrennen (metabolisieren) vor allen Dingen Zucker. Schwere Kinder benötigen dabei mehr Energie als leichtgewichtige Babys. Die aber besitzen nur geringe Polster. Da außerdem die Körperoberfläche aller Neu- und Frühgeborenen im Verhältnis zu ihrem Gewicht sehr groß ist (s. Abb. 3), führt die große Wärmeabstrahlung über die zudem dünne Haut rasch zur Erschöpfung der Reserven. Unterzuckerungen werden am zuverlässigsten durch frühzeitiges Anlegen vermieden. Voraussetzung dafür ist eine stabile Atmung und freie Durchgängigkeit der Atemwege (s. o.).

Signalisieren Blutzuckerkontrollen allerdings sinkende Blutzukkerspiegel, dann muß sofort zusätzlich Zuckerlösung verabreicht werden. Das ist deshalb so wichtig, weil vor allen Dingen das Gehirn auf den »Brennstoff Zucker« angewiesen ist. Unterzuckerungen lösen Gehirnkrämpfe aus.

Puls, Atmung und Temperatur sind ohne Belästigung für das Kind leicht meßbar. Die Werte liefern Informationen über die Stabilität des Kreislaufsystems. Infekte und/oder Atemprobleme zeigen sich oftmals an der Änderung dieser sog. Vitalparameter. Der Schweregrad kann bei fortlaufender Kontrolle gut eingeschätzt werden, so daß rechtzeitig Gegenmaßnahmen eingeleitet werden können.

Blutgasanalysen (oder ›Astrup‹): Der Säuregehalt im Blut gibt Aufschluß über die Funktionsfähigkeit der Lunge (s. S. 54). Der normale Gehalt wird als pH mit wenigen Tropfen Blut gemessen und beträgt 7.30–7.40. Bei unzureichender Lungenarbeit sinkt das pH rasch ab. Das Blut übersäuert. Dieser Effekt ist jedem bekannt, der nach großer Anstrengung »außer Atem« gerät. Er »kann einfach nicht mehr«. Die Übersäuerung lähmt vorübergehend jede Bewegung. Manchmal bereitet der Zustand Kopfschmerzen und Schwindelgefühle. So etwa ergeht es *gestreßten Babys nach schwerer Geburt.* (pH < 7.20) Da das ein unhaltbarer, ja gefährlicher Befund ist (Gefahr des Kreislaufkollaps), muß nicht nur der Wert kontrolliert werden, sondern gegebenenfalls auch Sauerstoff, Infusion oder die Erholung (im Wärmebett) helfen, wieder auf die »Sprünge zu kommen«. Die Behandlung unterscheidet sich wenig von der Fürsorge, die Sportlern nach Leistungen in großer Höhe entgegengebracht wird. (Und die sind – nebenbei – austrainiert!)

Frühgeborene unter 35 Wochen neigen aufgrund ihrer Lungenunreife (s. S. 166) zu ständiger Übersäuerung. Daher müssen bei ihnen regelmäßig Blutgasanalysen durchgeführt werden.

Größere »reife« Babys stabilisieren sich bei guter Atmung viel schneller und dauerhafter.

Blut/Blutdicke: Blutverluste infolge schwieriger Entbindungen (z.B. nach Zangenentbindung oder vorzeitiger Lösung des Mutterkuchens) lassen sich anhand der Blutdicke orientierend einschätzen.

2. intensivierte Erstversorgung
(Unterstützung mit Beatmungsmaske) bei anpassungsbedrohten (= asphyktischen) Kindern

- Eine Herzfrequenz unter 100 Schlägen/min und ein schlaffes, wenig rosiges Kind erfordern verstärkten Einsatz der Erstversorgung: Die Ursache für das Absacken der Herzschläge liegt in der Regel nicht direkt am Herzen selber, sondern ist die Folge einer unzureichenden Sauerstoffversorgung. Daher konzentriert sich die intensivierte Erstversorgung auf die *Unterstützung der Lungentätigkeit* mit Hilfe der *Beatmungsmaske* und/oder *zusätzlichem Sauerstoffangebot*: Wird das Kind unter der Maskenbeatmung rosig, stabilisiert sich die Herzfrequenz auf einem Niveau deutlich über 100 und aktiviert sich die Körperspannung, dann zeigt das die Effektivität der Methode.
- Im Zweifelsfall wird die Blutgasanalyse (s.o.) genaue Infos über eine »Ansäuerung« des Bluts geben. Der »Astrup« kann besonders in »Grauzonen« außerordentlich hilfreich sein, wenn nämlich die Frage auftaucht: Reicht diese Maskenbeatmung aus oder muß noch mehr getan werden?

3. intensivste Erstversorgung (Künstliche Beatmung) bei dauerhaft atemgestörten Kindern

- Die dritte Stufe der Erstversorgung, zugleich die eingreifendste, ist die künstliche Beatmung mit Hilfe eines Schlauches, der direkt in die Luftröhre gelegt wird (Intubation, s. Abb. 10). Zeigen APGAR und Blutgasanalyse einen negativen Trend, bleibt das Baby schlaff, blaß-grau und »tut nichts«, dann reicht auch die Maskenhilfe nicht aus, die Lebensgeister zu wecken. In derartigen Situationen muß intubiert werden; der pH-Abfall läßt keine Wahl (s. S. 55).
- Intubierte Kinder müssen, maskenbeatmete Kinder sollten in der Folgeperiode überwacht und kontrolliert werden, um einen neuerlichen »Absturz« nicht zu übersehen.

»Mangelgeburten« (Dystrophe, hypotrophe Babys)*

Manche Ungeborenen haben im Mutterleib gehungert, weil die Ernährung über den Mutterkuchen gedrosselt war. Die Ursachen dafür sind zahlreich. Sie reichen von Rauchen in der Schwangerschaft über Infektionen in der Schwangerschaft (s. S. 148) bis hin zu »schlechtem« Sitz des Mutterkuchens (Plazenta praevia) oder Veranlagung.

Viele Babys entziehen sich einer bedrohlichen Ernährungssituation durch Frühgeburt. Andere harren bis zum errechneten Termin aus. Die unterschiedliche Versorgungslage über die Nabelschnur ist der wesentliche Grund für mehr oder weniger zeitgerechtes Wachstum. Daher kommt es, daß manche Neugeborenen statt 3–4 kg erwartetem Geburtsgewicht viel weniger wiegen. Sie sind im Altersvergleich zu leicht (hypotroph). Da ihre Organe aber die volle Zeit zum Reifen hatten, unterscheiden sich diese »Leichtgewichte« deutlich von Frühgeborenen mit gleichem Geburtsgewicht.

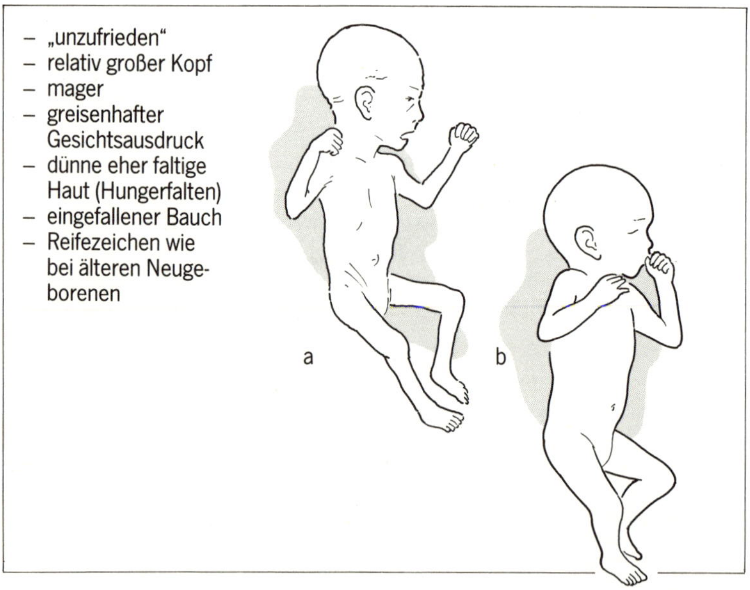

Abb. 2 Hypotrophes Neugeborenes im Vergleich zu unauffälligem Neugeborenen (nach v. Harnack, Kinderheilkunde, Springer).

In der Regel erholen sich »Mangelkinder« nach kurzer Zeit von ihren Strapazen. Sie sollten in der ersten Zeit allerdings gut beobachtet werden. Da sie gehungert haben, besitzen sie praktisch keine Energievorräte und neigen zur Unterzuckerung. Die *Überwachung des Blutzuckers* ist also gerade bei diesen Babys sehr wichtig. Sie sollten so oft wie möglich angelegt werden, falls es der Zustand von Mutter und Kind erlaubt. Um die Auskühlung möglichst gering zu halten, ist es ratsam, sie kurzzeitig im *Wärmebett, im Inkubator* (s. S. 50) oder nach der *Känguruh-Methode* (s. S. 43) zu wärmen.

* Syn. SGA = Small for Gestional Age, small for date babies

Was geschieht nach der Erstversorgung? Entlassung, Überwachungsstation oder Intensivbetreuung?

Wieder ergeben sich drei Möglichkeiten:

1. Das Baby ist gesund. Es benötigt keine weitere ärztliche Überwachung. Die frischgebackenen Eltern können falls gewünscht nach Hause gehen oder den Wöchnerinnenaufenthalt genießen.

Die wahrscheinlichste und mit Abstand am häufigsten vorkommende Situation ist die *unkomplizierte Risikoentbindung*.

Am 3.–10. Lebenstag untersucht der Kinderarzt das Baby. Diese Vorsorge gehört zum normalen Routineplan und wird als U2 bezeichnet. Falls Sie sich für eine ambulante Geburt entscheiden, kommt der Kinderarzt Ihrer Wahl in der Regel auch nach Hause und führt dort die Untersuchung durch. Für die Vorsorge im Kindesalter gibt es ein »**Gelbes Heft**«, in dem der Untersuchungsgang sowie die Durchführung genau beschrieben sind. Eine »unauffällige U2« ist das häufigste Befundergebnis.

Die Vorsorge ist kostenlos und sollte in jedem Fall wahrgenommen werden. Sie erhalten Berechtigungsscheine auf Anfrage bei Ihrer Krankenkasse.

2. Das Kind hat nach der Geburt und Erstversorgung noch Anpassungsprobleme oder könnte eine Infektion entwickeln. Daher muß es in der Folgezeit noch kurzzeitig im Säuglingszimmer überwacht werden.

Sollten Sie zu den Eltern gehören, deren Kind nach der Geburt noch *kurzzeitig überwacht* werden muß, weil doch noch nicht alles so »geschmiert« läuft, dann denken Sie bitte daran, daß Vorbeugung immer besser ist, als nach einem viel zu kurzen Vergnügen zu Hause doch wieder in die Klinik zu müssen. Vielleicht muß man an dieser Stelle noch hinzufügen, daß sich Kinderabteilungen immer mehr als Vorbeugeabteilungen denn als »richtige« Krankenstation verstehen. Anders als in der »inneren Abteilung« gibt es auf den Überwachungsstationen für Kinder nur fast gesunde Neu- und Frühgeborene. Meistens unterscheiden sie sich kaum von den Säuglingsstationen auf der Frauenklinik. Das bedeutet: Es besteht für Mütter und Väter praktisch keine Einschränkung im Kontakt zu ihren Kindern. Lediglich der Kinderarzt wird regelmäßig anwesend sein und prüfen ob sich alles zufriedenstellend entwickelt, und wie das Kind trinkt und gedeiht. Gelegentliche Überprüfungen des Blutbildes können leider nicht vermieden werden.

Wenn zu Beginn die Atmung noch unregelmäßig sein sollte, wird als Sicherheit ein Monitor zur Überwachung angeschlossen (s. S. 51).

Kinder mit gesichertem Infekt benötigen eine antibiotische Behandlung. Das, und noch einiges mehr, dauert ein paar Tage. Sie als Eltern können aber schon Ihr Kind vollständig versorgen. Es besteht auch keine Besuchsbeschränkung für Sie. Sie haben also 24 Stunden lang die Möglichkeit, das zu tun, was Sie wollen. Nur eines geht nicht immer sofort: Sie können Ihr Baby nicht von Anfang an mit aufs Zimmer nehmen. Das liegt weniger an dem Unwillen von Ärzten und Schwestern, als vielmehr in der Sorge begründet, daß instabile Kinder bis auf weiteres beobachtet werden sollten, um z.B. bei Verschlucken, Apnoen (s. S. 96) oder sich verlangsamendem Herzschlag (Bradykardien S. 97) sofort Gegenmaßnahmen einzuleiten.

Selbst wenn Ihr Kind kurzzeitig im Inkubator gepflegt werden muß, weil sich alle Menschen in der Wärme besser erholen als in der Kälte, brauchen Sie auf den so wichtigen Körperkontakt nicht zu verzichten. Im Gegenteil: Die *Känguruh-Methode* ist eine in den letzten Jahren erfolgreich eingesetzte intensive Mutter-Kind-Kopplung. Wenn es auch beim ersten Überlegen keiner Erklärung bedurfte, daß die Babys sich zwischen den Brüsten in direkter Nähe zur Mutter wohlfühlten, war doch bei näherem Hinsehen überraschend, wie erstaunlich gut die meisten Babys gediehen. Es ist dann auch kaum noch erwähnenswert, daß das Stillen besser klappte. Inzwischen hat sich die Känguruh-Methode weit verbreitet und findet zu Recht immer mehr Anhänger. Für die Kinderärzte war es eine deutliche Bestätigung, welche immense Beziehung zwischen Mutter und Kind ab dem ersten Augenblick herrscht.

Der Vater darf natürlich in dieser Situation als gleichberechtigter Partner nicht ausgeklammert bleiben. Es wird noch zu zeigen sein, welche entscheidende Rolle er spielen wird, wenn sein Frühgeborenes auf einer Intensivstation betreut werden muß, und die Mutter kurzfristig nicht zu ihrem Kind kann.

Im allgemeinen verläuft die *Überwachung und die Therapie auf Überwachungsstationen ohne Probleme*, so daß nach kurzer Zeit ebenfalls über die Entlassung nachgedacht werden kann (S. 131).

3. Kleine Frühgeborene, Kinder mit erheblichen Anpassungsstörungen oder Fehlbildungen benötigen Intensivpflege auf einer neonatologischen Intensivstation. Frühgeborene mit geringem Geburtsgewicht stellen die mit Abstand größte Gruppe dar, die auf derartigen Stationen betreut werden muß.

Die Behandlung von Kindern, die auf einer Neugeborenen-Intensivstation überwacht werden müssen gestaltet sich schwieriger. Aber hier ist Ihr Baby in den besten Händen. Für die Eltern, deren Frühgeborenes dort einige Zeit verbringen muß, sind die nächsten Kapitel geschrieben.

Zusammenfassung

Wer gut aus den Startlöchern kommt, hat schon zu Beginn »die Nase vorn«. Gestreßte Neugeborene und alle Frühgeborene benötigen dazu in der Regel »Anschubhilfe«. Daher muß ein Babyspezialist bei Risikogeburten anwesend sein. Nach mehr/oder weniger intensiver Erstversorgung können die meisten Babys mit gutem Gefühl und ohne Probleme aus der Klinik entlassen werden. Der gute Start ist gesichert. Problemkinder werden sicher erkannt, gezielt behandelt und verlassen nach einiger Zeit ebenfalls gesund die Klinik!

Intensivstationen für kranke Neu- und Frühgeborene

Weniger Angst vor Intensivstationen – erfolgreicher Weg ins Leben

»der erste Schritt ist der schwerste...« Einige Vorbemerkungen

Intensivstationen stehen im Bewußtsein vieler Menschen zu Recht stellvertretend für Leben oder Tod. Der Gang auf die Intensivstation erzeugt daher in der Regel Angst »vor dem, was kommt«.

Wir möchten Ihnen in diesem Kapitel eine Frühgeborenen-Intensiv-Station näher beschreiben. Das soll Ihre Befürchtungen ein wenig abbauen.

Betrachtet man die Statistik, so besteht für Kinder über 1000 g auf modernen Intensivstationen die begründete Wahrscheinlichkeit, daß fast alle – zumindest körperlich – gesund entlassen werden können.

Beim Betreten einer Intensivstation läßt man den bekannten Teil der Welt ein gutes Stück hinter sich. Angst, Beklemmung, Hoffnung und Erwartung um sein Baby lähmen und machen die Schritte schwer. Fast alle Eltern folgen mechanisch der Schwester, die sie am gesicherten Eingang der Station empfangen hat, zum Inkubatorplatz. Der Blick schweift mitunter ängstlich nach links und rechts; ungläubiges Eintauchen in einer Welt voll Technik, Geschäftigkeit, Alarmen und blinkenden Geräten. Kinder scheinen dahinter zu verschwinden.

»Mein Gott, so winzig«
»Hoffentlich ist unser Kind etwas größer?«
»Vielleicht ist es ja gar nicht so schlimm«
»Vielleicht kann er/sie ja schon bald hier weg.«
»Wo sind wir gelandet«
»Warum wir?«
»Das kann doch alles nicht wahr sein«

Diese oder ähnliche Gedanken mögen manchen Eltern zunächst durch den Kopf gehen. Dann stehen sie am Bett ihres Kindes und müssen erleben, daß es genauso verkabelt, geschunden und winzig daliegt wie alle anderen. Der Boden scheint sich zu öffnen, es gibt kein Entrinnen mehr: Das Bild vom gesunden rosigen, fröhlich lachenden Baby, das sie in den Monaten der Schwangerschaft für sich entworfen haben, zerbricht von einer Sekunde auf die andere. Ihre Vorstellung von Glück läßt sich nicht auf dieses zerbrechliche Wesen vor ihnen übertragen.

Niedergeschlagenheit und Angst bestimmen bei fast allen Eltern das erste Erleben. Hilflosigkeit, Wut und Enttäuschung sind seltener, aber ebenso normale Reaktionen in dieser Phase.

»Wie soll es das bloß überleben?«
»Oh Gott, muß das kleine Ding leiden!«
»Warum so früh, wenigstens etwas länger im Bauch«
»Wie soll es jetzt bloß weitergehen?«
»Was wäre passiert, wenn ich nicht dieses oder jenes getan hätte?«
»Was habe ich bloß falsch gemacht.«
»Ich habe versagt!«

Schuldfragen, Versagensängste und zermarternde Erklärungsversuche plagen in der Folgezeit alle Eltern. Etliche sind – verständlicherweise – in dieser Situation nicht in der Lage, die Dinge des Alltags zu bewältigen. Die Angst, ihr Kind könne nicht überleben, lähmt. Um aus dieser ernsten Gefühlskrise wieder herauszukommen, bedarf es nicht selten psychologischer Hilfestellung (S. 118ff.). Andere Eltern betroffener Kinder sind dabei zunächst die besten Ansprechpartner. Aber auch jeder Mitarbeiter wird Sie stützen wo er kann.

Versuchen Sie über Ihre Sorgen und Ängste zu sprechen, wann immer Sie sich in der Lage dazu fühlen.

»Was sind das für Geräte?«
»Was sind das für Kabel?«
»Warum wird dies und das getan?«
»Wer ist mein Ansprechpartner?«
»Hat mein Baby immer die gleiche Schwester/Pfleger?«
»An welchen Arzt kann ich mich wenden?«
»Darf ich immer kommen wann ich will?«
»Was kann ich für mein Baby tun?«
»Wie geht es weiter? Was kann alles passieren?«

Diese und andere Fragen möchten wir Ihnen in den nachfolgenden Kapiteln der Reihe nach beantworten. Sie werden sehen, es ist alles nicht so düster, wie es im ersten Augenblick erscheint.

Der Aufbau einer Frühgeborenenstation

Das Wichtigste an Frühchenstationen – und das mag im ersten Augenblick überraschen – ist der *Patient*. Auch wenn Kabel, Drähte, Maschinen und Computer den Eindruck vermitteln, hier verliere sich der Mensch in einer technisierten Umwelt, dienen all die Überwachungsgeräte der Gesundung gerade der Kleinsten. Doch der erste Eindruck will erst einmal verdaut sein.

Wenn sich die Gedanken wieder aufhellen, erkennt man ein System, welches sinnvoll aufeinander abgestimmt ist. Im weiteren Verlauf beschreiben Eltern häufig sogar die *Beruhigung*, die von den Überwachungsgeräten ausgeht. Ja, einige entwickeln teilweise ein zwiespältiges Gefühl, wenn der *Apparatepark* schließlich Stück für Stück »abgebaut« wird.

Schauen wir uns einmal um:

- die *Räumlichkeiten* werden den speziellen Anforderungen gerecht. Jedes Kind hat »seinen« Inkubator (s. S. 50) mit Spielzeug u.a. persönlichen Gegenständen »eingerichtet« bekommen.
  Auch die Eltern sollen sich wohlfühlen und eine »heimische« Nische schaffen können, ähnlich wie sie sich das für die Zeit nach der Geburt vorgestellt haben. Kommunikationsräume oder Teeküchen, in denen man/frau zwischendurch abschalten oder mit anderen Eltern sprechen kann, haben sich bewährt.
- *die Wege* für alle Mitarbeiter sind kurz, damit alle Kinder im Blickfeld sind, und wenn nötig in wenigen Sekunden erreicht werden können.
- *die Einrichtung* – soweit sie Medizintechnik beinhaltet – steht übersichtlich für jedes Kind an seinem festen Platz.
  Ähnlich wie Autofahrer routinemäßig Tachonadel und Benzinuhr anschauen, sollten geübte Blicke immer die gleichen Geräte und deren Anzeigen erfassen können. Im Notfall müssen schnell Medikamente und Hilfsgeräte herangeschafft werden können. Sie werden daher feststellen, daß alles griffbereit liegt.
- *die Intensivstation* sollte möglichst nah an der Entbindungsabteilung liegen. Je kürzer die Wege, desto besser für das Kind. Lange Transportwege führen zu unnötigen Problemen (s. S. 31 f.).

Die besondere Ausbildung der Mitarbeiter

Frühgeborene sind keine »kleinen Erwachsenen«. Sie besitzen eigenständige Reaktionsweisen und Verhaltensmuster, die sich z. T. völlig von denen älterer Patienten mit gleichen Krankheiten unterscheiden. Am Beispiel einer Lungenentzündung soll das verdeutlicht werden:

Tab. 5 Reaktionen bei Lungenentzündungen

	Erwachsene	Frühgeborene
Beginn	– erste grippale Symptome, dann Verschlechterung	– relativ plötzlich »aus dem Nichts« ein schweres Krankheitsbild
Symptome	– hohes Fieber, Husten – schneller Herzschlag – Abgeschlagenheit – Blässe/Schweißausbruch	– wechselhafte Temperaturen – Neigung zu langsamem Herzschlag – Nahrungsunverträglichkeit, inaktiv – geblähter Bauch
Verlauf	– langsame Erholung	– Erholung unter Intensivbehandlung

Um also jede Situation richtig, schnell und sicher einschätzen zu können, ist es entscheidend, daß alle Mitarbeiter auf Intensiv- und Frühgeborenenstationen besonders geschult sind, sowie Erfahrung im Umgang mit kranken Frühchen besitzen müssen. *Kinderkrankenschwestern* absolvieren nach ihrer »normalen« Ausbildung in der Regel eine zweijährige Zusatzausbildung mit dem Lernziel *»Intensiv-Schwester«*. Diese Ausbildung beinhaltet neben der Vermittlung von Wissen um die Besonderheiten von Frühgeborenen auch den psychischen Umgang mit Frühchen, die Begleitung von Eltern auf der Station, sowie berufspolitische und ethische Aspekte auf Frühgeborenen-Stationen.

Im ärztlichen Bereich gibt es seit neuestem den Zusatztitel: *»Neonatologe«*. Die Voraussetzung für den Erwerb ist die mindestens zweijährige Schulung von *Kinderärzten* auf Neu- und Frühgeborenenstationen. Auf neonatologischen Frühgeborenen- und Intensiv-Stationen haben Sie die Gewähr, von ausgebildeten Spezialisten betreut zu werden.

In den Krankenhäusern ohne Kinderabteilung, aber mit angeschlossenem »Inkubatorraum, in dem wir auch Problemkinder behandeln können«, ist das nicht der Fall.

Intensivpflege ist in hohem Maße Einzelpflege. Sie werden bald die Erfahrung machen, daß Ihr Kind ständig »seine Schwester« um sich hat. Natürlich entwickeln sich dabei auch persönliche Bindungen, die gelegentlich zu unterschiedlichen Auffassungen zwischen Mutter und Schwester führen können. Das ist menschlich. Sie sollten aber wissen, daß es immer Ihr Baby ist und bleibt. Seien Sie deshalb nicht neidisch, wenn Ihr Kind anfangs mehr der Schwester zu folgen scheint als Ihnen. Das ändert sich bald.

Um in der weiteren Überwachung ständig informiert zu sein, gibt es auf Intensivstationen eine Vielzahl von *Überwachungsapparaten und Gerätschaften*. Diese »Horchposten« ermöglichen es, in jedem Augenblick ein genaues Bild des Patienten zu gewinnen. Das versetzt die Mitarbeiter in die Lage, bereits im Ansatz zu erkennen, ob ein Frühchen (oder krankes Neugeborenes) »abrutscht«. Unterstützung zu einem frühen Zeitpunkt ist sicherer und sanfter als eine aggressive Notfallbehandlung nach einem »Absturz«.

Die medizinischen Geräte

Der Inkubator

Frühgeborene haben im Gegensatz zu älteren, größeren Kindern eine sehr große Körperoberfläche (bezogen auf ihr Gewicht).

Ungeschützte Frühgeborene sind so kälteempfindlich, daß sie innerhalb von wenigen Minuten von 37 °C auskühlen. Um seinen Stoffwechsel aufrecht halten zu können, benötigt der Körper aber eine »Betriebstemperatur« von ~ 37 °Celsius. Bereits Zimmertemperatur und Zugluft zwingen die Kleinen zu unsinniger Energieverschwendung. Das »Brennmaterial« Zukker (s. S. 37) ist rasch aufgebraucht. Die Klimazone »Brutkasten« verhindert Wärmeverluste. Der Inkubator ist also eine »Energiesparmaßnahme«. Auch bei größeren Kindern, die z. B. eine stressige Geburt hinter sich haben, bedeutet die Erholung im Inkubator oder Wärmebett oftmals eine erhebliche Erleichterung an die neuen Lebensumstände.

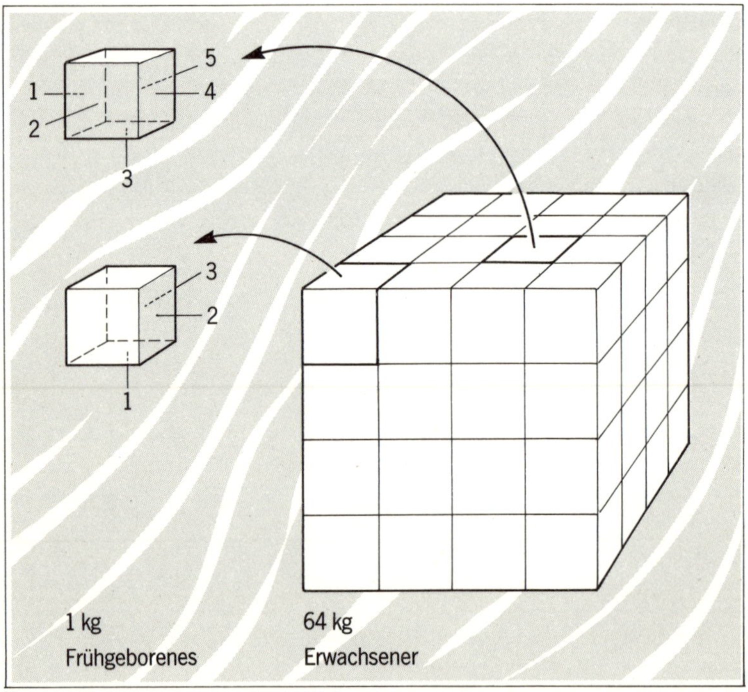

Abb. 3 Drei bis fünf mal größere Körperoberfläche des Frühgeborenen im Vergleich zum Erwachsenen.

Wenn Neonatologen vorschlagen, Kinder nach der Geburt kurzzeitig im Inkubator zu pflegen, so bedeutet das nicht, daß Lebensgefahr für das Kind besteht, sondern eher das Gegenteil: Das Ersparen von Zuglufteffekten und Vermeiden von Energieverlust führt zu einer bedeutsamen Besserung der Lebensfunktionen. Oftmals muß ein Kind nach einer stressigen Geburt nur wenige Stunden im Inkubator überwacht werden, bis es sich erholt hat.

Der Herz- und Atemmonitor

Herz und Lunge sind sog. *Vitalorgane.* Das heißt, sie sind von unmittelbar lebenswichtiger Bedeutung. Daher ist es sinnvoll, daß zu jedem Zeitpunkt Informationen über Puls und Atmung vorliegen. Diese wird mit Hilfe des *Herz-Atemmonitors* gewährleistet. Über drei (schmerzlos geklebte) Elektroden am Körper des Kindes wird ständig der Herzschlag aufgezeichnet und in Form einer Herzrhythmuskurve (EKG) auf einen Bildschirm über oder neben dem Inkubator projiziert. Gleichzeitig nutzt man die Ableitungen, um über Impedanzänderungen (d.i. das Ausnutzen der Brustspannungsänderungen beim Ein- und Ausatmen) den Atemverlauf auf dem gleichen Monitor parallel zum Herzschlag darzustellen (s. Abb. 4, S. 52).

Die Geräte besitzen eingebaute Sicherheitsgrenzen, die sehr empfindlich eingestellt sind, und bei Über- oder Unterschreitung dieser Standards sofort Alarm geben. Oftmals reicht bereits eine heftige Kindsbewegung aus, um einen Alarm auszulösen.

99 Prozent aller Alarme auf Intensivstationen sind Fehlalarme der sehr sensibel eingestellten Überwachungsgeräte. Aber nur so ist gewährleistet, daß jede Änderung auch sicher erfaßt wird.

Die transkutanen Messungen

Atmung und Herzschlag sind wichtige Größen, die den momentanen Vitalzustand des Kindes anzeigen. Aber eine »einfache« Messung der Atemzüge sagt noch nichts darüber aus, ob auch genügend *Sauerstoff in den Körper* und genügend *Kohlendioxid aus dem Körper* geatmet werden.

Um auszuloten, wieviel Sauerstoff (chem. O_2) ein Baby exakt benötigt, sind auf seiner Haut Sonden geklebt, die den Sauerstoffgehalt im Blut durch die Haut (transkutan) messen.

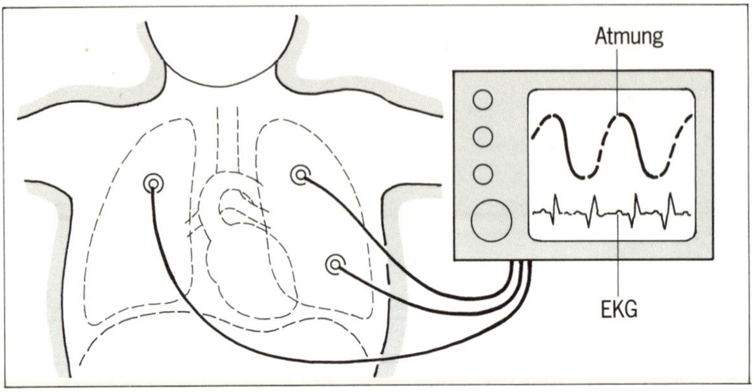

Abb. 4 Puls- und Atemmonitor.

Aus den ermittelten Werten läßt sich die notwendige Zufuhr von außen jederzeit gut berechnen und regulieren. Sinkt also z. B. der *transkutane O_2-Wert* ab, so wird von außen mehr Sauerstoff in den Inkubator geleitet und über die Atmung im Körper angereichert. Auf diese Weise ist sichergestellt, daß jedes Baby tagein-tagaus ausreichend versorgt wird.

Das Verfahren erscheint kompliziert. Logischerweise könnte jemand argumentieren, daß man mit reiner, also 100prozentiger, Sauerstoffatmosphäre einen Sauerstoffmangel erst gar nicht riskieren würde. Die Kinder bekämen dann unter Umständen zwar zuviel, aber eben nicht zuwenig. Warum also dieser Aufwand?

Betroffene Eltern müssen wissen, daß zuviel Sauerstoff vor allen Dingen die empfindliche Netzhaut schädigen kann, so daß bei übermäßiger Zufuhr Erblindungsgefahr besteht (ROP, siehe S. 223 o. Medikamente). Sauerstoff darf also nicht zu niedrig, aber auch nicht zu hoch dosiert werden. Der Netzhautschutz ist der entscheidende Grund für die gemäßigte Sauerstoffzufuhr. Zudem verursacht übermäßige Sauerstoffzufuhr Lungenschäden.

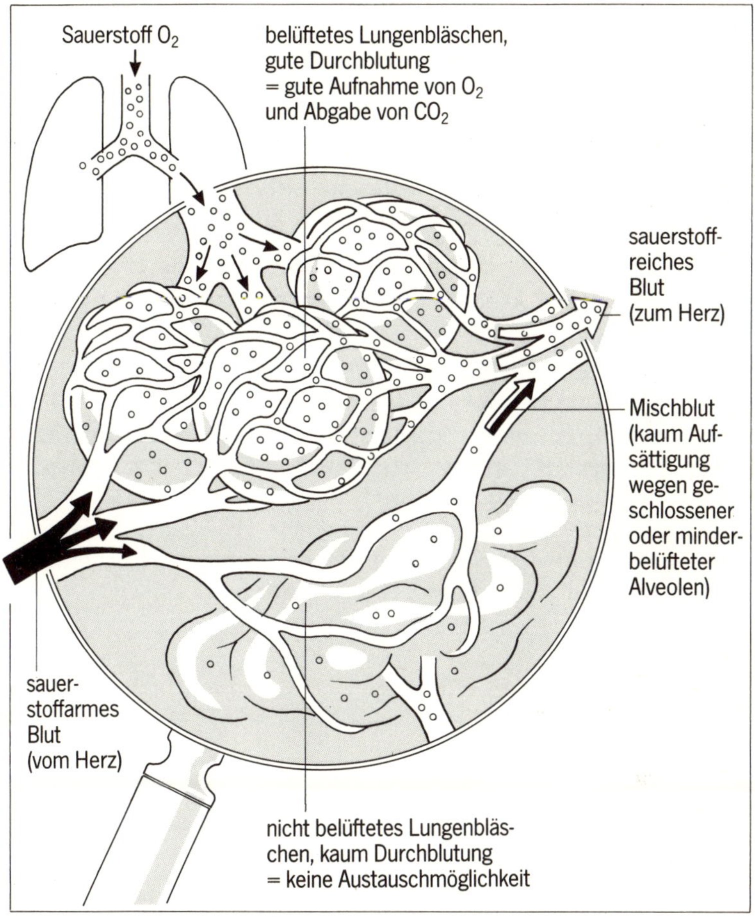

Abb. 5 Bedeutung von guter Belüftung für die Sauerstoffaufnahme.

Das Ausbalancieren von Kohlendioxid (chem. CO_2) ist schwieriger: Kohlendioxid ist ein Gas, das ständig in jeder Zelle des Körpers (innere Zellatmung) gebildet wird. Der menschliche Organismus ist bestrebt, den Kohlendioxidgehalt im Blut in engen Grenzen zu halten. Die Lunge ist das Schlüsselorgan bei der Regulierung. Wird z.B. bei Anstrengungen mehr körpereigenes CO_2 gebildet, dann pendelt eine erhöhte Atemtätigkeit die drohende Konzentrationssteigerung wieder aus. In Ruhephasen hingegen muß weniger CO_2 »abgeraucht« werden. Folglich sinkt die Atmung wieder ab.

Eine gesunde ausgereifte Lunge ist somit Voraussetzung, um in Spitzenzeiten mit der Mehrbelastung fertig zu werden. Reifgeborene, gesunde Babys sind dazu in der Lage. Sie passen ihre Atmung ab den ersten Atemzügen automatisch den CO_2-Erfordernissen an.

Die unreife Lunge vieler Frühgeborener (s. S. 166ff.) ist hingegen dieser Anforderung anfangs selten gewachsen. Insbesondere bei Anstrengungen neigen sie zum Kohlendioxidstau im Blut.

Die starke, dauerhafte Erhöhung des CO_2 im Blut führt rasch zur Übersäuerung des Körpers. Man nennt sie *Azidosen.*

Aufgrund der zentralen Bedeutung des CO_2 in der Neugeborenenheilkunde soll im folgenden näher darauf eingegangen werden. Die chemische Gleichung in Abb. 6 zeigt, daß CO_2 im Blut chemisch als Wasserstoff in ionisierter Form (H^+) und Bicarbonat (HCO_3^-) zur Lunge transportiert wird. Steigt das CO_2 an, weil mehr produziert als entfernt wird, dann entstehen im chemischen Gleichgewicht auch mehr H^+-Moleküle. Wasserstoff H^+-Gehalt bestimmt den Säuregrad. Je höher die H^+-Konzentration, desto »saurer« das Blut. Die Azidosegefahr steigt!

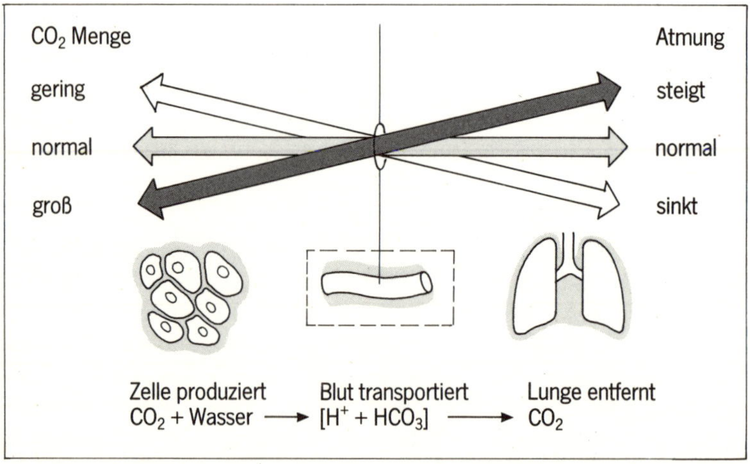

Abb. 6 Atmung in Abhängigkeit von der produzierten Kohlendioxidmenge.

Aus stärkeren Azidosen entwickeln sich Kreislaufprobleme, Blutdruckerhöhungen, zunehmender Gewebezerfall und schließlich Organversagen.

Sie müssen deshalb unter allen Umständen verhindert werden. Mit Hilfe des kontinuierlichen transkutanen CO_2-Monitorings und gelegentlicher Blutgasanalyse (s. S. 59, S. 97) wird eine Veränderung des chemischen Vorläufers »Kohlendioxid« im Blut zuverlässig erfaßt und eine Blutübersäuerung bereits im Ansatz erkannt. Gegenmaßnahmen können dann rechtzeitig ergriffen werden (s. u.).

Leider hat der Einsatz der Sonden auch seinen (kleinen) Preis: Um zuverlässig zu arbeiten, müssen sie auf 43–44 Grad aufgeheizt werden. Erst dann wird die Hautstelle, an der sie kleben, so gut durchblutet, daß die angezeigten Werte »stimmen«. Leider führt die Überwärmung zu sonnenbrandähnlichen Hautreizungen. Durch gute Pflege und regelmäßigen Wechsel der Sonden erholt sich die Haut aber vollständig. Es entstehen keine Verbrennungsnarben.

Sie werden sich nun vielleicht fragen, was geschieht, wenn die Kohlendioxidwerte doch ansteigen, und die Azidose droht.

Die Beatmungsmaschine/Beatmungsgeräte

Wenn die Lungen der Frühgeborenen noch *zu unreif* sind und daher nicht in der Lage sind, das dauernd anfallende Kohlendioxid abzurauchen, bleibt nichts anderes übrig, als die Atmung mit Hilfe von Maschinen zu unterstützen. Beatmungsgeräte verbessern wie Blasebälge die Sauerstoffzufuhr zum Körper und erleichtern gleichzeitig das Abatmen von Kohlendioxid. Die Maschinen *schützen das Baby vor Übersäuerung* (s. o.).

Ein anderer Grund, für eine Weile künstliche Atemhilfe anzubieten, liegt darin, daß etliche kleine Frühgeborene die *schwere Arbeit*, den »Blasebalg Lunge« ständig in Bewegung zu halten, zeitweilig nicht aufbringen und erst langsam zu Kräften kommen.

Weitere Gründe, die eine künstliche Beatmung erzwingen, sind *Erschöpfungszustände* (z. B. nach Infektionen) oder Blutdruckprobleme mit Herzüberlastung.

Es soll aber noch einmal an dieser Stelle betont werden, daß dies in der Regel nur ein *vorübergehender Zustand* ist, bei dem die Kinder *über-*

gangsweise noch nicht in der Lage sind, diese wichtige Vitalfunktion auszuüben. Mit zunehmendem Alter reift auch die Lunge nach. Das Baby wird kräftiger und erholt sich. Nach einiger Zeit übernimmt es wieder selbständig seine Atmung.

Es ist äußerst wichtig, sich trotz aller Beunruhigung folgendes klar zu machen:

Die künstliche Beatmung auf Neugeborenenstationen ist eine Überbrückung auf dem Weg zur Gesundung. Sie stellt keinesfalls den »Anfang vom Ende« dar.

Vielleicht haben Sie sich ein Beatmungsgerät schon einmal näher angeschaut.

Die Zeichnung auf der nächsten Seite versucht die Arbeitsweise zu erläutern.

In der Regel werden folgende Werte angezeigt:

– Atemfrequenz,	d.h. Atemzüge pro Minute
– inspir. t (= inspiration time)	d.h. Zeit, in der das Gerät Luft/Sauerstoff in den Körper leitet
– expir. t (exspiration time)	d.h. Ausatemzeit
– P_{max},	d.h. der max. Blähdruck
– vol_l,	d.h. die Menge an Luft, die im System zirkuliert
– PEEP (positive end exspir. pressure)	d.h. der Blähdruck, der auch nach Ausatmung noch besteht

Der letzte erwähnte Beatmungsparameter ist zunächst ein wenig überraschend. Die Vorstellung etwas auszuatmen, wenn gleichzeitig ein Blähdruck erzeugt wird, scheint irrsinnig. Daher einige Erläuterungen:

Etliche Frühgeborene neigen auf Dauer zu immer »oberflächlicherer« Atmung. Die Lunge fällt stetig mehr ineinander und hat die Tendenz wie feuchte Luftballonschichten aneinander zu kleben. Ist das jedoch einmal geschehen, dann kostet die Loslösung und das erneute Auseinanderblähen der Lungenflügel enorm viel Kraft (s. S. 71). Läßt man diese Situation erst gar nicht entstehen, indem ein geringer sanfter Blähdruck auch in der Ausatmung bestehen bleibt, so entsteht die »Lungenverklebung« erst gar nicht. Manche Babys sind so fit, daß sie nur einen PEEP Druck benötigen. Sie atmen dabei völlig *selbständig*. Der Begriff »Beatmung« ist also in diesem Fall trotz des angeschlossenen Atemgerätes eher verwirrend.

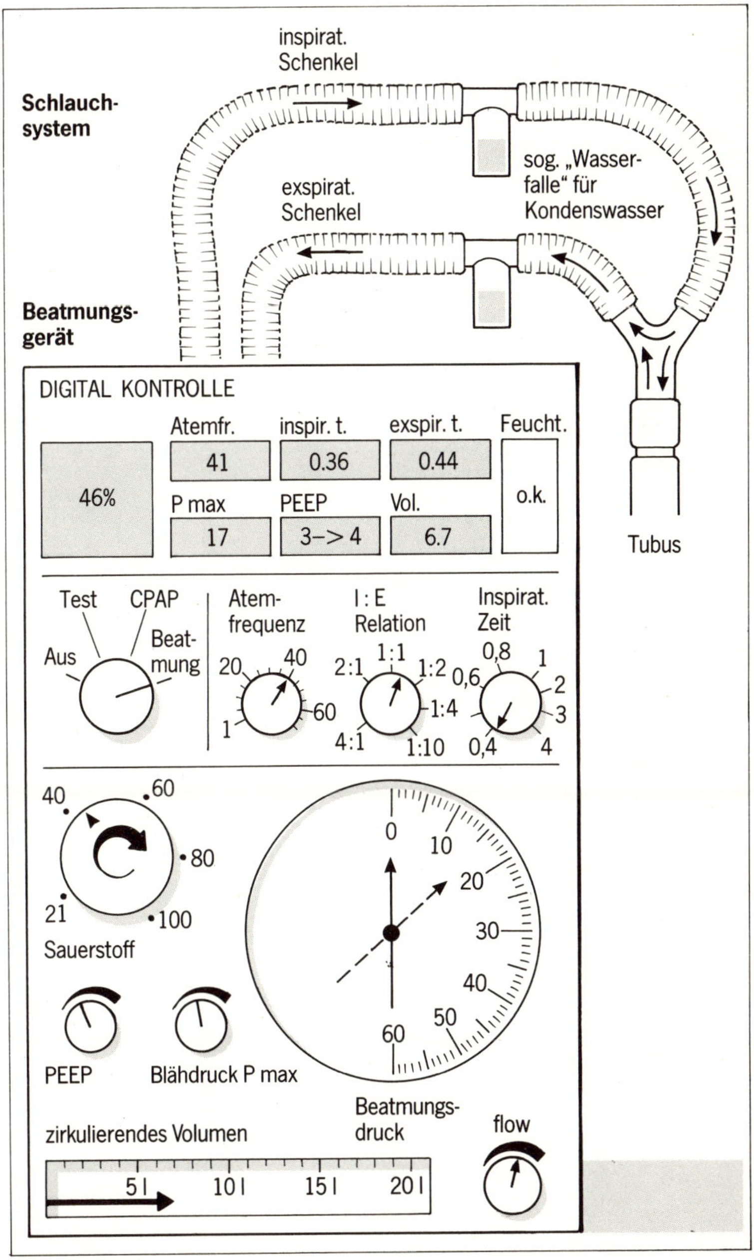

Abb. 7 Beatmungsmaschine und Parametererläuterung.

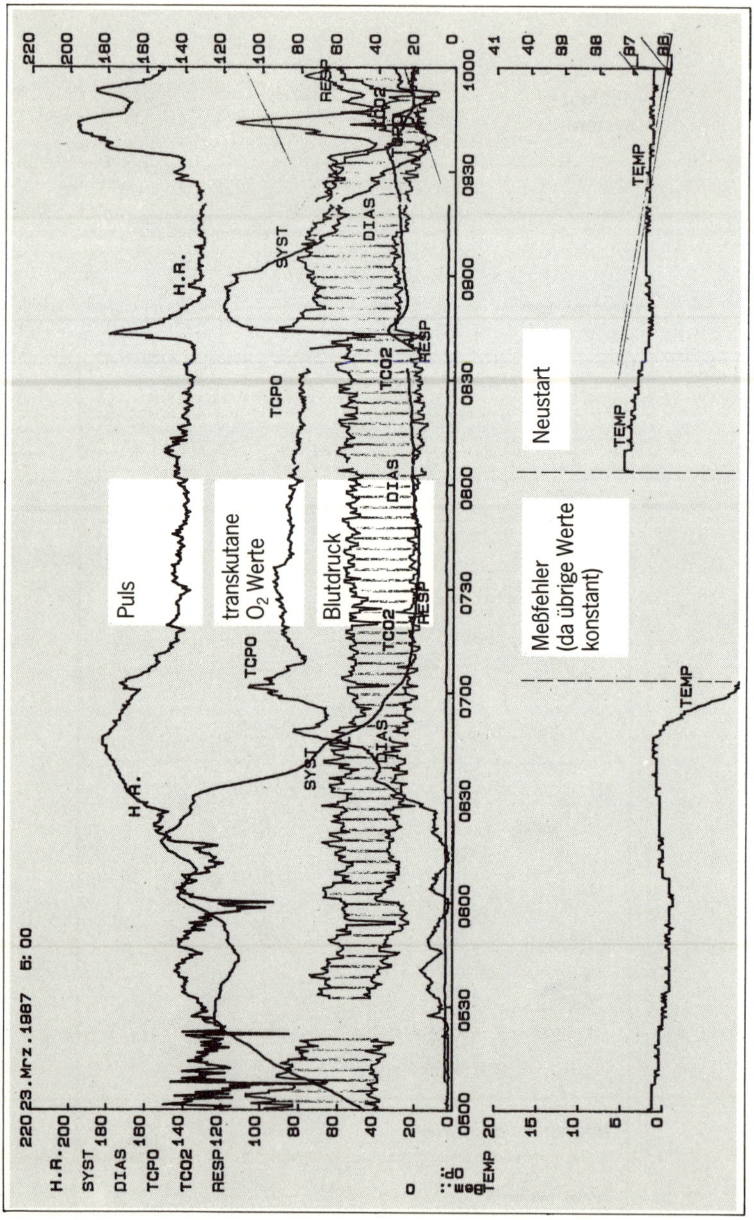

Abb. 8 Verlauf (Aufzeichnung) von Körpertemperatur, Herzschlag, Atmung, transcutane O_2-Werte.

Diese Form der Atemhilfe bezeichnet man auch als CPAP-Atmung. Der Ausdruck steht für »Continuous positive airway pressure«.

Neben dieser geringsten Form der künstlichen Atemhilfe sind alle Varianten denkbar: Volle Beatmung, bei der das Kind keine Atemarbeit leistet, bis hin zum zeitweiligen »Atemanstoß«, bei dem die Maschine die Eigenatmung des Kindes nur in regelmäßigen Abständen ergänzt.

So ist es zu verstehen, daß es nicht *die* Beatmung gibt, sondern daß jedes Kind je nach Alter, Zustand und Temperament seine *individuelle* Beatmungsform benötigt. Deshalb wird diese dauernd verändert und nachgeregelt. In der Klinikspräche heißt das »schrauben«.

Sie werden sich jetzt fragen, woher man weiß, daß die Beatmungseinstellung in jeder Situation bei Ihrem Kind stimmt?

Die Blutgasanalyse/»Astrup«

Ein Herzstück neonatologischer Abteilungen ist das Blutgasanalysegerät.

Meist nur kurz »Astrup« nach dem dänischen Physiologen genannt, der sich mit der Bedeutung des CO_2 und der Säurebildung befaßte, müssen die relevanten Blutgase O_2 und CO_2 sowie der Säuregrad im Blut in regelmäßigen Abständen (z.B. nach dem Umkleben der transkutanen Sonden oder erheblichen Befundänderungen) »blutig« kontrolliert werden. So zuverlässig die Überwachungsgeräte auch arbeiten mögen, im Einzelfall verlassen sich die Mitarbeiter doch lieber auf die direkt gemessenen Blutgasproben. Da ist man sicher, die absolut »richtigen« Werte in der Hand zu haben.

Anhand der maschinell ermittelten Blutgaswerte können dann die Beatmungsparameter erneut angepaßt werden und Qualitätsüberprüfungen der Sonden vorgenommen werden.

Das Pulsoxymeter

Neben transkutanen Sonden und Astrupmessungen gibt es seit einiger Zeit eine neue Möglichkeit, den *Sauerstoffgehalt im Blut* zu messen. Mit Hilfe von Infrarottechniken nutzt man unterschiedliches Lichtverhalten von sauerstoffreichen und sauerstoffarmen Blutkörperchen und »übersetzt« das in sogenannte Sauerstoffsättigungen.

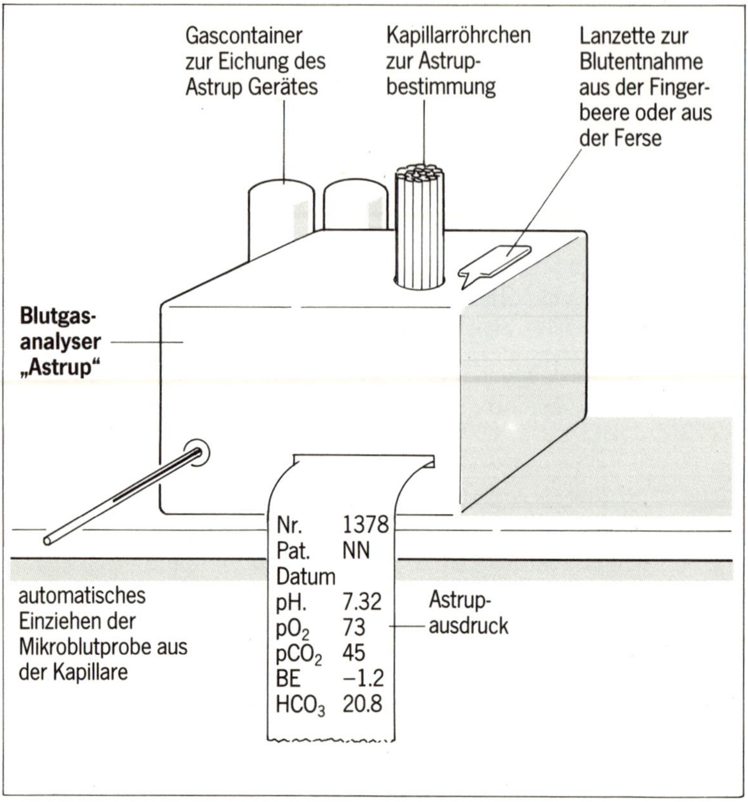

Abb. 9 Blutgasanalysegerät mit Ausdruck eines normalen »Astrup« reguliert

Die Angabe »Sauerstoffsättigung = 100 Prozent« bedeutet, daß alle Blutkörperchen mit Sauerstoff beladen sind.

Je geringer die Sättigungswerte, desto geringer die »Beladung« der roten Blutkörperchen mit Sauerstoff. Werte zwischen 88 und 94 Prozent (je nach Alter) liegen im Normbereich.

Bei der Pulsoxymetrie werden dem Baby ein Infrarotsender und -empfänger in die Hand gelegt und befestigt. Das tut nicht weh, behindert das Kind nicht in seiner Bewegungsfreiheit und ist völlig unschädlich.

Der Pulsoxymeter ist deshalb eine Bereicherung in der Dauerüberwachung von Frühchen, da er *sehr schnell reagiert* und eine drohende Über- oder Untersättigung innerhalb von Sekunden anzeigt.

Gleichzeitig wird mit dem Gerät auch der Herzschlag gemessen (daher der Name). Der ist insofern von großer Bedeutung, als bei Sauerstoffuntersättigung auch der Herzschlag absinkt (siehe auch Bradykardie, S. 98). Zeigt sich also ein Abfall mit der Tendenz zur Herzschlagverlangsamung, wird die Mannschaft sofort alarmiert, sie kann das Kind folglich innerhalb von kurzer Zeit untersuchen und ggf. die Sauerstoffzufuhr oder Beatmung anheben.

Leider läßt sich mit dem Pulsoxymeter aus physikalischen Gründen nicht das Kohlendioxid messen.

Der Tubus

Es gibt prinzipiell drei Möglichkeiten, Atemhilfe anzubieten:

1. Mit Hilfe einer vermehrten Sauerstoffzufuhr im Inkubator,
2. Mit Hilfe der Beatmungsmaske, wie sie jeder vom Erste-Hilfe-Kurs kennt,
3. mit Hilfe des Beatmungsgerätes und dem Endotrachealtubus.

Der *Endotrachealtubus* (kurz Tubus genannt) ist das Verbindungsstück zwischen Beatmungsgerät und kindlicher Lunge.

Der Tubus ist eine dünne biegsame Plastiksonde, die vor der maschinellen Beatmung dem Baby von der Nase über den Rachen in die Luftröhre gelegt wird. Man nennt das intubieren. Ab jetzt fließt der ganze Luftstrom direkt in die Lunge.

Bei der Beatmung mit Beatmungsbeutel und Maske gelangt die Luft zwar auch zum überwiegenden Teil in die Lunge, ein beträchtlicher Nebenstrom »landet« jedoch via Speiseröhre im Magen.

Die effektivste Form einer Beatmung ist also die maschinelle Unterstützung mit Endotrachealtubus.

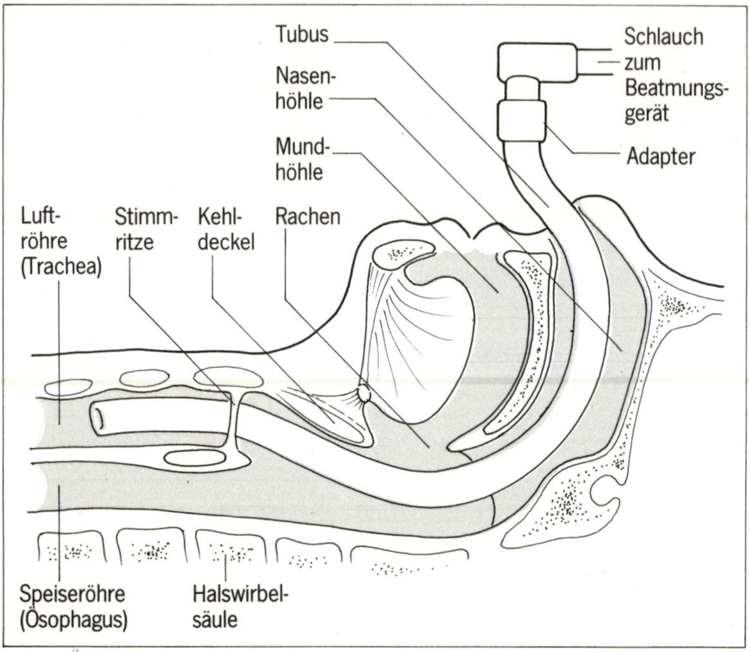

Abb. 10 Lage des Tubus in der Luftröhre.

Manche Kinder wehren sich anfangs gegen den Tubus in der Nase. Er reizt die Schleimhaut und ist sicher unangenehm. Leider ist das nicht zu vermeiden. Etliche von ihnen benötigen sogar – wenigstens zu Beginn – Beruhigungsmittel. Das verhindert das Atmen gegen die Maschine. Andere Kinder hingegen sind so erschöpft, daß man den Eindruck hat, sie sind geradezu erleichtert, Atemunterstützung zu bekommen. Nicht selten kommt es sogar vor, daß sie sich an die bequeme Beatmung gewöhnen und wenig Eigeninitiative zeigen. Dann bedarf es eines regelrechten Trainings, sie wieder vom Gerät zu entwöhnen (weaning).

Natürlich gibt es bei der künstlichen Beatmung auch Probleme. Sehr häufig reizt der Tubus die Atemwege und provoziert eine vermehrte Absonderung von Schleim. Bei sehr zähem Sekret kann auf diese Weise sogar der Tubus verstopft werden.

Was tun Schwestern und Ärzte dagegen?

Das Absaugset

Zeigen die transkutanen Sonden einen Anstieg im CO_2 oder ein Absinken des O_2-Gehaltes (oder fällt die Sättigung), so ist in der Regel übermäßiger Schleim in den Atemwegen die Ursache. Daher müssen alle (insbesondere aber beatmete) Kinder regelmäßig von diesem Übel befreit und abgesaugt werden.

Eine dünne *Plastiksonde* wird durch den Tubus bis in die Atemwege vorgeschoben, und das Sekret mit geringem Unterdruck abgesaugt. Anschließend werden Mund und Rachen ausgewischt.

Durch diese Maßnahmen normalisieren sich die Atemwerte wieder auf ihren alten Stand, ohne daß die Beatmung verstärkt werden muß. Das gewonnene Material wird anschließend regelmäßig im bakteriologischen Labor untersucht. Auf diese Weise erhält man im Verlauf der Zeit einen guten Überblick über die Flora im Rachen- und Lungenbereich. Sollte sich ein krankhafter Bakterienstamm ausbreiten, so kann man gezielt mit einem vorgetesteten Antibiotikum behandeln ohne Zeit zu verlieren.

Da Frühgeborene kaum Widerstandskräfte besitzen, sind sie Bakterien gegenüber relativ hilflos ausgesetzt. Liegt dann noch ein Tubus als »Leitschiene« bis in die Lunge, wird verständlich, warum soviel bakteriologische Untersuchungen notwendig sind.

Die Magensonde

Neben dem Tubus »hängt« bei etlichen kleinen Frühgeborenen noch eine zweite – spaghettiartige kleine – Dauersonde in der Nase, die Magensonde. Anders als der Luftröhrentubus ist sie leicht zu legen. Nach Bestimmung der Länge vom Naseneingang bis zum Magen schiebt die Schwester vorsichtig den dünnen, weichen Schlauch vor.

Wegen der größeren und anatomisch leichteren Zugänglichkeit zur Speiseröhre geschieht das »blind«. Das leichte Vorschieben ohne Widerstand bis zur markierten Linie bereitet dann in der Regel auch keine Probleme.

Eltern empfinden den »Dauerdraht« in der Nase oft als störend. Er sieht sicher auch nicht besonders schön aus, aber es ist sinnvoll für das Baby und verursacht keine Schmerzen (jedenfalls wehren sich die Babys nicht gegen die gelegte Sonde).

Die Magensonde ist ein unverzichtbares Hilfsmittel für die Ernährung und/oder die Gabe von Medikamenten bei sehr kleinen Kindern.
Eltern müssen wissen, daß die so wichtige Schluckfunktion bei Kindern unterhalb der ~34. Schwangerschaftswoche noch schlecht ausgebildet ist. Würde man die Kinder stillen, so würden sie zwar saugen, sich aber auch häufig »verschlucken«. Nahrung würde dabei in die Luftwege gelangen und zu erheblichen Atemstörungen führen (Aspiration).

Durch die Sonde können dem Kind genau *bilanzierte Mengen* von Nahrung verabreicht werden. Nach einer gewissen Zeit prüft die Schwester, wieviel Milch noch im Magen ist, und ob die Verdauung »gut anläuft«. *Magenreste* sind ein Warnzeichen für Unstimmigkeiten im Körper (z. B. eine Infektion, Blutarmut oder Darmüberlastung) und zwingen zu erhöhter Aufmerksamkeit. Mit Hilfe der Magensonde ist es einfach, auch bakteriologisches Untersuchungsmaterial aus dem Darm zu gewinnen.

Der Infusomat/Perfusor

Um wachsen zu können benötigt das kleine Frühgeborene von etwa 1000 g eine Milchmenge von 180 ml pro kg. Ein erwachsener Mensch müßte umgerechnet 10–15 l Milch trinken, wollte er das gleiche Pensum schaffen.

Ihre volle Trinkmenge »verarbeiten« Babys erst, wenn sie ca. 2 kg wiegen. Und das auch erst nach tage- bis wochenlangem Training. Vorher muß eine ergänzende Menge an Nährlösungen *über Infusionen direkt in die Blutbahn* verabreicht werden. Um eine gleichmäßige, schonende Zufuhr über 24 Stunden zu gewährleisten, benutzt man Infusomaten oder Perfusoren. Über die eingebaute Zeituhr kann genau bilanziert werden, wieviel pro Zeiteinheit einlaufen soll.

Die Infusionen

Es gibt mehrere Möglichkeiten, einen »Tropf« anzulegen: Das einfachste Verfahren ist das Anlegen einer *peripheren Infusion* am Arm oder in die Kopfvene. Eltern erschreckt besonders die *Infusion am Kopf* immer wieder. Die Vorstellung, daß diese Art besondere Schmerzen verursacht, und das Baby behindert, trifft indes nicht zu. Anders als beim Erwachsenen besitzen kleine Frühgeborene noch kein ausgeprägtes Körpergefühl. Für sie ist deshalb der Kopf ein Platz wie jeder andere auch und nicht wie bei Erwachsenen ein Körperteil, der »frei« sein muß. Zudem sind die Kopfvenen beim Frühgeborenen besonders kräftig und die Schmerznerven liegen (anders als im Arm oder in der Hand) nicht so dicht beieinander. Der Einstich bereitet also weniger Schmerzen. Trotzdem, nach einiger Zeit führt der Infusionsdruck zur Venenreizung, so daß eine neue Stelle gesucht werden muß. Das läßt sich leider nicht vermeiden. Es besteht aber keine Gefahr. Die Selbstheilung der Venen erfolgt in kurzer Zeit.

Von den oben beschriebenen Venenzugängen an Kopf und Arm unterscheidet man *zentrale Zugänge*. Man versteht darunter Infusionen, die in die großen Körpergefäße (Nabelvene, Nabelarterie, Hohlvene, Unterarmarterie) münden. Vor- und Nachteile zeigt folgende Tabelle

Tab. 6 Vor- und Nachteile der Infusionszugänge

wo	peripherer Zugang kleine Kopfvenen kleine Arm/Beinvenen	zentraler Zugang große »innere« Venen größere Arterien
Vorteil	– leicht zu legen – geringe Infektionsgefahr – gut sichtbare Stelle – viele Zugangsmöglichkeiten	– weniger Venenreizung – Verabreichung kalorienreicher Nährlösungen – Blutaustausch möglich – genaueste Messung von Blutdruck und Sauerstoffgehalt
Nachteil	– geht »rasch kaputt« – keine hochkalorische Ernährung möglich	– erhebliche Infektionsgefahr – Fehlpositionierung – Thrombosegefahr

Jede Abteilung wird je nach Erfordernissen entscheiden, welcher Zugangsweg angemessen ist.

Der Ultraschall/das EEG

Das Gehirn von Frühgeborenen reagiert besonders empfindlich auf Streß. Blutdruckspitzen und/oder Störungen im Säure-Basenhaushalt führen zu erheblichen Durchblutungsveränderungen. Dabei können die dünnen Gefäßwände rasch zerreißen und Schlaganfälle herbeiführen. Die *Gefahr einer Hirnblutung* mit all ihren Folgen beeinflußt das Lebensschicksal des Patienten (und das seiner Familie) in erheblicher Weise. Aus diesem Grund müssen alle Belastungen, die zu so einer Katastrophe führen, vermieden werden. Der *Ultraschall* stellt ein elegantes Verfahren dar, *Hirnstrukturen und Hirndurchblutung* direkt zu beurteilen.

Diese Untersuchung ist nach den Ergebnissen der letzten 30 Jahre eine gefahrlose Methode. Die Geräte sind leicht und können auf der Intensivstation *zum Kind* gefahren werden. Die Untersuchungen sind schnell durchgeführt und haben einen hohen Aussagewert über den Verlauf der Intensivtherapie.

Nicht nur das Gehirn, sondern auch viele innere Organe – die bei Frühgeborenen noch nicht ausgereift sind – lassen sich mit dem Ultraschall gut beurteilen. Die sichtbare ungestörte Entwicklung von *Nieren, Leber, Herz, Hüften, Darm* e.a. ist für alle ein beruhigendes Zeichen. Das *EEG (Elektroenzephalogramm)* ist ein Verfahren, das ebenso am Bett des Kindes durchgeführt werden kann. Im Gegensatz zum Ultraschall liefert es Hirnstromkurven, die die Aktivität bestimmter Hirnareale aufzeichnen. EEG und Ultraschall sind also einander ergänzende Verfahren zur Beurteilung des Gehirns.

Das Röntgengerät

Leider lassen sich mit Ultraschalluntersuchungen stark lufthaltige Organe wie die Lunge nicht beurteilen. Für Frühgeborene hat aber gerade die *Entwicklung und Reifung der Lunge* sowie im Behandlungsverlauf die *Überprüfung der Beatmung* und *Abschätzung von Herz-Lungen-Problemen* eine überragende Bedeutung. Man kann daher auf die Röntgenuntersuchung beim Frühgeborenen nicht verzichten.

Spezielle Röntgengeräte für Frühgeborene – ebenfalls bettseitig einsetzbar – verringern die Strahlenbelastung.

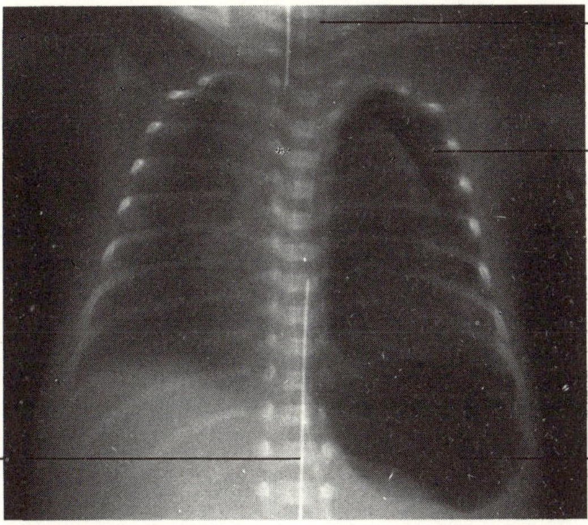

Abb. 11 Linksseitiger Pneumothorax mit Tubus und zentralem Katheter (von Dr. Rettwitz, Neonatologie, Univers.-Kinderklinik Frankfurt/M.).

Die Pleuradrainage

Die Pleuradrainage gehört nicht zu den Routinegerätschaften für jedes Kind. Da sie aber auf Intensivstationen gelegentlich zum Einsatz kommt, soll die Anwendung beispielhaft für einen Dringlichkeitseinsatz zusammenfassend beschrieben werden:

Der Notfall (z. B. Pneumothorax)
Tritt Luft zwischen Rippenfell und Lungenfell, so schnurrt die Lunge wie ein Gummiband zusammen. Atmung und Kreislauf sind entkoppelt. Man bezeichnet diesen klinischen Zustand als Pneumothorax, also »Luft im Brustraum« (s. Abb. 12).

Der Befund

ein unruhiges blaß-krankes Kind	→ (Beobachtung)
Herz- und Atemmonitore	→ (Alarme)
transkutane O_2- und CO_2-Sonden	→ (Abfall/Anstieg)
Pulsoxymeter	→ (Sättigungsabfall)
ASTRUP Bestimmungen	→ (Azidoseentwicklung)
Blutdruckmeßgerät	→ (Blutdruckschwankungen)

zeigen eine beginnende Notfallsituation sofort an.

Die Reaktion

Die Alarme rufen das ganze Team auf den Plan.

Die Symptomkombination plötzlicher Alarm, schneller Herzschlag, Beatmung und unruhiges Kind löst erfahrungsgemäß den Verdacht eines Pneumothorax aus.

Der nachfolgende strategische Plan könnte wie folgt aussehen: Während jemand das Röntgengerät herbeischafft, übernimmt ein anderer Teil der Mannschaft die Vorbereitung für das »Legen der Drainage«.

Einer der Mitarbeiter versucht in der Zwischenzeit die Beatmungssituation zu verbessern: Das Abhören mit dem Stethoskop zeigt beim Pneumothorax einen deutlichen Unterschied zwischen linkem und rechten Lungenflügel an. Durch Änderung der Beatmungsparameter wird eine Übersäuerung und Sauerstoffmangel im Blut sofort vermieden. Das Absaugen zeigt, ob noch Sekret in den Luftwegen ist, und ob das die plötzliche Verschlechterung hervorgerufen hat. Notfallmedikamente und Infusionszugang werden kontrolliert. Den Beweis für das Vorliegen eines Pneumothorax liefert das Röntgenbild.

Die Behandlung

Die vorbereitete Drainage wird nach Diagnosestellung sofort zwischen Lungenfell und Rippenfell gelegt. Der Unterdruck zieht die Lunge wieder auseinander, Atmung und Kreislauf sind wieder gekoppelt. Der Zustand des Patienten bessert sich schon nach wenigen Sekunden. Bis sich Rippenfell und Lungenfell allerdings dauerhaft wieder aneinandergelegt haben, können einige Tage vergehen. Fortlaufende Kontrollen und Überprüfungen beweisen, daß der Normalzustand wieder erreicht ist. Ist die Situation sicher stabil, kann dann die Drainage »gezogen werden«.

In geübter Hand dauert es vom Erkennen der Notsituation bis hin zur durchgeführten Pleuradrainage weniger als 1 Minute. Trotz der Belastung für das Baby tritt in der Regel bei exakter und schneller Hilfe kein Blutdruckproblem und keine Azidose auf. Die Sonographie wenig später zeigt dann in der Regel einen Normalbefund.

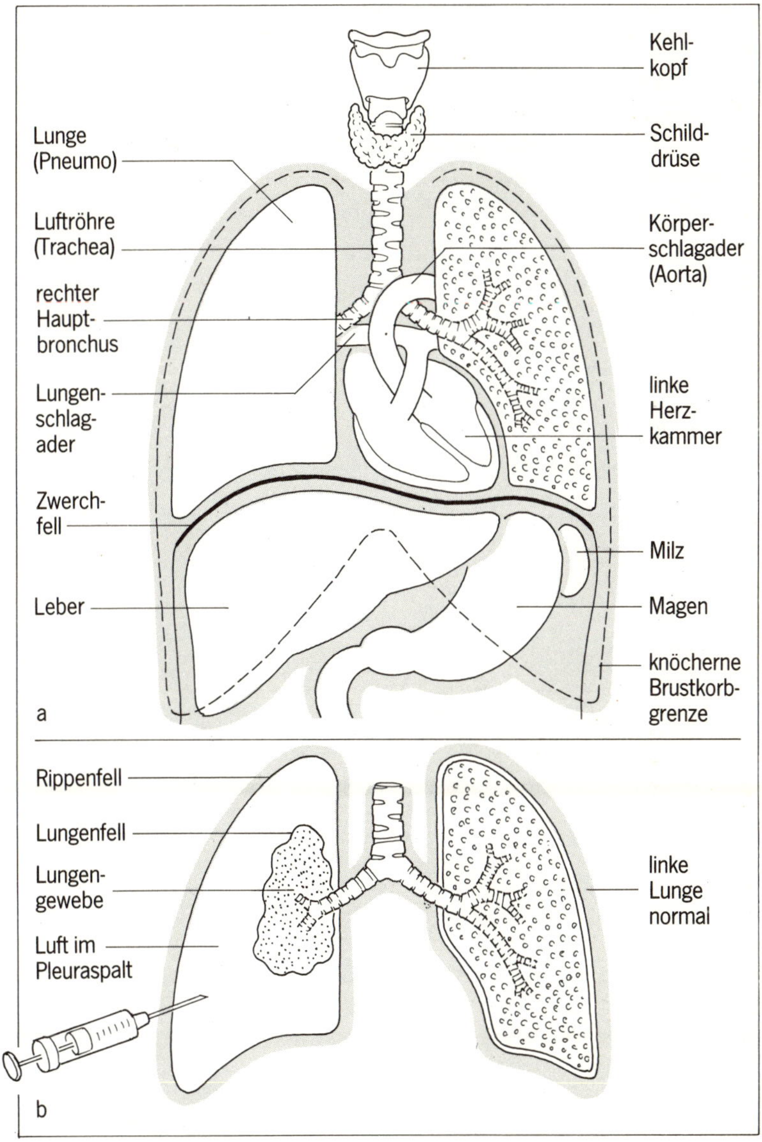

Abb. 12 a Normale Anatomie des Brustraumes (schematisch).
b Lunge mit Brust und Rippenfell, rechtsseitiger Pneumothorax.

Medikamente in der Intensivphase

Sauerstoff (O_2)

Sauerstoff ist das am häufigsten verwendete Arzneimittel auf Neugeborenen-Intensivstationen.

Die unreife Lunge ist »bautechnisch« dadurch gekennzeichnet, daß nur wenige und dazu noch kleine Lungenbläschen (Alveolen) in Kontakt mit ebenso wenig ausgesproßten Blutgefäßen (Kapillaren) stehen. Dadurch hat es der Sauerstoff schwer, in genügender Menge ins Blut überzutreten.

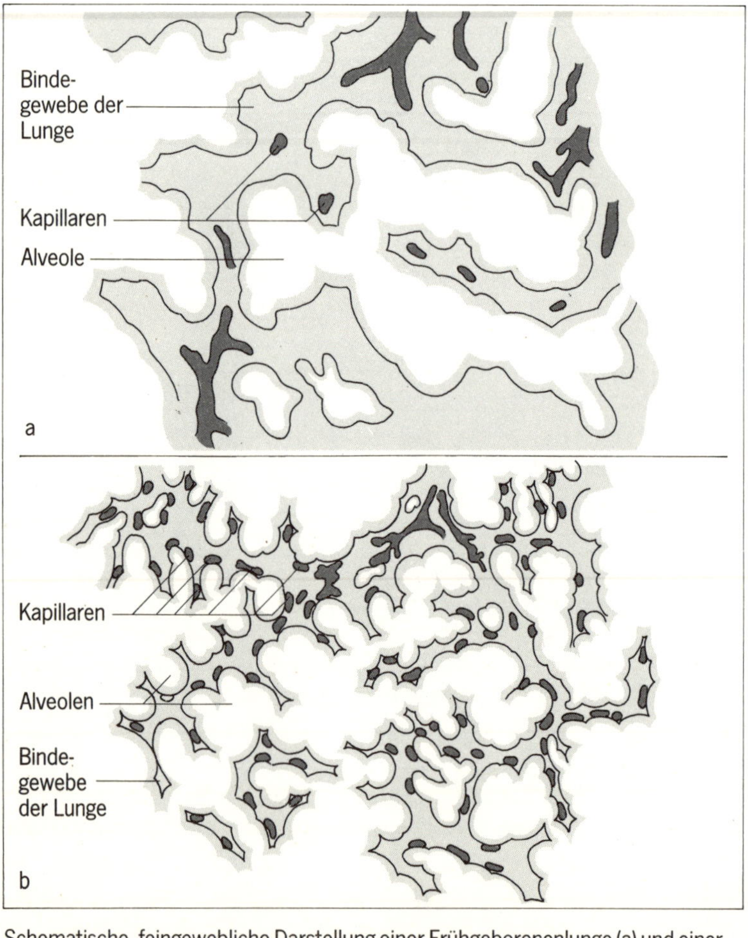

Abb. 13 Schematische, feingewebliche Darstellung einer Frühgeborenenlunge (a) und einer reifen Lunge (b) (man beachte die Austauschmöglichkeiten).

Der Übertritt (Diffusion) wird verbessert, indem das angebotene Luftgemisch mit Sauerstoff angereichert wird. Manche Frühchen benötigen zu Beginn der Behandlung fast reinen Sauerstoff, also 100 Prozent, andere kommen mit geringeren Mengen aus (s. u.).

Je mehr die Lunge im Lauf der Zeit nachreift, desto größer wird die Austauschfläche von Lungenbläschen mit den Bluthaargefäßen, und um so weniger zusätzlicher Sauerstoff wird benötigt. Sauerstoff ist ein gefährliches Medikament. Der Einsatz und die Dosierung muß genau bilanziert werden. Zuwenig ist ebenso schädlich wie zuviel.

Die Angst vor *Sauerstoffmangel* ist heute in gutgeführten Intensivabteilungen dank der fortschrittlichen Überwachungstechnik weitgehend unbegründet. Bei kritisch kranken Frühgeborenen wird noch im Kreißsaal mit Hilfe der Blutgasanalyse (s. S. 38) bestimmt, ob und wieviel Sauerstoff benötigt wird. Innerhalb von Sekunden kann mit Hilfe der Pulsoxymetrie (s. S. 61) festgestellt werden, wie die aktuelle Sauerstoffversorgung des Patienten aussieht. Gegenregulationen und Ausbalancieren der benötigten Menge erfolgen innerhalb von Sekunden. Transkutane Sonden (s. S. 51 f.) und Herz-Atem-Monitore ergänzen die kontinuierliche Überwachung.

Surfactant

Leider verbessert sich mit dem Wachstum nicht zwangsläufig auch die Atmung. Die Frühchenlunge ist nicht nur im physikalischen Sinne wenig entwickelt (kleine Austauschfläche, s. Abb. 13), sondern auch biochemisch betrachtet unreif. Die biochemische »Reife« der Lunge zeigt sich am Nachweis des Anti-Kollaps-Faktors Surfactant. Was bewirkt dieser Stoff? Um die Wirkungsweise zu verstehen, sind einige Vorbemerkungen notwendig:

1. Stellen Sie sich vor, einen fingerförmigen Luftballon aufzublasen. Sie werden feststellen, daß der erste Atemzug viel Kraft kostet, den Widerstand des Gummis zu überwinden. Nach Überwindung des Eröffnungsdruckes ist es viel leichter, Luft in den Ballon zu pumpen. Ähnlich reagiert die menschliche Lunge: Verklebte Lungenflügel öffnen sich schlecht.

2. Verändern Sie die Größe der einzelnen Finger, so stellen Sie weiter fest, daß Sie nach den ersten Atemzügen ungleiche geblähte Fingerlinge haben. Um ein Platzen zu verhindern, werden Sie spontan innehalten und die Luft aus dem geblähtesten (also dem dünnsten) Fingerling in die am wenigsten geblähte Teilkammer drücken. Die

Luft flutet spontan also lieber in die bereits weit geöffnete große Kammer, frei nach dem Motto: »Wo viel ist – kommt noch mehr.« Das heißt: Kleine Kammern werden schlechter belüftet. Insbesondere die Frühgeburten-Lunge neigt zu Verteilungsstörungen.

3. Und noch ein dritter Punkt ist in diesem Zusammenhang von Bedeutung: Unterhalb eines gewissen Schwellendrucks fällt die kleinste Belüftungswabe in sich zusammen, sie *kollabiert.* Kollabierte Lungenknospen leiten keinen Sauerstoff ins Blut.

Ein Wassertropfen auf einer heißen Herdplatte »perlt«, er schnurrt sich zusammen. Dadurch entsteht die kleinste denkbare Kontaktfläche. Physiker sprechen in diesem Zuammenhang von Oberflächenspannung. Auch die Lungenbläschen neigen infolge dieser physikalisch wirkenden Kräfte ähnlich wie ein »schlapper« Luftballon zum Zusammenfallen (oder physikalisch gesprochen, zum maximalen Verkleinern ihrer Oberfläche). Für die freie Atmung ist das natürlich, wie oben skizziert, wenig sinnvoll.

Abb. 14 Luftverteilung in Abhängigkeit von der Knospengröße.

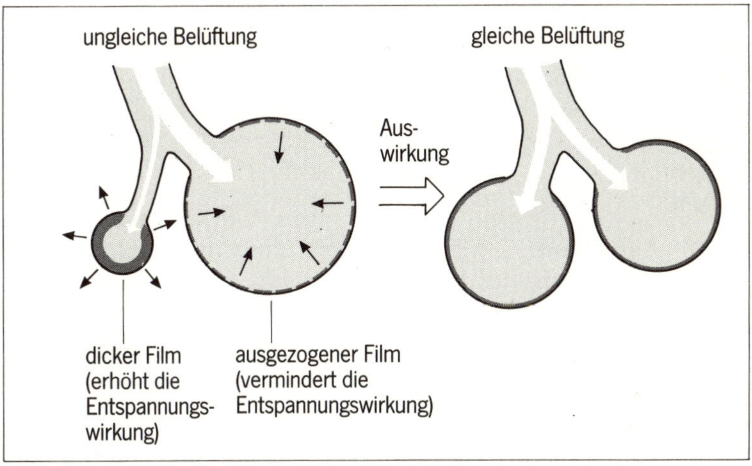

Abb. 15 Die Zeichnung verdeutlicht die korrigierende Wirkung des Oberflächenfaktors (Surfactant) auf ungleich große Lungenknospen und die Luftverteilung.

Der Körper weiß sich zu helfen: In der menschlichen Lunge verringert der sog. Oberflächenfaktor oder Surfactant die Oberflächenspannung, verhindert dadurch den Kollaps und verbessert die Luftzufuhr.

Aus der Abb. 15 wird ersichtlich: Je kleiner der Durchmesser einer Knospe, desto »dicker« ist der Film, und um so größer die Entspannungswirkung. Die Luft wird so auf alle Bläschen besser verteilt. Der Fingerling in Abb. 14 würde gleichmäßig belüftet werden.

Surfactant korrigiert auf chemischem Weg die physikalischen Eigenschaften der Lunge und verbessert damit den Gasaustausch.

Surfactant wird in der Lunge des Ungeborenen erst am Ende der 34.–36. Schwangerschaftswoche in ausreichender Menge gebildet. Alle Bemühungen der Geburtshelfer und Neonatologen gehen dahin, die Schwangerschaft bis zu diesem Termin aufrechtzuerhalten.

Wird das Baby früher geboren, so führt die Unreife und mangelhafte Bereitstellung von Surfactant nicht selten zum Atemnotsyndrom des Frühgeborenen (s. S. 167). Seit einigen Jahren steht der Stoff aus gentechnischer Produktion oder als Schweine- oder Rindersurfactant künstlich zur Verfügung.

Surfactant ist zur Zeit das einzige Medikament, das eine *echte Verbesserung der Lungenleistung* ursächlich herbeiführt. Es gibt zwar eine Vielzahl von Präparaten, die dem Baby helfen die Atmung zu verbessern, aber diese wirken »nur« indirekt über Herzstärkung und Kreislaufstützung. Daher war die Entwicklung des Surfactant ein großer *Meilenstein in der Verbesserung* der Gesundungschancen *der sehr kleinen Kinder von unter 1000 g.*

Surfactant wird direkt in den Tubus instilliert. Wenige Minuten später kommt es in der Regel zur ersten(!) deutlichen Verbesserung der Beatmungssituation. Sehr häufig muß der Stoff mehrmals verabreicht werden. Die einmalige Gabe reicht meistens nicht aus, eine dauerhafte Verbesserung der Lungenfunktion zu erreichen.

Nebenwirkungen

Wie bei allen potenten Arzneimitteln, ist der Einsatz von Surfactant nicht ohne Risiko. Die rasche »Befreiung« der Atmung schafft, wenn nicht exakt gegenreguliert wird, in etlichen Fällen eine zeitweilige Überbeatmung. Die Öffnung der Lunge läßt das angestaute Kohlendioxid (s. S. 54) nämlich mit einem Schlag entweichen. Infolge der zusätzlichen Beatmung sinkt der Gehalt unter den Normalwert. Chemisch gesprochen verschiebt sich der Säure-Basen-Haushalt von Übersäuerung in die Untersäuerung; ein Zustand, der als Alkalose bezeichnet wird.

Blutdruckänderungen können abrupt erfolgen und die Hirndurchblutung vermindern.

Leider gibt es (aus Gründen, die noch nicht bekannt sind) auch Kinder, die nicht mit einer Verbesserung der Lungenfunktion reagieren (»non responder«).

Das äußerst wirksame Medikament gehört aus den genannten Gründen nur in die Hand eines routinierten Neonatologen, der alle möglichen Folgen abschätzen kann und sich darauf einzustellen vermag. Selbstverständlich muß er am Bett des Kindes bleiben, bis sichergestellt ist, daß keine unerwünschten Wirkungen auftreten. Da das mindestens eine Stunde dauert, ist die Verabreichung von Surfactant auf Stationen mit nicht durchgängiger neonatologischer Betreuung abzulehnen.

Sedativa (Beruhigungsmittel)

Sedativa führen über eine Dämpfung der Hirnrindenaktivität zur vorübergehend erhöhten Schlafbereitschaft.

Phenobarbiturate (Luminal®, Phänemaletten®)

Die Phenobarbiturate werden in der Neonatologie aus mehreren Gründen verabreicht:

Ruhigstellung von beatmeten Kindern

Die beruhigende (sedierende) Wirkung von Barbituraten ist der Hauptgrund für die Anwendung dieses Medikamentes bei beatmeten Frühchen. So gelingt es, sie anfangs besser an den Tubus zu gewöhnen (den sie ja benötigen). Es hilft Blutdruckspitzen mit ihren gefährlichen Folgen zu vermeiden (Hirnblutungen, s. S. 202). Gleichzeitig werden unnötige Aufregungen (z. B. beim Absaugen) vermindert.

Barbiturate haben nur geringe schmerzlindernde Wirkung. Wird die Unruhe also durch Schmerzen hervorgerufen, sind sie nicht angezeigt.

Verringerung einer schweren Neugeborenengelbsucht

Luminal® induziert die Leberenzyme, d. h. es *erhöht die Leberaktivität*. Dieser Effekt wird ausgenutzt, um eine schwere Neugeborenengelbsucht zu behandeln. Da das Bilirubin – also der gelbe Blutfarbstoff – in der Leber verstoffwechselt wird, ist nach Gabe von Luminal eine höhere »Arbeitsleistung« der Leber zu erwarten. Das Bilirubin wird zügiger aus dem Blut entfernt, die *Gelbsucht klingt schneller ab*.

Gelbsuchtformen infolge Blutgruppenunverträglichkeiten lassen sich in der Regel allerdings nicht mit Medikamenten beherrschen. Dazu sind sie zu schwach wirksam (Blutaustausch, S. 221).

Behandlung von Krampfanfällen

Ein wichtiger Einsatz für Phenobarbiturate ist die *Verhinderung oder Unterbrechung eines Krampfanfalls*. Es ist »das Mittel der ersten Wahl« bei unklaren Krämpfen im Neugeborenen- und Säuglingsalter.

Wir wissen inzwischen, daß erheblich mehr Frühchen und Neugeborene krampfen, als noch vor kurzer Zeit angenommen. Erst seit Ableitung der Hirnstromkurven ist bekannt, daß Frühchen – anders als Erwachsene – auch ohne äußere Zeichen wie Speichelfluß, Zuckungen oder andere typische Symptome krampfen können.

Diese »stillen Krämpfe« sind einer äußeren Beurteilung also nicht zugänglich. Erst das (zufällig abgeleitete) EEG beweist die Krampfaktivität. Neugeborenenkrämpfe werden zudem von typischen und häufigen Problemen der Kinder ausgelöst:

- Azidosen
- Unterzuckerungen
- Mineralstörungen
- Unreife.

Die Dauerbehandlung mit Barbituraten ist also auch ein *Schutz vor wiederholten Krampfanfällen*.

Nebenwirkungen

Barbiturate sind »sichere« Medikamente, ihre Wirkung ist gut berechenbar. Seltene Begleitwirkungen können sein:

- paradoxer Effekt mit Unruhe und erhöhter Aktivität
- Blutungsneigung, wenn die Mutter das Medikament einnehmen muß
- Hautausschläge
- Verstopfungen.

Benzodiazepine (Diazepam [Valium®, Diazemuls®])

Benzodiazepine zeigen eine stärkere und direktere Wirkung als Phenobarbiturate. Sie werden deshalb bevorzugt eingesetzt.

- zur Unterbrechung von stärkeren Krampfanfällen
- zur raschen Beruhigung sowie
- bei erhöhter Unruhe.

Diazepam und Luminal haben unterschiedliche Angriffspunkte im Gehirn. Sie ergänzen sich in ihrer beruhigenden Wirkung, zeigen aber im Bezug auf die Neugeborenengelbsucht gegensätzliche Wirkung.

Diazepam reichert sich in der Muttermilch an. Einmalige Einnahme ist unbedenklich; dauerhafte Einnahme von Valium® e.a. sollte jedoch insbesondere während der Stillzeit vermieden werden.

Nebenwirkungen:
- verlängerte Gelbsuchtphase
- Übelkeit
- vermehrte Speichelbildung
- Verstopfung
- Harnverhaltung.

Chloralhydrat

Chloralhydrat ist ein Alternativmittel, das bei Barbituratunverträglichkeit angewandt werden kann (z.B. wenn größere Nebenwirkungen auftreten).

Nebenwirkungen:
- Wirkungsverstärkung mit Kreislaufmitteln (Herz!)
- Übelkeit, Erbrechen, Magenbeschwerden.

Muskelrelaxanzien

Muskelrelaxanzien sind Medikamente, die eine Entkoppelung von Nervenimpuls und Muskel bewirken; d.h. die Nervenerregung kann den Muskel nicht mehr erreichen. Er kann sich daher nicht mehr zusammenziehen und er bleibt erschlafft (= relaxiert).

Muskelrelaxanzien werden verwendet, um ein Kind ausschließlich durch die Beatmungsmaschine beatmen zu lassen. Es kann bei Verwendung dieser Medikamente nicht mehr selbsttätig »dazwischenatmen«.

Das Verfahren bewährt sich besonders bei extrem unruhigen oder sehr kleinen Kindern in der Anfangsphase der Überwachung, wenn sie nur gegen die Maschine kämpfen und ihren Rhythmus noch suchen.

Nebenwirkungen:
- Blutdrucksenkung
- fehlende Steuerbarkeit der inneren Blutverteilung (siehe S. 82)

Bikarbonat

Die chemische Formel für diesen Stoff ist HCO_3-. Bikarbonat wird auch als *Säure-Puffer* bezeichnet, weil es die gefährlichen H^+-Ionen abfängt (Azidose, s. S. 54) bindet und in unschädliche Kohlensäure (zurück-)überführt.

$$\overline{\underline{HCO_3^-}} + H^+ \Leftrightarrow \overline{\underline{H_2CO_3}}$$

Bikarbonat wird also immer dann eingesetzt, wenn zuviel H^+-Ionen den Körper in eine alarmierende Azidose zu stürzen drohen. Ein Überschuß an H^+-Ionen entsteht im Körper in der Regel durch

- Lungenunreife mit CO_2-Anstieg (Hyperkapnie)
- langen Transport ohne Überwachung
- schlechte Erstversorgung
- Unterkühlung (Hyperthermie)
- Unterzuckerung (Hypoglykämie)
- Sauerstoffmangel (Hypoxie).

Auf neonatologischen Stationen werden diese Probleme bereits im Ansatz verhindert und Azidosen größeren oder längeren Ausmaßes durch Überwachung vermieden.

Lediglich kurz nach der Geburt oder nach längeren Transporten kann das Kind »sauer sein«. Gelingt es dann nicht innerhalb von kurzer Zeit den Säure-Basen-Haushalt über die Beatmung zu stabilisieren (s. Abb. 5), wird die Gabe von Bikarbonat notwendig.

Nebenwirkungen

Wie sich aus der Gleichung ergibt, binden sich Bikarbonat und Wasserstoff im Verhältnis 1:1. Wenn die Puffer-Dosierung nicht genau dem Überschuß an H^+-Ionen entspricht, wird deutlich, daß ein Überschuß an Bikarbonat im Blut verbleibt. Diesen Zustand nennt man Alkalose. Alkalosen sind ebenso gefährlich für die Babys wie Azidosen. Der Einsatz von Bikarbonat ist also riskant.

Bei Beachtung aller Vorsichtsmaßnahmen ist der Einsatz von Bikarbonat in der Regel vermeidbar.

Noch ein anderer Grund macht den Einsatz des Medikamentes risikoreich. Der Stoff löst eine *Blutdrucksteigerung* aus, die für die noch dünnen Gefäße im Gehirn des Frühgeborenen besonders gefährlich sind. Sie können zerreißen und eine Hirnblutung auslösen (s. S. 202).

Antibiotika

Antibiotika sind Medikamente, die Bakterienwachstum hemmen. Sie werden daher ausschließlich bei bakteriellen Infektionen eingesetzt. Bei Virus- oder Pilzkrankheiten bleiben sie wirkungslos.

Infektionskrankheiten sind das Ergebnis kurzzeitiger Siege von Viren, Pilzen und Bakterien über das körpereigene Abwehrsystem. Aber nicht jede Besiedlung mit Keimen führt automatisch auch zu einer Erkrankung. Die Zahl der Eindringlinge, ihre Aggressivität (-Problemkeime) und die Eintrittspforte spielen ebenso eine Rolle wie allgemeine Gesundheitslage (-Beatmung, -Streß und Ausprägung des Abwehrsystems). Sind diese Abwehrmöglichkeiten erschöpft oder noch wenig »geprägt«, so kann sich der Körper verständlicherweise nur schlecht gegen die Gefahr von außen wehren.

Frühgeborene auf Intensivstationen sind besonders gefährdet, Infektionskrankheiten zu erleiden. Sie besitzen ein noch *unreifes Immunsystem*, müssen oft *beatmet* werden, stehen trotz aller Bemühungen unter *erhöhtem Streß*. Zudem sind Kanülen in den Gefäßen und regelmäßige *Blutkontrollen* Infektionsgefahren.

Das Antibiotikaproblem bei Frühgeborenen

Intensivstationen sind bevorzugte Plätze für sog. »Problemkeime«. Beweisen Abstriche das Wachstum von krankmachenden Bakterien, und deuten Laborwerte (Blutbild, CRP, Elastase) auf eine schwelende Infektion, so wird der Einsatz von Antibiotika erwogen werden müssen.

Zeigt dann das Baby noch

- schlechteres Aussehen (Blässe)
- einen Blähbauch
- Nahrungsunverträglichkeiten
- sich verschlechternde Atmung
- Kreislaufprobleme
- Nierenstörungen u. a.

dann ist bewiesen, daß eine Besiedelung zur *Infektionskrankheit* geworden ist, und dem Kind »zu schaffen« macht. Spätestens jetzt ist der Einsatz von Antibiotika aber im Interesse des Patienten leider nicht mehr zu umgehen.

Ein zweiter Aspekt: Im Unterschied zu Erwachsenen verläuft eine Infektionskrankheit bei Frühgeborenen oft sehr schnell und stürmisch. Von Warnzeichen (vgl. Tab. 12) bis zur Organinvasion über die Blutwege vergehen nicht selten nur wenige Stunden. Im Zweifelsfall wird man daher früher als bei reifen Kindern zur antibiotischen Therapie greifen müssen. Sicher ist sicher!

Der hohe (notwendige) Einsatz von Antibiotika bei widerstandsarmen Frühchen reißt aber wiederum Lücken in die körpereigene natürliche (und wenig aggressive) Bakterien-Flora. In diese ökologischen Nischen siedeln sich dann bevorzugt widerstandsfähige und resistente neue krankmachende Erreger an, die nur mit immer »härteren« Antibiotika bekämpft werden können. Ein fataler Kreislauf für die nachfolgende Generation.

Nebenwirkungen:
Die direkten Nebenwirkungen einer Antibiotikatherapie werden oft überschätzt. Bei korrekter Verabreichung sind keine ernsthaften Probleme zu erwarten. Antibiotika sollten zwar aus den oben genannten Gründen nicht vorbeugend (prophylaktisch) eingesetzt werden, jedoch soll ihr Einsatz in der Intensivphase und gelegentlich in der Nachbetreuung realistisch beurteilt werden.
Bei Gabe von bestimmten Antibiotika (i. B. Aminoglykosiden) sind sog. Spiegelkontrollen notwendig, um Überdosierungen zu vermeiden. Mit wenigen Tropfen Blut kann die Konzentration sicher bestimmt werden.

Kreislaufmittel

Die Aufgabe des Kreislaufes ist der Transport von Sauerstoff und Nährstoffen zu jeder Zelle des Körpers sowie der Abtransport von CO_2 (s. S. 54) und Giftstoffen zu Lunge und Niere.

Blutdruck und Blutdruckregelung

Der Blutdruck ist ein gutes Maß für die Beurteilung des Kreislaufes. Mehrere Faktoren beeinflussen die Blutdruckhöhe.

Die **Herzleistung** *von Frühgeborenen hängt im wesentlichen von einer guten Sauerstoffversorgung ab. Eine mangelhafte Erstversorgung mit drohender Erstickung (Asphyxie) führt fast immer zu*

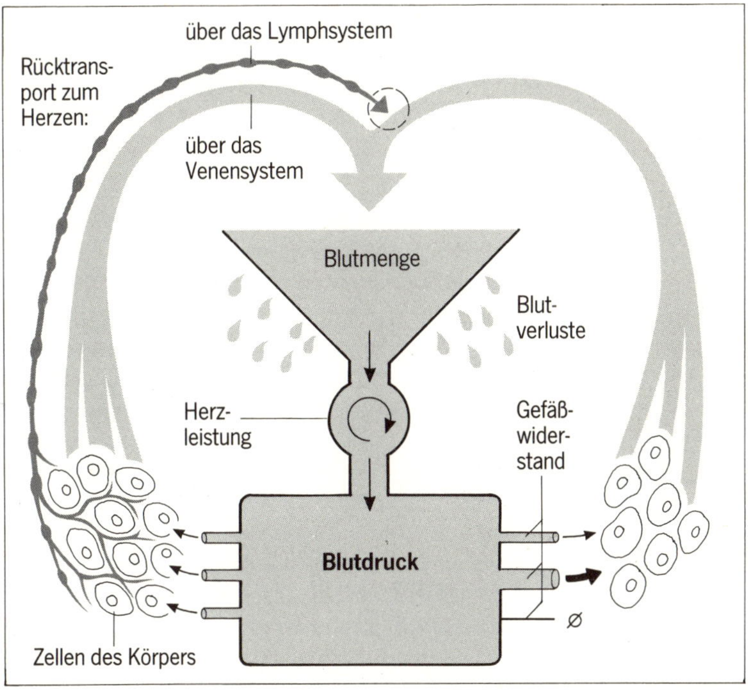

Abb. 16 Blutdruck in Abhängigkeit von Blutmenge, Herzleistung und (peripherem) Gefäßwiderstand, siehe auch Text.

Herztonabfall (Bradykardie) und mangelhafter Pumpleistung. Die Stabilität des Blutdrucks ist damit ernsthaft gefährdet. Weitere Ursachen für eine Herzschwäche sind Unterzuckerungen (der »Betriebsstoff« fehlt) und/oder andere Stoffwechselstörungen, Infektionen oder vorgeburtliche Erkrankungen.
Herzfehler (die bei FG nicht so selten sind) sind ein weiterer Grund für mangelhafte Herzleistung.

Die ausreichende **Blutmenge** *ist ein entscheidender Faktor für die Stabilität des Blutdruckes. Es ist verständlich, daß ein »Rinnsal« keinen funktionsfähigen Blutdruck aufrecht erhalten kann. Leider unterliegt das FG mehreren oft drastischen Möglichkeiten für eine zu geringe Blutmenge: Blutverluste vor oder während der Entbindung. »Versacken« von Flüssigkeit in Körperhöhlen oder Versickern in Geweben (Ödemneigung, S. 94), Erbrechen oder Durchfall, Hor-*

monstörungen oder auch Flüssigkeitsverluste über Haut und Schleimwege (Tab. 7, S. 87).
Die häufigste Ursache für einen schlechten Kreislauf ist dann auch die mangelhafte Flüssigkeitszirkulation in den Blutgefäßen.

Der **Gefäßwiderstand** *ist vergleichbar mit Schleusentoren, die – quasi vor jeder Zelle gelegen – den Blutfluß steuern.*
Sind sie geschlossen, staut sich das Blut im Kreislauf. Der Druck im System steigt (allerdings werden dann auch die dahinterliegenden Zellen weniger durchblutet). Werden die Tore geöffnet, fließt Blut verstärkt ab, der Blutdruck sinkt.
Diese Einrichtung ermöglicht es dem Körper, das Blut in die Abschnitte des Organismus zu leiten, wo es am dringendsten ähnlich wie in einem Bewässerungssystem gebraucht wird.
Ringförmige Muskeln in den Wänden kleiner Schlagadern bestimmen den Durchmesser des Gefäßes und setzen damit dem Blut den mehr oder weniger großen sog. peripheren (äußeren) Widerstand entgegen. Bakterienüberschwemmung, Beruhigungsmittel und Muskelrelaxanzien (s.o.) vermindern die Spannung in der Gefäßmuskulatur. Der Blutdruckabfall ist in diesen Fällen also die Folge eines herabgesetzten Gefäßwiderstandes (siehe auch Autoregulation, S. 31).

Die **Blutdicke** *(Viskosität) ist ein Maß für die Zähigkeit, mit der das Blut fließt. Je zäher, desto schwieriger wird es, »Verstopfungen« in den kleinsten Haargefäßen zu vermeiden. Die Dicke des Blutes ist optimal, wenn es ca. 50 Prozent Blutzellen und 50 Prozent Plasma enthält. Das Verhältnis Blutmasse/Plasmaflüssigkeit wird als Hämatokrit bezeichnet (s. a. Polyglobulie, S. 216).*

Ein *Volumenmangel* ist die häufigste Ursache für einen instabilen oder gar zu niedrigen Blutdruck beim Frühgeborenen.

Daher muß bei den Kindern der Kreislauf regelmäßig »aufgefüllt« werden. Die Medikamente werden als *Plasmaexpander* bezeichnet.

Biseko / Humanalbumin

Die beiden wesentlichen Effekte dieser sich ähnelnden Wirksubstanzen liegen in der Kreislaufauffüllung und der Verbesserung der Fließeigenschaften des Blutes.

Dadurch gelangt das Blut besser an alle Körperzellen: die Sauerstoffversorgung wird wirksamer und der »Spüleffekt« entschlackt den Organismus. Die Übersäuerung einzelner Körperabschnitte mit ihren gefürchteten Folgen für das Frühchen wird vermindert.

Nebenwirkungen

Trotz dieser überzeugenden Wirkungen ist die Gabe von Plasmaexpandern bei Frühgeborenen insbesondere in den ersten 24 Stunden nach der Geburt nach unserer Auffassung eher gefährlich.

Frühgeborene unter 1500 g besitzen in den ersten Tagen ihres Lebens noch nicht die Fähigkeit zur Selbststeuerung der Blutverteilung (fehlende Autoregulation). Das heißt, sie sind auch nicht in der Lage, Blutdruckwellen abzufedern, indem sie (wie reife Neugeborene) ihre Gefäße wie »Schleusentore« vor Eintreffen einer Flutwelle schließen.

Diese Fähigkeit entwickelt sich erst mit etwa der 32. Woche. Es ist deutlich, daß nach früher Gabe von Plasmaexpandern und Blutprodukten nicht nur der Blutdruck steigt, sondern gefährliche Blutdruckspitzen ungehindert – eben wie eine Flutwelle – v. a. D. ins Gehirn durchschlagen können, und dort Blutungen auslösen (s. S. 202). Beim Einsatz muß also Nutzen und Risiko gegeneinander abgewogen werden. Gelingt es nicht, den Blutdruck über die Atmung zu stabilisieren (Abb. 5, S. 53), dann hilft oftmals nur der Einsatz von »Plasmaexpandern« weiter.

Bluttransfusionen

Blut besteht aus *Blutkörperchen* (rote, weiße Blutkörperchen, Blutplättchen) und *Plasma* (Wasser, Salze, *Gerinnungsstoffe*, Zucker, Eiweiß, Fette).

Es gibt sechs Transfusionsmöglichkeiten

1. Die Gabe von Vollblut
2. Die Verabreichung von Blutkonzentrat (Ery-Konzentrat)
3. Die Gabe von Plättchenkonzentrat
4. Die Gabe von Konzentrat weißer Blutzellen
5. Die Gabe von Plasma oder Plasmabestandteilen
6. Die Gabe von gerinnungsaktivem Plasma (FFP).

Prinzipiell gilt für Blut und Blutbestandteile das gleiche, was über Humanalbumin und Biseko gesagt wurde.

Die Gabe von Vollblut besitzt aber gegenüber den Expandern noch den Vorteil, die Sauerstoffkonzentration per se zu verbessern. Dadurch ist zusätzlich noch eine positive Wirkung auf die Herzleistung zu erwarten (insbesondere nach Asphyxie).

Frühgeborene bilden zu wenig neue rote Blutkörperchen. Die Produktionsstätte im Knochenmark ist bei ihnen noch zu unreif. Gleichzeitig kommt es zu verstärktem Abbau an roten Blutkörperchen nach der Geburt (Gelbsucht, s. S. 27). Bedenkt man außerdem noch notwendige (diagnostische) Blutentnahmen, dann ist verständlich, daß etliche Frühgeborene rasch in eine Blutarmut (Anämie, S. 220) abgleiten. Hier helfen regelmäßige Bluttransfusionen ebenfalls, mögliche Folgen zu verhindern.

Nach Stabilisierung und erster Anpassung hat sich nach unserer Erfahrung die großzügige, geringdosierte Gabe von Vollblut auf die Gesamtentwicklung der Kinder deutlich positiv ausgewirkt.

Seit 1987 sind alle Konserven auf HIV (s. S. 155) überprüft. Bei Fremdspenden besteht daher (nur noch) die geringe Wahrscheinlichkeit, daß ein Spender in der Zeit der sog. Serokonversion, d. i. ca. 4 Wochen vor der Spende, infiziert worden ist. Da Eltern als Spender in Frage kommen, sollte es aber möglich sein in Absprache mit der Station auch dieses Restrisiko auszuschalten.

Nebenwirkungen nach Gabe von Vollblut in den oben angegebenen Dosierungen sind selten. Mehrere sog. »bed-side« Teste verhindern die falsche Blutübertragung.

Gerinnungsaktives Frischplasma

Plasma enthält Gerinnungsfaktoren. Das sind »klebrige« Eiweißverbindungen, die bei der Blutstillung eine wichtige Rolle spielen.

Bei Frühgeborenen können Infektionskrankheiten und Blutungen zu einem erhöhten Verbrauch von Gerinnungsfaktoren führen. Man erkennt das an der Messung der Gerinnungszeiten im Labor. Lassen die Laborwerte oder Beobachtungen am Kind erkennen, daß Gerinnungsvorgänge im Körper verstärkt auftreten, so wird über gerinnungsaktives Plasma kurzzeitig Ersatz bereitgestellt.

Blutplättchenkonzentrat

Blutplättchen (= Thrombozyten) sind vergleichbar mit Heftpflastern »ohne Kleber«. Sie sind verantwortlich für das erste Abdichten eines Lecks im Gefäßsystem. Daher kann sich bei Fehlen von Blutplättchen ein blutendes Gefäß trotz unauffälliger Gerinnung nicht verschließen. Plättchenkonzentrate werden also immer dann eingesetzt, wenn ein bedrohlicher Thrombozytenmangel gemessen wird.

Weitere Medikamente (Auswahl)

Multibionta®/Soluvit®	Multivitaminpräparate
Inzolen®	Spurenelemente
Vitamin E	b. Gallengangsstauung/Verhinderung ROP (s. S. 223)
Vitamin B_6	therapieresistente Neugeborenenkrämpfe
Phenydan®	Anti-Krampfmittel
Theophyllin®	Herz-Kreislauf-Mittel/Apnoemittel
Lasix®	urinförderndes Mittel/Lungenentwässerung
Dopamin®	Blutdruckmittel, speziell zur Nieren- und Darmdurchblutung
Dobutrex®	kreislaufstabilisierendes Medikament
Digitalis	herzstärkendes Medikament

Wärme und Flüssigkeit (Infusionstherapie)

Gegenüber Babys, die am Termin geboren werden, ist die Körperoberfläche bei Frühgeborenen (im Verhältnis zum Gewicht) deutlich größer (s. Abb. 3). Das schafft Probleme:

Je größer die Körperoberfläche desto höher die Wärmeabstrahlung. Wärmeverluste stellen unsinnige Energieverschwendung dar, weil für das Wachstum dann nur noch wenig Kalorien übrig bleiben.

Um ungestörtes Gedeihen zu ermöglichen, werden Frühchen daher im Brutkasten oder im Wärmebett gepflegt. Eine hohe Raumtemperatur auf der Intensivstation verhindert zusätzliche Wärmeverluste.

Es gibt noch mehr Energiesparmaßnahmen:

Sog. Doppelwandcouveusen bestehen aus zwei ineinandergesetzten »Schachteln«, zwischen denen ein Luftstrom als »Warmluftvorhang« zirkuliert. Die Wärmestrahlung nach außen wird dadurch erheblich vermindert und der Einfluß der Umgebungslufttemperatur auf das Kind weniger bedeutsam. Manchmal langt jedoch selbst diese Maßnahme nicht aus, um ein Abkühlen zu verhindern. Spezielle Klarsichtfolien um den Körper schaffen dann einen zusätzlichen Wärmeschutz.

Alle Frühchen neigen zur Unterkühlung!

Im Gegensatz zum Erwachsenen, der seine Wärme aus Muskelaktivitäten erzeugt (Kältezittern), spielt dieser Mechanismus beim Neu- und Frühgeborenen nur eine untergeordnete Rolle. Frühgeborene können sich nicht »warmzittern«. Ihre Wärmeenergie beziehen die Kleinen in erster Linie aus dem Fettgewebe der Unterhaut. Aber gerade davon besitzen sie anfangs nur sehr wenig. Kältestreß verursacht zudem einen höheren Sauerstoffverbrauch.

Unterkühlung bedeutet erhöhter Sauerstoffbedarf

Neben Energieverschwendung durch Wärmeabstrahlung, Zugluft und sog. Wärmeleitung spielt die *Verdunstung von Wärme und Wasser über die Haut* bei Frühgeborenen eine dominierende Rolle.

Ein Beispiel soll das Ausmaß verdeutlichen:

Tab. 7 Wasserverluste durch die Haut (in $g/m^2/h$) in Abhängigkeit von der Umgebungsfeuchtigkeit

Frühgeborene (26. SSW)	Feuchtigkeit im Inkubator	Reifes Kind a. T. (40. SSW)
60–70 g	niedrig (20%)	5–10 g
~30 g	hoch (70%)	~3 g

Der Wasserverlust bei trockener Raumluft ist also mehr als doppelt so hoch. Umgekehrt formuliert kann man die Verdunstung also einschränken, indem die Raumfeuchtigkeit hochgehalten wird (Tropeneffekt).

Hohe relative Luftfeuchtigkeit verhindert Wasserverluste.

Wie aus der Tabelle 7 ersichtlich, verlieren Frühgeborene trotz aller Vorsorgemaßnahmen immer noch viel mehr Wasser über die Haut als reife Neugeborene. Ihre große Körperoberfläche, die dünne Haut und unreife Nierentätigkeit (siehe S. 210) tragen zum unvermeidlich hohen Flüssigkeitsverlust bei. Das bedeutet:

Frühgeborene haben einen hohen Flüssigkeitsbedarf.

Der Flüssigkeitsbedarf von Frühgeborenen liegt in den ersten Tagen nach der Geburt etwa bei 100 ml Wasser pro kg Körpergewicht. Umgerechnet auf einen Erwachsenen von 70 kg würde das eine tägliche Trinkmenge von etwa 7 l Wasser bedeuten. Es ist deutlich, daß die Kinder (abgesehen von der noch mangelhaft entwickelten Schluckfähigkeit) deshalb eine Infusion benötigen.

Um wachsen zu können, brauchen sie natürlich mehr als nur Wasser: ein erster »Speiseplan« nach der Geburt könnte folgendermaßen aussehen:

~	100–150 ml/kg	Wasser (je n. Alter, Beatmung, Komplikationen, etc.)
~	11–16 g/kg	Zuckeranteil
~	0,5–2 g/kg	Eiweißbestandteile (Aminosäuren)
(~	1,0–2 g/kg)	Fett
~	Mineralstoffe	Zusatzstoffe
~	Vitamine	Zusatzstoffe

Diese Lösung enthält ca. 75 kcal/kg. Um stetig wachsen zu können, benötigt das Frühgeborene aber ca. 100 kcal/kg und mehr. Meistens nehmen sie nur deshalb nicht an Gewicht ab, weil Wassermenge und energiesparende Maßnahmen das verhindern. Es ist aber zum jetzigen Zeitpunkt kein echtes Wachstum (s. S. 93).

Die langsame Steigerung von Kalorienträgern in den Tagen nach der Geburt als Infusionszusatz führt jedoch bald zu ausreichendem Angebot: das Baby kann jetzt wirklich zunehmen.

Frühgeborene haben einen hohen Kalorienbedarf, der nur mit Hilfe von Infusionen gedeckt werden kann.

Alarme und Fehlalarme, Dauer- und Mehrfachüberwachungen

Einer der überwältigenden ersten Eindrücke auf Neugeborenen-Intensivstationen ist die Vielfalt der Computer, Maschinen, Kabel und blinkenden Warnleuchten.

In den vorherigen Abschnitten dieses Buches haben wir versucht, Ihnen die Bedeutung einzelner Geräte zu vermitteln. Jetzt möchten wir die zu Beginn des Kapitels erhobene Behauptung, »alles füge sich sinnvoll zusammen« begründen.

Um Frühgeborene (und kranke Neugeborene) auf ihrem bisweilen langen Weg ins eigenständige Leben sicher begleiten zu können, müssen bereits geringste »Abdrifte« erfaßt werden. Nur so ist die frühzeitige »Kurskorrektur« möglich, die das Kind vor Schaden bewahrt.

Die Belastung des Organismus kann durch kontinuierliche Überwachung mit gezielter Unterstützung geringgehalten werden.

Verschiedene Baby-Horchposten liefern Sekunde für Sekunde Informationen und Trends über das Leistungsvermögen der (noch) unreifen Organe. Je mehr Daten einfließen, desto größer ist die Sicherheit. In dieser Hinsicht unterscheidet sich das sog. Dauer-Monitoring kaum von der Sicherheitsüberwachung jedes gewöhnlichen Fluges. Allerdings sind Frühgeborene viel anfälliger. Um Probleme daher bereits im Ansatz zu erfassen, ist eine äußerst sensible und empfindliche Einstellung aller Überwachungsgeräte notwendig.

99 Prozent aller Alarme auf Intensivstationen sind Fehlalarme!

Viele Alarme werden z.B. bereits durch heftige Bewegungen der Kinder ausgelöst.

Vergegenwärtigen wir uns noch einmal, welche Organe für das ungestörte Heranwachsen von Bedeutung sind, und welche Möglichkeiten zur Überwachung eingesetzt werden (Tab. 8).

Tab. 8 Dauerüberwachungsmöglichkeiten

Organ	Meßgerät	Überprüfung von
Lunge	Atemmonitor	Häufigkeit der Atmung
	Pulsoxymeter	Sauerstoffsättigung
Herz	Herzmonitor	Herzschläge/Minute
Kreislauf	Blutdruckgerät	Blutdruck
	Transcutansonden	Übersäuerung
	Infusionen	Blutdruckstabilität
Ausscheidungsorgane	Urin	Salz/Säureverlust
	Magensekret	Verträglichkeit/Infektion
	Stuhl	Verdauungsleistung
Gehirn	Ultraschall	Hirnstrukturen
	EEG	Hirnströme
Haut	Temperatursonden	Körpertemperatur
	Abstrichserien	Bakterienbesiedlung

Es ist wichtig, sich klar zu machen, daß alle Organfunktionen in hohem Maße *voneinander abhängig* sind. Daher wird alles gemessen. So läßt zum Beispiel ein niedriger Blutdruck die Urinproduktion versiegen. Umgekehrt belastet eine Harnvergiftung den Kreislauf, das Herz und das Gehirn. Ursächliche Störungen des Gehirns wiederum bedeuten mangelhafte Feinabstimmung der inneren Organe. *Erst das gute Zusammenspiel aller Organe ermöglicht das ungestörte Heranreifen.*

Letztendlich zielen alle *äußeren Bemühungen* darauf ab, das sensible Zusammenwirken der Körperfunktionen im Gleichgewicht zu halten. Kleinste Veränderungen müssen z.T. medikamentös, aber auch mit Hilfe von Energiesparmaßnahmen, Flüssigkeitszufuhr oder physikalischer Therapie (Absaugen) sofort ausbalanciert werden, um ein Abgleiten zu verhindern. Ein stabiler Kreislauf ist dabei – wie aus der Abbildung 17 ersichtlich – von zentraler Bedeutung.

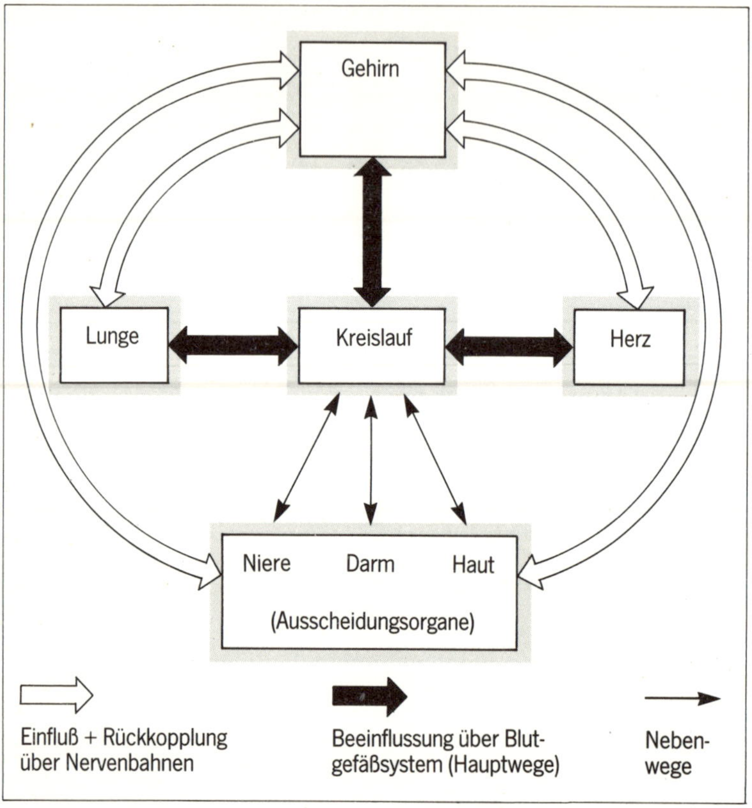

Abb. 17 Zusammenspiel wichtiger Körperfunktionen und ihre gegenseitige Beeinflussung.
Farbige Pfeile = Einfluß und Rückkoppelung über die Nervenbahnen.
Schwarze Pfeile = Beeinflussung über das Blutgefäßsystem (Hauptwege).
Graue Pfeile = Nebenwege.

Trotz aller technischen Raffinesse hängt der Erfolg neben den Fähigkeiten des Teams auch zu einem erheblichen Anteil von der »Mitarbeit« des einzelnen Patienten und dessen *innerer Stärke* ab.

Was können Eltern jetzt schon tun?

Die Neonatologie vermag mit ihrer ganzen Erfahrung und ihrem Wissen kranke Neu- und Frühgeborene nicht allein zu heilen.

Wir haben in den letzten Jahren erfahren, welch beeindruckenden Lebenswillen die Frühgeborenen besitzen. Sie sind Menschen, die zu erstaunlichen Leistungen und eigenen Entscheidungen fähig sind. Keinesfalls jedoch seelenlose, unselbständige Patienten, die auf Gedeih und Verderb Maschinen und Ärzten ausgesetzt sind.

Kein Frühgeborenes gleicht dem anderen. Die Kinder sind in hohem Maße selbständige Persönlichkeiten, ausgestattet mit sensiblen Antennen für alles, was in der Umgebung passiert. Sie besitzen eine höchst ausgeprägte Fähigkeit, daraus Entscheidungen für sich zu treffen.

Wie bei allen Lebewesen bestimmen Zuwendung und Vertrauen viele dieser Entscheidungen. Eine stabile tragfähige Bindung läßt die Kinder dabei viel besser manche Klippen und Probleme, denen sie mehr als andere Neugeborene ausgesetzt sind, überwinden. Frühgeborene benötigen die uneingeschränkte Hilfe ihrer Eltern.

Frühchen sind höchst aufmerksam. Sie spüren Spannungen, Liebe und Hinwendung. Das macht ihnen Mut!

Es hat eine Weile gedauert, bis die Ärzte auf Neu- und Frühgeborenenstationen erkannt haben, daß Medikamente und Apparate nicht Elternliebe ersetzen können. Nachdem sich diese Erkenntnis zunehmend durchsetzt, ist es für die meisten verantwortungsvollen Neonatologen selbstverständlich, Eltern auf der Station nicht nur zu akzeptieren, sondern sie als Partner in den Heilungsprozeß einzubinden.

Haben Sie auch Mut, Initiative zu ergreifen. Sie werden als Mitarbeiter benötigt!

Kommen Sie so oft wie möglich auf die Station!!
Aber kommen Sie freiwillig. Wenn es Ihnen zu Beginn Schwierigkeiten bereitet, versuchen Sie daran zu arbeiten, aber zwingen Sie sich nicht. Niemand kann Ihnen Ihre Gefühle vorschreiben.

Versuchen Sie unklare und Ihnen unverständliche Dinge möglichst bald im gemeinsamen Gespräch zu klären!
Sie werden vielleicht manchmal glauben zu stören oder im Wege zu stehen. Ein ums andere Mal wird Ihr Wunsch, informiert zu werden, nicht

gleich erfüllt werden. Vielleicht haben Sie bisweilen auch das Gefühl von allen Seiten unterschiedlich informiert zu werden. Der Stationsarzt erklärt Ihnen, daß »alles in Ordnung sei«, während der Oberarzt oder Chef eine eher besorgte Miene macht. Seien Sie aber versichert, daß sich jeder (vielleicht auf seine Art) bemühen wird, Ihnen und Ihrem Kind gerecht zu werden. Aus dieser Verantwortung heraus wird möglicherweise dieses oder jenes unterschiedlich vermittelt, mißverstanden, überhört oder auch vergessen. Das kommt natürlich vor. Aber jeder Mitarbeiter weiß: Nur offenes und ehrliches Miteinander schafft Vertrauen.

Berühren Sie Ihr Kind! Sprechen Sie es an!
Sprache und Sprechen löst die Angst. Sie erhalten Antwort.

Suchen Sie Kontakt zu anderen Eltern! *(s. S. 118ff.)*

Wenn die Kabel langsam abgebaut werden...

Die Gewöhnungsphase auf der Überwachungs- und Intensivstation (Verbesserungsphase)

Woran man Verbesserungen erkennen kann

Wachstum

Die gleichmäßige, nicht zu rasche Gewichtszunahme ist ein guter Gradmesser für eine gesunde körperliche Entwicklung bei jedem Baby.

Gewichtszunahme kann, wie aus der Abb. 18 ersichtlich, nur bei positiver »Bilanz« erwartet werden. Wichtig ist neben ausreichender Kalorienzahl und guter Verdauungsleistung auch ein fein abgestimmtes Zusammenspiel des Organismus. Unreife oder kranke Organe verbrauchen mehr Energie als gesunde (»wie geschmiert laufende«) Körpersysteme. Wärmeverluste sind weitgehend durch Inkubatorpflege oder Wärmebettbehandlung vermeidbar (s. Abb. 21, S. 124).

Neugeborene steigern ihre Trinkmenge nach der Geburt in regelmäßigen Schritten. In den ersten Lebenstagen ist die Menge jedoch zu gering, um bereits »Gewicht zu machen«. Im Gegenteil: die Kurzdiät führt zu einem natürlichen Gewichtsverlust. Er beträgt etwa 200 g. Nach etwa 1 Woche trinken sie aber bereits so gut, daß ab jetzt die Menge ausreicht, um stetig zu gedeihen.

Je kleiner die Kinder sind, desto langsamer gestaltet sich der Nahrungsaufbau. Die Verdauungsleistung des Darms darf ja nicht überfordert werden. Eine längere nachgeburtliche Hungerperiode ist aber schädlich und erzwingt aus diesem Grund unter Umständen eine intravenöse Ernährung (s.a. Blutzucker, S. 37f., S. 125). Die Infusionsbehandlung hat deutliche Auswirkungen auf das momentane Gewicht. So nehmen *Frühgeborene unter (zusätzlicher) Infusionstherapie* z.B. nach der Geburt praktisch kaum ab, weil Nährlösungen viel Wasser enthalten. Natürlich bedeutet das kein echtes Wachstum.

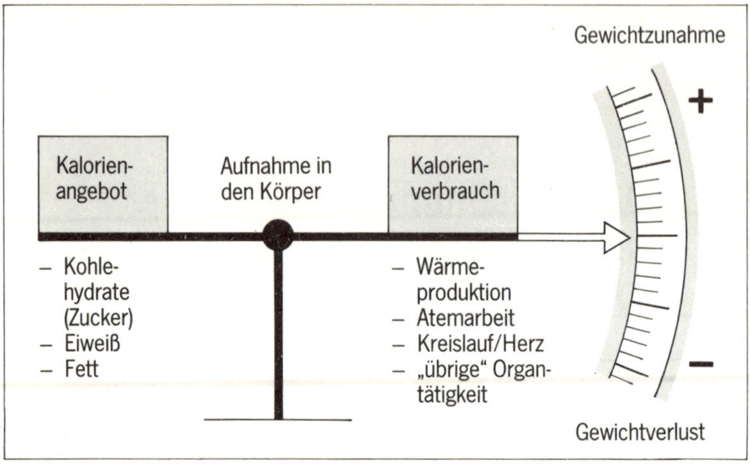

Abb. 18 Einflüsse auf die echte Gewichtszunahme.

Echter Gewichtszuwachs muß also von einer nur scheinbaren Zunahme unterschieden werden. Darüber hinaus gibt es bei kleinen Babys ein weiteres typisches Phänomen für eine scheinbare Gewichtszunahme:

Ödemneigung

Manche Neugeborene (insbesondere aber Frühchen) neigen zu Wassereinlagerungen in ihr Bindegewebe (Ödembildung). Ihre porösen, kleinsten Gefäße können das Plasmawasser im Blut noch nicht zurückhalten. Es versickert und schwemmt den Körper auf. Die Gewichtskurve steigt. Ödeme erkennt man zuerst an den kissenartig prallen Unterschenkeln. Drückt man vorsichtig auf die Waden, dann wird das Wasser wie bei einem Fußtritt im Morast verdrängt. Es entsteht kurzzeitig eine Mulde, bis sich nach einiger Zeit das Gewebe wieder vollgesogen hat. Gefäßunreife (bei Frühgeborenen) ist aber nur ein Grund, der die Ödembildung begünstigt. Mangelhafte Herzleistung führt ebenfalls zu »Wasser in den Beinen«. Ödeme können auch auftreten, wenn viel Infusionsflüssigkeit zirkuliert und/oder die Nierenleistung des Kindes noch unzureichend ist.

Bis eine sichere Aussage über die echte Gewichtsentwicklung zuverlässig gestellt werden kann, dauert es ein paar Tage.

Atmung

Bei Frühchen mit Lungenunreife, die ohne Beatmung auskommen, benötigt man mit der Zeit immer weniger zusätzlichen Sauerstoff. Das zeigt, daß die Lunge nachgereift ist und stabile Herz-Kreislauf-Verhältnisse vorliegen.

Der *Sauerstoffbedarf* des Frühgeborenen unterliegt kurzfristig immer mehr oder weniger größeren Schwankungen. Nahrungsaufnahme mit »dickem Bauch«, Lagerung, Medikamente und momentanes Befinden beeinflussen den aktuellen Sauerstoffbedarf. Kälte und Zugluft steigern zum Beispiel den Sauerstoffverbrauch ganz erheblich. Erst die kontinuierliche Verminderung über Tage hinweg kann daher als echte Verbesserung bewertet werden.

Gleichmäßige Reduzierung des Sauerstoffgehaltes in der Inkubatorluft ist ein prognostisch günstiges Zeichen.

Zu Beginn einer künstlichen Beatmung müssen Beatmungsfrequenz und Atemdruck (s. S. 57) so ausbalanciert werden, daß weder Sauerstoffmangel noch Blut-Übersäuerung (Azidose, s. S. 54) auftreten.

Alle denkbaren Varianten kommen vor: Von Kindern, die selbständig atmen und lediglich ab und zu einen Atemanstoß benötigen, bis hin zu denen, die sich »voll« beatmen lassen.

Bei künstlich beatmeten Kindern ist die stetige Reduzierung der Atemhilfe ein sicheres Zeichen für das Heranreifen der Lunge.

Kurzfristige Änderungen für Stunden oder Minuten (z.B. nach Anwendung von Surfactant (s. S. 71f.) oder Kreislaufmitteln (s. S. 80f.)) sind hingegen zwar prognostisch ermutigend, aber weniger aussagekräftig.

Am Ende einer künstlichen Beatmung steht häufig die CPAP Atmung; das Kürzel steht für continuous positive airway pressure. Man versteht darunter eine Atemform, bei der das Kind vollständig selbsttätig atmet und lediglich über den Tubus ein leichter Überdruck in der Lunge (Blähdruck) aufrechterhalten wird, (s. S. 57).

Trotz aller Beunruhigung soll an dieser Stelle nochmals deutlich betont werden, daß eine unter Umständen wochenlange Beatmung kein Hinweis auf Komplikationen oder spätere Handicaps ist.

Jedes beatmete Frühchen braucht »seine« Zeit!

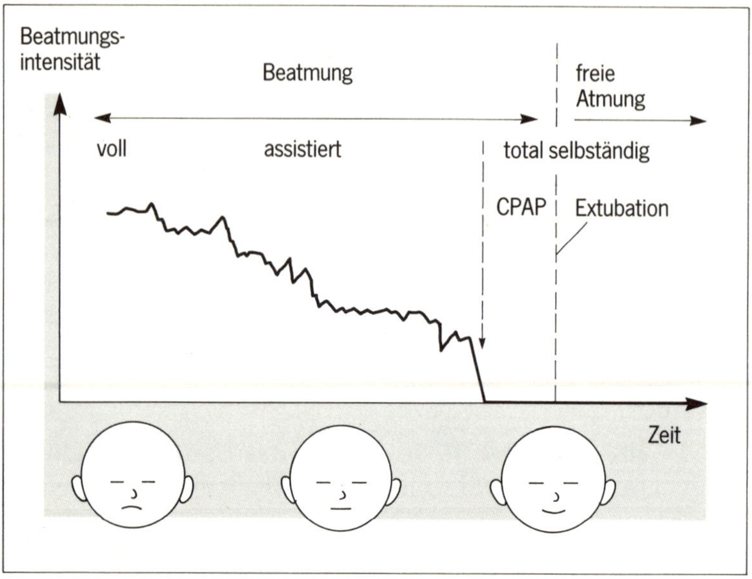

Abb. 19 Verbesserung der Atmung in Abhängigkeit von der Zeit (schematisch).

Ein typisches, nicht selten zu beobachtendes Atemproblem von Früh- und (kranken) Neugeborenen sind

Neugeborenenapnoen
Man versteht unter Apnoen Atemaussetzer von mehr als 20 Sek. Apnoen sind bei Frühgeborenen der Ausdruck einer noch unreifen, überforderten Atemregulierung. Mit der Zeit werden Atemzüge und Atemtiefe jedoch regelmäßiger.

Je stabiler ein Kind, desto geringer die Apnoefrequenz.

Kleinere Pausen sind aber auch jetzt noch zu beobachten! Das ist normal! Auch der Erwachsene atmet nicht immer gleichmäßig!

Eltern müssen andererseits wissen, daß die spontane Atemfrequenz von Frühgeborenen grundsätzlich höher ist als die älterer Kinder:

< 30.–34. SSW	50–60 Atemzüge pro Minute
Neugeborenes	40 Atemzüge pro Minute
Erwachsener	12 Atemzüge pro Minute.

Aufregung, Lagerung, Nahrungseinflüsse und wechselhafte Kreislaufverhältnisse haben zudem fortlaufende Änderung der Atmung zur Folge. Erst die **dauerhafte** Abweichung – meist Steigerung – oder plötzliche starke Änderungen der Atemfrequenz sind wichtige Warnzeichen (vgl. Infektion, Tab. 14; Pneumothorax, S. 67 f.).

Kreislauf

Wie im vorherigen Kapitel beschrieben, kann die Herz-Kreislauf-Funktion gut mit Hilfe des Herz-Atemmonitors, der Blutdruckkontrolle und der Blutgasanalyse überwacht werden.

Ein normaler Blutdruck beweist die ausreichend gute Kreislauffunktion. Stabile ASTRUP-Werte sind Voraussetzung für einen funktionsfähigen Kreislauf.

Bradykardieneigung des Frühgeborenen
Frühgeborene tendieren zu Beginn ihres Lebens regelmäßig zu periodischen Herztonabfällen (Bradykardien). Diese »Absacker« gehen häufig mit gleichzeitiger Apnoephase (s. o.) einher.

Meistens muß man die Babys nur kurz anstupsen, um den Herzschlag wieder anzuheben. Die Monitore sind zuverlässige Horchposten, die frühzeitig Alarm schlagen.

Die Ursachen sind nicht immer zweifelsfrei zu klären. *Unreife* des Herz-Kreislauf-Regulation im Stammhirn, *Unterkühlung, Unterzuckerung, Infektionen, Azidose, Kalorienmangel, Kalziummangel* und *andere Mineralstörungen* sind sichere Verursacher der Frühgeborenen-Bradykardie. Häufig läßt sich jedoch im klinischen Alltag trotz genauer Suche *kein direkter Grund* finden.

Der Blutdruck wird im wesentlichen beeinflußt von Herzschlag, Blutmenge und dem Gefäßwiderstand (s. S. 82). Da der Gefäßwiderstand seinerseits in hohem Maße abhängig vom Säuregrad des Blutes ist, beweist ein stabiler Blutdruck in der Regel zugleich einen ausgeglichenen Säure-Basen-Haushalt.

Stabile ASTRUP-Werte, fortlaufend normale Blutdrucke und gleichmäßige Atmung sind in hohem Maße beruhigende Zeichen. Ihr ungestörtes Zusammenspiel zeigt an, daß das »Räderwerk Organismus« ineinandergreift und »auf Touren« gekommen ist.

Gehirn

Die Ultraschalluntersuchungen sind ein zuverlässiger Anzeiger für die Unversehrtheit des empfindlichen Gehirns von Frühgeborenen. Wiederholte Kontrollen werden routinemäßig durchgeführt. Es sollte Sie also nicht beunruhigen, wenn das Sonographiegerät am Bett Ihres Kindes steht.

Meist atmen alle Beteiligten nach den ersten 72 Stunden auf, denn die Statistik weist aus, daß nach diesem Zeitpunkt kaum noch mit einem größeren Problem zu rechnen ist.

Der normale Ultraschall nach 3 Tagen ist ein gutes Zeichen und berechtigt zur optimistischen Beurteilung der Hirnfunktionen.

Nieren

Die Verteilung der Blutmenge in den inneren Organen erfolgt im menschlichen Körper nach relativ straffer Rangfolge: Herz und Lunge werden vorrangig durchblutet. Die Versorgung des Gehirns schließt sich an. Dann erst werden die Ausscheidungsorgane Darm und Nieren »bedient«. Bei kritisch knapper Blutmenge, herabgesetzter Herzleistung und/oder längerer Übersäuerung kann der Blutdruck so weit absinken, daß die Nierendurchblutung unter einen kritischen Punkt fällt und die Urinproduktion versiegt. Das »Anspringen« der Nieren mit erster Urinausscheidung am ersten Lebenstag ist daher ein wesentliches Kriterium für einen stabilen ausreichenden Blutdruck.

Frühzeitige und gleichmäßige Urinproduktion sprechen für gute Nierentätigkeit sowie gute Erstversorgung ohne Azidose.

Darm

Der Darm ist nach der Geburt mit der Verarbeitung steigender Milchmengen beschäftigt. Das Organ erfüllt enorme Aufgaben: Wollte ein Erwachsener das gleiche Pensum schaffen, so müßte er täglich zwischen 7 und 15 l Milch trinken!! Es ist deutlich, daß bei diesen Riesenmengen kleine Probleme und Rückschläge nicht ausbleiben können. Sie sind in der Regel harmlos.

Regelmäßige Stuhlentleerung, und stetige Gewichtszunahme zeigen an, daß der Darm seine Aufgabe bewältigt.

Sie können helfen und werden zum wichtigsten Mitstreiter

Wenn ich Du wäre, würde ich nicht warten
bis Psychologen sich geeinigt haben,
wie menschliche Babys bei der Geburt sind –
fang einfach an, lern den kleinen Burschen kennen
und laß ihn dich kennenlernen

(Winnicot, 1957)

Die vorausgegangenen Kapitel haben gezeigt, daß ein Frühchen nach seinem zu frühen »Schlüpfen« aus dem mütterlichen Milieu den Umwelteinflüssen zunächst relativ hilflos ausgeliefert ist. Was auch immer die Gründe für eine zu frühe Geburt sein mögen (siehe S. 24): In jedem Fall benötigt das Frühgeborene nach der Geburt nicht nur sofortige intensive medizinisch-technische Betreuung sondern in gleichem Maße auch die frühzeitige seelische Unterstützung *seiner Eltern*. So wurde nicht immer gedacht. Zu den Pionierzeiten der Neonatologie vor nicht mehr als 25 Jahren hielten es die betreuenden Ärzte für eine ihrer Hauptaufgaben, krankmachende Bakterien (pathogene Bakterien) von den Kindern fernzuhalten. Aus Angst vor Infektionskrankheiten wurden die Frühchenstationen in der damaligen Zeit quasi zu »Festungen« ausgebaut. Wer zu seinem Kind wollte, mußte mehrere Schleusen überwinden und etliche Desinfektionsrituale über sich ergehen lassen, um dann »steril« sein Kind aus sicherer Entfernung nur anschauen zu dürfen. Das tat den Kindern nicht gut! In der Zwischenzeit hat sich die Einstellung auf modernen Frühchenstationen grundlegend geändert: Natürlich legt man auch heute noch wegen der hohen Infektionsgefahr (s. S. 130) großen Wert auf sorgfältige Desinfektion, aber mit zunehmender Erfahrung und Wissen um die verletzbare Seele der Frühchen ist aus den ehemaligen Sicherheitszellen doch eher eine Kommunikationsstätte geworden.

Der frühe Eltern-Kind-Kontakt in den ersten Stunden bis Tagen nach der Geburt hat für die weitere Entwicklung von Körper und Seele des Frühgeborenen herausragende Bedeutung. Eltern und Frühchen sollen auch nach der Geburt möglichst wenig getrennt sein.

In der Regel sollten Frühgeborene in Krankenhäusern geboren werden, die eine Neugeboreneneinheit mit der Möglichkeit zur Intensivpflege im gleichen Hause haben (vgl. Transport, S. 31f.). Vielleicht haben die Eltern ja schon vor der Geburt die Abteilung besichtigen können (s. unten), oder der Kinderarzt hat die noch schwangere Patientin vor der Entbindung besucht und sich vorgestellt. Es ist für alle werdenden Mütter äußerst beruhigend zu wissen, wohin ihr Kind nach der Geburt gebracht wird. Je kürzer die Distanzen, je näher der Kontakt und je intensiver die Zusammenarbeit ist, kurzum je besser das gesamte Team Eltern – Geburtshelfer – Neonatologen – Schwester/Pfleger – Psychologen eingespielt ist, um so entspannter verläuft die Geburt und die Nachbetreuung.

Nach Geburt und Erstversorgung, bei der der Vater natürlich zuschauen kann, sollen alle Familienmitglieder sich gegenseitig spüren und Körperkontakt aufbauen. Auch beatmete Kinder können noch im Kreißsaal ihren Eltern in den Arm gelegt werden. Dieses frühe Andocken hat fundamentale Bedeutung. Jedes Baby – und sei es noch so klein – soll von Anfang an wissen, daß es im wahrsten Sinn des Wortes *bemuttert* wird. Der Impuls dazu kann nur von den Eltern ausgehen.

Bei Frühchen, die überwacht werden müssen, übernimmt der Vater weitere entscheidende Funktionen: Er soll die Neonatologen *direkt begleiten* dürfen und mit ihnen die Station betreten. Damit wird er zum direkten und persönlichen Kurier für die erschöpfte Mutter. Wer sollte persönlicher berichten können als er? Er soll nach der Erstversorgung auf Station *sein Baby berühren, es streicheln und willkommen heißen* (soweit er sich in der Lage dazu fühlt). Damit wird er zum ersten wichtigsten Vertrauten seines Kindes auf der Intensiv- oder Überwachungsstation. Väter sind auf neonatologischen Stationen unersetzlich!

Der medizinisch-technische Fortschritt – so bedeutsam er auch sein mag – dürfte letzten Endes bei dem Baby wohl kaum Freude hervorrufen. Es sind zum großen Teil die Eltern, die Gefühle wie Liebe, Geduld und Aufopferung, also *positive menschliche Lebensinhalte* ihren Kindern vermitteln. Babys »verstehen« das instinktiv und bedanken sich in der Regel auf ihre Weise: Sie sind aktiver und entwickeln sich insgesamt lebensfreudiger.

Für uns ist es immer wieder beeindruckend zu erleben, wie »ein Ruck« durch viele Kinder geht, sobald sie die Nähe der Eltern spüren.

Diese Beobachtungen haben die Verantwortlichen der perinatologischen Disziplinen dazu ermutigt, Eltern nicht nur verstärkt zum häufigen Besuch auf die Frühgeborenenstation zu bewegen, sondern – im Gegensatz zu früher – sie auch zum frühen direkten Körperkontakt zu motivieren.

Frühzeitige Bindung zwischen Kind und Eltern mit echter Nähe und Zuwendung beschleunigt den Gesundungsprozeß.

Dieses »bonding« knüpft (und verstärkt) unsichtbare Beziehungsfäden: Das Kind er-lebt(!) mit all seinen Sinnesfähigkeiten *seine* Eltern; es spürt und erfährt, daß es umsorgt und bemuttert wird.

Gerade zu Beginn einer Reise ist es ja besonders wichtig, sich auf verläßliche, erfahrene Begleiter stützen zu können. Später gelingt die Bewältigung mancher Konflikte und Herausforderungen viel leichter, wenn ein solides »Beziehungsfundament« besteht.

Nicht immer ist dieser Effekt sofort und überzeugend zu sehen. Es gibt zu viele Einflüsse, als daß gesagt werden könnte, wann Frühchen sich auf einen Kontakt einlassen (können). Biologische Schranken wie Alter, Gewicht, Organausprägung können ebenso Hindernisse darstellen wie auch ihre kritische Persönlichkeit. In der Regel gelingt das »Andocken« aber innerhalb der ersten Tage.

Das Entgegenkommen der Kinder ermutigt die Eltern, immer mehr von ihnen zu erfahren und ihm dadurch deutlich zu machen, wie wichtig er/sie ist. Das Baby seinerseits »honoriert« die Hinwendung mit neuen überraschenden Fähigkeiten (s.a. »Was Ihr Baby schon alles kann«, S. 102ff.). Das Wechselspiel von gegenseitiger Frage und Antwort, von Entgegenkommen und Körperkontakt prägt alle Beteiligten in hohem Maße. In kurzer Zeit sind die Bande unzertrennlich. Nach einer gewissen Zeit nehmen viele Mütter auf Intensivstationen die piepsenden Alarme und Überwachungsgeräte dann auch sehr viel weniger wahr. Sie vertrauen jetzt – völlig zu Recht – auf eine andere Art des Beschützens: Muttergefühl, Instinkt und persönliche Bindung werden zu inneren Verständigungsmechanismen, die der äußeren Überwachung um nichts nachstehen.

Die positiven Erfahrungen mit Eltern auf der Intensivstation lassen fortschrittliche Abteilungen noch einen Schritt weiter gehen. In England und den Vereinigten Staaten, in der Schweiz, Skandinavien und den Niederlanden ist es üblich, den Eltern die Möglichkeit zu geben, bereits vor der Geburt die Neugeborenenstationen zu besuchen. So wird bereits vor dem Termin eine vertrauensvolle Basis gelegt, die es den Beteiligten später ermöglicht, sich rascher einzufinden und den oben beschriebenen »bonding«-Prozeß zu beschleunigen. Selbst wenn es der Mutter nach einer schweren Entbindung nicht möglich sein sollte, direkt ihr Kind zu besuchen, hat sie dann doch wenigstens eine Vorstellung von der Größe und dem Aufenthaltsort ihres Babys. Es ist nicht weg, sondern wartet in der Nähe auf sie!

Ein weiterer Vorschlag in Richtung auf Zusammen(!)arbeit könnte darin bestehen, psychologische Mitarbeiter zu beschäftigen, die zwischen der Geburtsabteilung und der Intensiveinheit »pendeln«. Diese Perinatalpsychologen pflegen (bei Wunsch) den Kontakt zu Müttern, die entbunden haben, oder mit Frauen, bei denen eine Frühgeburt erwartet wird (s. S. 20ff.). Sie leisten damit im wahrsten Sinne des Wortes »Überbrückungshilfe«.

Was Ihr Baby schon nach wenigen Tagen alles kann

»Sie war so klein wie... wie eine Erdnuß, aber so vollkommen.«
(Matti, »Night on Earth«)

Viele Neu- und Frühgeborene sind nach der Geburt *hellwach*. Sie sind also offensichtlich direkt bereit, neue Eindrücke aufzunehmen. Spätestens ab diesem Augenblick vergessen sie *nichts* mehr. Faszinierende Nachuntersuchungen unter Hypnose lassen vermuten, daß sie sich sogar an den Wortlaut(!) der Gespräche im Kreißsaal erinnern können! Allein das sollte Grund genug sein, den »Empfang« so respektvoll und warmherzig wie möglich zu gestalten.

Gehen wir noch einen Schritt weiter zurück: Mit Hilfe der Ultraschalluntersuchungen ist man seit Beginn der 80er Jahre zum ersten Mal in der Lage, Babys im Mutterleib zu beobachten. Der Einblick in die Welt der Ungeborenen bringt erstaunliche Dinge zu »Tage«:

- das Herz schlägt seit der 6. Schwangerschaftswoche
- die Nieren produzieren Urin seit der 12. Woche
- erste Schluckbewegungen zeigen sich in der 12. Woche
- das Nervensystem reagiert bei mütterlichem Streß nachweislich bereits mit ungefähr 8 Wochen!

Aus den Ergebnissen vieler Untersuchungen ist ganz offensichtlich, daß Babys bereits weit vor der Geburt sehen und hören können. Sie *reagieren* auf laute, »harte« Musik mit vermehrten Strampelbewegungen, während flüssige »entspannende« Musik eher Wohlbefinden hervorruft. Helles Licht auf die Bauchdecke der Mutter veranlaßt sie, sich zu verkriechen. Das Eindringen von bitteren Substanzen in das Fruchtwasser läßt sie das Gesicht verkneifen. Also sind sie in der Lage zu schmecken.

Tastende Hände auf dem Bauch sind für Ungeborene – wie jede Mutter weiß – ein Erleben, das Neugierde hervorruft. Zunächst unsicher, dann mit zunehmender Erfahrung immer kecker, spielt das Ungeborene Verstecken und Fangen: Läßt der Reiz nach, weil sich das Baby versteckt hat, kommt es aus seiner Nische hervor und folgt den tastenden Händen, um das Spiel fortzusetzen. Das *Tastempfinden*, die *Lernbereitschaft* sowie *Kontaktsuche* sind also bereits im Mutterleib weit vor der Geburt entwickelt.

Die Ausprägung aller »fünf Sinne«: Sehen, Hören, Schmekken, Riechen und Tasten beginnt schon weit vor der Geburt, bedarf aber danach noch einer langen weiteren ungestörten Entwicklung.

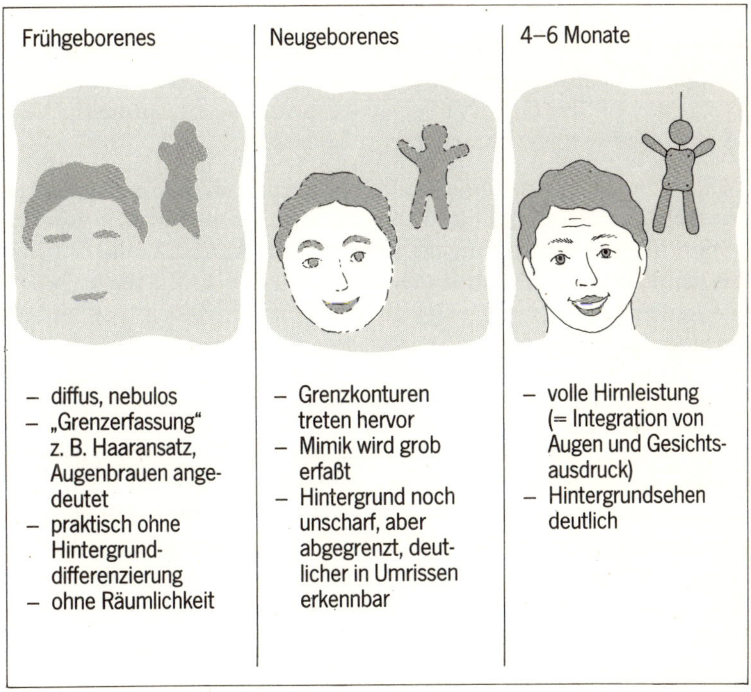

Abb. 20 Sehleistung (geschätzt) in Abhängigkeit vom Alter.

Sehleistung

Nach Erwachsenenmaßstäben betrachtet, können Neu- und Frühgeborene schlecht sehen. Die Behauptung, sie wären bei der Geburt blind, trifft indes nicht zu. Bei hellem Kreißsaallicht kneift fast jedes Baby die Augen zu. Ihr Scharf-Sehbereich liegt etwa bei 20–30 cm; das entspricht ziemlich genau dem Abstand von Mutterbrust und Augen. In kurzer Zeit verbessert sich die Sehleistung, Babys können z. B. bereits nach drei Wochen Farben erkennen. Die zunächst nur schemenhafte Umwelt erscheint immer deutlicher. Nach etwa 2–3 Monaten wenden sie sich – wie jede Mutter weiß – häufiger von der Brust ab, um interessiert auch die weitere Umgebung zu betrachten. Im Alter von ungefähr sechs Monaten besitzen sie volle Sehschärfe.

Hörvermögen

Neu- und Frühgeborene trainieren ihr Hörvermögen bereits seit etwa der 20. Schwangerschaftswoche. Anders als beim Sehen, verfügen sie schon weit vor der Geburt über ausgesprochene feine akustische Wahrnehmungen und vermögen darauf zu reagieren.

Sie »beantworten« laute, unrhythmische Musik in der Regel mit verstärktem Strampeln und Verschlucken. Flüssige Musik mit sanften gleitenden Melodiefolgen hingegen erregt ihre Aufmerksamkeit. Machen wir uns nichts vor: Sie lernen Harmonie! Die meisten Mütter tragen dem Rechnung, indem sie immer wieder die gleichen Melodien summen, laut(!) vorlesen und dabei beruhigend (beschützend) die Hände auf den Bauch legen. Fast alle Mütter reden mit »warmer« fast singender Stimme zu ihrem Baby! Sie wissen instinktiv, daß ihr Baby das mag und auch besser versteht.

Neu- und Frühgeborene reagieren auf mittlere Lautreize, insbesondere auf die menschliche Sprache, meist mit leichter Senkung des Herzschlages und Atemveränderungen. Der beruhigende Effekt wird stärker, wenn es sich dabei um die Stimme der Mutter handelt (die das Baby ja gut kennt). Gleichzeitiges Streicheln im Takt der Stimme ist für jedes Ungeborene eine Wonne. Offensichtlich gilt bereits für sie der Satz: Der Ton macht die Musik.

Riechvermögen

Babys können sehr gut riechen. Ganz ähnlich wie bei Tieren dürfte der Geruch eine starke Hinwendung zur eigenen Mutter nach sich ziehen. So unglaublich es klingt, aber Babys erkennen ihre Mutter am Geruch. Legt man z. B. vor der Geburt eine Decke auf den Bauch der Mutter, und benutzt sie anschließend als Unterlage im Inkubator, so läßt sich in der Regel damit eine deutliche Beruhigung der Kinder erreichen. Nestwärme und der »Schmusedecken-Effekt« ist angeboren. Die Sinnesempfindung Geruch spielt darüber hinaus im Zusammenleben zwischen Menschen eine ganz besondere Rolle: Jemanden »nicht riechen können« oder »der riecht gut, du stinkst mir, sich beschnuppern« sind Redensarten, wo über Geruch Annäherung oder Ablehnung zum Ausdruck gebracht wird. Mütter riechen für ihre Kinder am besten.

Tastsinn

Der Tastsinn ist bei Frühchen hervorragend ausgeprägt. Es ist ganz erstaunlich, wie sie je nach Berührungsreiz mit unterschiedlichen Antworten reagieren: Werden sie sanft berührt, dann suchen sie den Kontakt. Die Atmung und der Herzschlag sind gleichmäßig. Manchmal scheint der Atem sogar leicht zu stocken, ähnlich wie es Erwachsenen vor unmittelbar bevorstehenden wichtigen Ereignissen auch ergehen kann. Berührt man die Kinder heftiger oder muß man ihnen eine Infusion legen, so zuckt nach wenigen Erfahrungen der Arm oder die Hand zurück, das Gesicht verzerrt sich, und die Kinder beginnen zu weinen. Sie empfinden also Schmerz, vermögen den Kontakt zu suchen oder zu vermeiden und haben in kurzer Zeit gelernt, sich darauf einzustellen.

Muskelbewegungen

Neu- und Frühgeborene verfügen über eine reichhaltige »Auswahl« an Bewegungsmöglichkeiten.

Reflexe sind angeborene, unwillkürliche Muskelbewegungen als Antwort auf einen Nervenreiz.

Die sog. *Massenbewegungen (Strampeln)* von Neu- und Frühgeborenen beruhen sicherlich auch zum großen Teil auf Reflexantworten. Dennoch muß die frühere Vorstellung, das Frühgeborene sei ein passives, willenloses Reflexwesen, deutlich verändert werden. So sind z.B. Reflexe meistens von zusätzlicher (persönlicher) Bewegung begleitet und keinesfalls ein monotones roboterhaftes Muster. Sie lassen sich zwar in der Regel auslösen, im Einzelfall jedoch nicht erzwingen.

Neu- und Frühgeborene sind – wenn auch zunächst sehr eingeschränkt – also sehr wohl in der Lage, über Körperbewegungen zu kommunizieren. Die Art der Bewegung kann als Mitteilung über das momentane Befinden verstanden werden. Beobachtet man über längere Zeit z.B. das *Fingerspiel* oder die Körperdehnung, läßt sich daraus in gewissen Grenzen auf ihr Wohlbefinden rückschließen.

Die Untersuchung der *Mimik* als Kommunikationsmittel ist ebenfalls sehr interessant: Auch der Gesichtsausdruck wurde früher erklärt als zufälliges Zusammenzucken der mimischen Gesichtsmuskeln. Lachen oder Grimassieren wurden nicht als (teilweiser) Willkürakt der Kinder verstanden. Heute weiß man, daß die Kinder mit dem Gesichtspiel bereits frühzeitig eine Vielzahl von Stimmungen ausdrücken können.

Neu- und Frühgeborene demonstrieren dann auch bereits in den ersten Tagen nach der Geburt dauernd ihr *eigenes Temperament*. Während der eine eher ruhige Vertreter passiv in seinem Brutkasten liegt, versucht der Bettnachbar, sich mit heftigen Bewegungen den Tubus aus der Nase zu ziehen oder im Brutkasten herumzurobben. Jedes Baby hat seine Lieblingsposition, manche geben nicht eher Ruhe, bis sie sie gefunden haben, etliche tolerieren mehrere Schlafpositionen. Ein Kind ist leicht zu beruhigen, während der Nachbar dauernd »Streicheleinheiten« verlangt.

Die Frühchen sind auch unterschiedlich lange wach. Ob sie dabei mit großen Augen staunend in die für sie noch fremde Welt schauen oder immerzu fast beleidigt nach dem »Service« krähen, hängt sicher auch mit individuellen Erfahrungen und Vorstellungen zusammen.

Fazit: Frühgeborene besitzen bei genauer Betrachtung erstaunliche Fähigkeiten. Sie sind von Beginn an unverwechselbare Persönlichkeiten mit eigenem Willen!

Nehmen Sie sich auch einmal Zeit – jeder muß mal auftanken

Mit einem kleinen Neugeborenen zu leben, bedeutet – insbesondere in der Klinikphase – für Eltern und Verwandtschaft eine enorme Belastung. Die Vorstellung, das Kind habe Probleme, und man sei gerade nicht da, führt zum Dauerstreß. Vielleicht denken auch manche Eltern, sie seien schuld, daß es zu einer Frühgeburt gekommen sei, und müßten jetzt und gleich alles sofort wiedergutmachen.

Ab der Geburt ist nichts mehr so, wie man es sich vorher ausgemalt hat. Nicht Freude, sondern *Angst und Ohnmacht* beherrschen die Szenerie.

Die Suche nach der Ursache beschäftigt sie ebenso »Tag und Nacht«, wie der unbändige Versuch, wenigstens von jetzt an alles ja richtig zu machen.

Der Wunsch, dem Baby gerecht zu werden, gleichzeitig aber die täglichen Alltagsdinge bewältigen zu müssen, führt nicht selten direkt in die Krise. Ratschläge von allen Seiten, gutgemeintes Schulterklopfen verbunden mit der Floskel »es wird schon werden«, oder im Gegenteil Stimmen aus der Umgebung, daß man »so etwas ja hat kommen sehen«, sind dann der Tropfen, der das Faß zum Überlaufen bringt. Verständlich!

Kaum ist die Aufregung um die Aufnahme auf eine Station verblaßt, gibt es vielleicht Probleme mit der Atmung oder der Verdauung. Geschwister und Verwandtschaft drängen auf Informationen. Aber wie soll man etwas erklären, was unverständlich ist. Wie sollen Eltern wissen, wie es »weitergeht«. Natürlich machen sie sich auch Gedanken »Wann er/sie nach Hause kommt«.

Aber wie sollen sie die Frage beantworten, ob vielleicht ein Handicap bleibt. Keiner weiß es am Anfang; aber Sie würden alles darum geben, es zu erfahren. (Die Neonatologen übrigens auch.) Fragen über Fragen:

- Kann ich schon ein wenig aufatmen, oder ist die Verbesserung vielleicht nur vorübergehender Natur?
- Was erwartet mich morgen?
- Was könnte ich denn noch tun?
- Wie soll/en ich/wir das denn bloß alles schaffen?
- Ob sich das vielleicht nie ändert?

Und dann immer wieder die gleichen Vorwürfe an sich:

- »Wenn ich dieses oder jenes nicht getan hätte, dann...«
- »Was habe/n ich/wir bloß falsch gemacht???«
- »Hätte ich doch bloß...«

Die Liste ließe sich beliebig verlängern.

Wenn Sie dieses Buch bis hierher gelesen haben, wissen Sie: Es gibt zwar eine Anzahl (wissenschaftlich) erklärbarer Ursachen für die Frühgeburtlichkeit, trotzdem bleibt immer ein Rest, der nicht beantwortet werden kann. Jeder hat eben auch sein eigenes Schicksal(!). Und das kann man glücklicherweise nicht messen. Menschsein heißt wohl auch immer ein Stück Geheimnis mit sich zu tragen, was keinem anderen – aus welchen Gründen auch immer – preisgegeben werden kann. Warum sollten nicht auch Frühchen ihre Geheimnisse haben?

Wenn man als Eltern akzeptieren kann, daß das Kind ein mündiger Mitbürger ist, der selbsttätig Entscheidungen fällen kann, dann haben Sie als Eltern und wir als Ärzte sowieso nur eine Chance: Wir müssen sie/ihn überzeugen, daß es Sinn macht, wenn er/sie ganz gesund wird – um seinetwillen.

In der Regel wird das gelingen; sollten allerdings Komplikationen auftreten oder Fortschritte Ihnen gar zu langsam und zögernd vorkommen, haben Sie keinesfalls versagt.

Darum lautet unser Ratschlag an Sie: Lassen Sie sich die Zeit, gönnen Sie sich auch Erholungsphasen. Ihr Baby wird das verstehen, es leidet sicher nicht unter kurzfristigen Trennungen. Viel wichtiger als die Zeit, die Sie mit ihm verbringen, ist der Inhalt – die echte Nähe –, die Sie ihm geben. Das gelingt aber nur dann, wenn Ihre Batterie von Zeit zu Zeit aufgefüllt wird. Längerfristig wirken sich Ruhepausen förderlich aus, weil das nächste Zusammentreffen von Ihnen mit neuem Schwung betrieben wird.

Schuldgefühle bei kurzen Trennungen sind nicht angebracht.

Frühgeborene und ihre Erlebniswelt

Die Überschrift verspricht mehr, als gehalten werden kann.

Wir werden gottlob nie genau wissen, wann, wie und was ein Frühchen genau erlebt (s.o.). Wäre das möglich, so wäre der »gläserne Mensch« geschaffen. Tür und Tor für Manipulationen wären weit geöffnet. Insofern ist die Verborgenheit der Erlebniswelt auch ein notwendiger Schutz.

Es wird deutlich, daß auch der Versuch zu beschreiben, was Frühgeborene erleben, eigentlich gar nicht möglich ist. Die objektive wissenschaftliche Darstellung vermittelt zwar gesicherte Eckdaten, trifft aber nicht die Vielschichtigkeit des »Daseins«. Erleben läßt sich eben nicht als Summe von Zahlen, Regelkreisen und Kurvenverläufen erfassen.

Die literarische Erzählweise hingegen vermag abseits von sachlicher wissenschaftlicher Strenge einen Schritt weiter zu gehen. Indem sie sich erlaubt, Gefühle anzusprechen, läßt sie Erlebnisinhalte nachempfinden. Das Einbringen persönlicher Worte geht aber immer zu Lasten der Objektivität.

Wenn daher angehend eines fiktiven Beispiels der Versuch unternommen wird, nach eigenen Empfindungen auf Frühgeborenenstationen dem Erleben dieser Kinder »auf die Spur zu kommen«, soll damit nicht behauptet werden »wie es wirklich ist«, sondern nur wie es sein könnte. Sollte damit *Ihre Phantasie geweckt* sein, wäre das beabsichtigt.

»Felix«

Tag zusammen, ich heiße Felix.

Felix – der »Glückliche«: ICH habe mir den Namen nicht ausgesucht. Gut, so schlimm ist es auch nicht hier, aber glücklich, ich weiß nicht. Das war vielleicht einmal, aber jetzt...

Ich liege nämlich hier in einem Kasten, brüte vor mich hin und habe einen Schnorchel in der Nase.

Die »Weißen« meinen, er sei nötig. ›Die Atmung ist noch nicht stabil genug‹, philosophieren sie immer. Wenn ich das schon höre! Zugegeben, manchmal fällt es schon noch schwer, ganz allein zu schnaufen (man kriegt leicht Kopfschmerzen davon), und es ist auch ganz nett, sich bedienen zu lassen. Aber etwas mehr könnten sie mir schon zutrauen.

Was dagegen das Atmen mit der Maschine angeht, bin ich ein Profi. Man muß gut aufpassen, wenn ein Luftstoß kommt, und versucht besser nicht in dem Augenblick Widerstand zu leisten – zwecklos. Wenn man das einmal gecheckt hat, so wie ich, geht das ganz gut. Ehrlich gesagt darf ich auch schon mehr machen als ganz am Anfang. War allerdings ein hartes Stück Arbeit, die »Weißen« davon zu überzeugen, daß ich in Hochform schon ziemlich gut bin. Na ja, den Rest werde ich auch noch schaffen – alles zu seiner Zeit.

Wo waren wir? Richtig – der Schnorchel. Wenig sprachfreundlich sage ich Euch: Der Haken ist eben, daß ich nicht meckern kann wie ich will. Frühstück anfordern, gestreichelt werden und Reinigungsservice bestellen läuft nicht. Der verdammte grüne Schlauch läuft nämlich an meiner Stimmritze vorbei. Der Gummigeschmack ist auch nicht so toll, aber – so ist das halt, wenn man nicht warten kann und als Frühchen zur Welt kommt. Hätt ich mir auch anders vorgestellt: Hockst da in einem stinkenden Brutkasten, überall liegen Leitungen herum, dauernd steht ein »Weißer« über einem, glotzt, schreibt oder schwafelt laut und unhöflich über deinen Kopf hinweg. Selten macht sich jemand die Mühe direkt ein Schwätzchen mit mir zu halten. Sie sind immer nur mit irgendwelchen Tabellen beschäftigt oder lassen die Schläuche sprechen. Manchmal hilft's ja auch. Außerdem gibt's da ja noch die anderen. Sie heben mich immer hoch, haben nette Stimmen und sind ganz lieb zu mir. Fast so wie meine früheren Vermieter. Ich merke das genau.

Überhaupt meine Eltern (wie sie das hier nennen). Das sind wenigstens Leute, mit denen man umgehen kann; ein Glück, daß ich mich mit denen verstehe. Na ja, wir haben ja auch schon so manches gemeinsam durchgemacht. Da lernt man sich kennen.

Nebenan liegt Anna, sie ist noch viel kleiner als ich, und hat auch eines dieser grünen Dinger in der Nase. Sie scheint das gar nicht zu stören – jedenfalls im Moment nicht. Ich frage mich, ob sie nicht von den »Weißen« ins Traumreich geschickt wurde. Wahrscheinlich war sie wieder einmal zu vorlaut.

Anfangs hat sie nämlich viel getobt, und zweimal ist es ihr sogar gelungen, den Schnorchel aus der Nase zu ziehen. (Respekt, ich habe das nur einmal geschafft.) Beim zweitenmal war das Ding aber auch wirklich blöde angebracht. Es zog die Nase soweit nach oben, daß man in beide Nasenlöcher sehen konnte. Stupsnase hin oder her, man kann wirklich übertreiben. Außerdem können sie es einem doch nicht übelnehmen, wenn man es sich in seiner Behausung gemütlich macht, ein wenig hin- und herrutscht, und sich ausstreckt. Was kann die Anna dafür, wenn der Schnorchel so dämlich angebracht ist. Ich möchte den mal sehen, der sich nicht wehrt, wenn seine Nase dauernd nach oben gezogen wird.

Aber so sind sie: Zeigt man einmal erhöhte Aktivität, stehen gleich alle »Weißen« um dich herum, beäugen dich von allen Seiten, fummeln meist mit den Händen an dir rum, und wundern sich auch noch, daß du es wagst zu protestieren. Dabei wäre ich sofort bereit mich zu beruhigen, wenn man mich nur streicheln würde. Ich find das nämlich ganz toll, angefaßt zu werden. Am liebsten von meiner Mutter, die weiß ziemlich genau wie man das macht. Hat ja auch lange genug geübt. (War ziemliche Arbeit, bis ich ihr das beigebracht habe!)

Bei den »Weißen« kann man dagegen nie ganz sicher sein, ob sie nicht was Unangenehmes im Schilde führen. Alles schon erlebt. Ich weiß natürlich, daß Proteste gar nichts bringen, und sie vielleicht besser wissen, was im Moment angesagt ist. Aber mal ehrlich, wer hält schon still, wenn über seinen Kopf entschieden wird? Diese nervigen »Sollen wir oder sollen wir nicht«-Aktionen machen mich immer ganz fertig. Dabei helfe ich mit so gut ich kann. Meine

Meinung ist allerdings selten gefragt. Ich würde mir schon wünschen, daß sie öfter mal genauer hinschauen.

Gewöhnlich enden Auseinandersetzungen damit, daß ich auch ins Reich der Träume geschickt werde.

Ich träume dann von meiner ersten Wohnung. Also das ist die, die im Halbdunkel liegt. Ich war in einem Schwimmbad zuhause. Echt wahr, ganz für mich allein. Herrlich gemütlich war es dort: warm und keineswegs so zugig wie jetzt manchmal, wenn einer der »Weißen« wieder alle Türen sperrangelweit öffnet.

Überhaupt war alles anders: Zu essen gab es, wann ich wollte. Stellt euch vor: Über eine Schlauchleitung direkt in meinen Bauch. Sozusagen digital geregelt. Und jetzt muß ich dauernd warten, bekomme von irgendwoher eine kümmerliche Ration, zwar qualitativ nicht übel, aber dieses komische Gefühl da in mir, das immer wieder kommt, ist ziemlich neu und ausgesprochen gewöhnungsbedürftig – um es einmal milde auszudrücken. Es macht richtig angst.

Wer weiß, ob sie mich nicht einmal vergessen. Und dann kann ich auch noch nicht einmal schmecken, was sie mir so reinschieben. Das Zeug rinnt durch ein Kabel direkt nach innen, genau am Hals vorbei. Dabei habe ich die ganze Zeit im Schwimmbad Wasserschlucken bis zum Umfallen geübt. Habe gelernt, wie man anständig trinkt, ohne es wieder auszuspucken.

Richtiges Training habe ich mir auferlegt – und jetzt sowas. Also gut, Luftholen und trinken gleichzeitig ist ziemlich neu und hin und wieder habe ich mich auch verschluckt. Logo, war auch nicht so angenehm. Aber wenn ich es noch einmal versuchen dürfte, dann wäre ich bestimmt vorsichtiger. Außerdem will ich endlich wissen, wie das Zeug schmeckt.

Wenn man seinen Mund zu voll nimmt, bekommt man einen Schluckauf, ihr kennt das bestimmt. Im Schwimmbad war das manchmal richtig lustig. Jedesmal, wenn ich es mit dem Training zu doll getrieben hatte, und der Schluckauf fällig war, legte sich etwas Warmes auf das Dach und drückte es vorsichtig ein. Am Anfang wußte ich nicht viel damit anzufangen, aber bald siegte meine Neugierde. Ich wollte unbedingt erfahren, was da auf meiner Behausung rumfummelte. Ich, draufzu geschwommen – vergaß nebenbei ganz den Schluckauf – und kam bald dahinter, daß es ein Teil von »Mama« sein mußte, also ich meine die, bei der ich zur Miete wohnte. Jedenfalls hatte das da auf dem Bauch den gleichen

Herzschlag und roch auch so. Ja und noch etwas: Nur sie konnte wissen, wo sie drücken mußte, und wie fest. (Nebenbei gesagt: Jetzt gibt es da ganz andere Grobiane.)

Soviel war also klar: Meine Vermieterin und »Mama« waren dasselbe. Was es mit diesem Wort auf sich hat, weiß ich zwar nicht so genau, aber es ist das netteste Wort, das ich kenne.

Bald machten wir richtige Spiele. Zuerst kam ich ganz dicht unter das Dach, schwamm dann schnell weg und versteckte mich. Das Ding von ihr mußte mich suchen. Mein liebstes Spiel war das »Kitzelspiel«: Jedesmal, wenn ich mit den Beinen strampelte, mußte sie auf dem Dach herumkreisen. Das gab kleine Wirbel im Wasser, die mich kitzelten. Es war alles in allem sehr lustig. Für meine Begriffe zwar manchmal ein wenig kurz, aber es gab ja noch den Trick: Wenn ich mich nur lange genug ruhig gehalten hatte, klopfte sie auf dem Dach an. Wenn ich dann nicht gleich antwortete, dann wurde bald hier bald dort gedrückt, bis ich mich zu erkennen gab. Nach einiger Zeit (wie sie das hier nennen), war mir klar, wie ich das Spiel verlängern konnte: Ich brauchte nur lange genug stillzuhalten. Dann lief das Spielchen, solange ich wollte. Wenn dann noch diese »Ma-Ma«-Töne dazukamen, dann wollte ich mit niemandem mehr tauschen. Das war damals aber noch lange nicht alles: Es gab da z.B. noch eine tiefe, brummige Stimme, die manchmal ganz dicht an meine Höhle kam, so daß ich anfangs dachte, ›gleich kommt jemand zur Tür herein‹, was natürlich Unsinn war, denn die war ja fest verschlossen. Außerdem wäre dann das ganze Wasser ausgelaufen.

Aber ich hörte sie von ganz nah und fragte mich zu Beginn lange Zeit, wer das wohl sein möge. Schließlich gelang es mir auch, dieses Problem zu lösen. Mit der Zeit konnte ich besser hören. Dabei fiel mir auf, daß meine Vermieterin ebenso häufig mit dieser Stimme sprach wie mit mir. Sie kannte sie also ebenso gut wie mich. Also mußte es jemand sein, mit dem sie sich auch gut verstand. Da außerdem beide mit mir freundlich umgingen, hingen wir irgendwie zusammen. ›Na gut‹ dachte ich, ›ihr Freund ist auch mein Freund.‹ Es war schön, schon zwei Freunde zu haben.

Ich registrierte noch mehr: Solange die Stimmen von ihr und »Brummi« hintereinander sprachen, hatten sie einen freundlichen Klang und den vertrauten Ton, den ich mochte. Außerdem konnte ich sie dann gut auseinanderhalten und lauschen. Sprachen sie jedoch gleichzeitig, so war erstens nichts mehr zu verstehen und zweitens klang dann alles lauter. Was mich jedoch am meisten störte, waren die harten, veränderten Stimmen. So als hätten sie sich in Fremde verwandelt – das Gekläffe nervte gewaltig.

Ich verschluckte mich dann auch noch regelmäßig, ruderte mit Armen und Beinen und fiel von meinem Horchposten eine Etage tiefer. Eigenartigerweise hatte das meistens den Effekt, daß sich die Stimmen wieder verwandelten und leiser wurden. Dann suchten sie nach mir, und wenn ich ehrlich bin, war es danach noch schöner als vorher. Manchmal hatte ich aber auch Lust zu schmollen. Gab vielleicht noch einen kurzen Tritt als Denkzettel und schlief dann eine Runde. Vielleicht würden sie es ja irgendwann merken, daß sie schließlich nicht allein waren. Überhaupt haßte ich Lärm. Man wußte nie, wann er wieder aufhört. Außerdem störte er mich beim Training. Einmal nach so einem Gehupe stand ich vor lauter Schreck sogar Kopf und verhedderte mich mit den Beinen in der Tankleitung, das war ganz schöne Arbeit, sich daraus wieder zu befreien.

Ja, und langsam wurde es auch im Schwimmbad immer enger, und sogar manchmal ein wenig unbequem. Trotzdem erinnere ich mich gern an die Zeit und wäre auch noch geblieben, wenn man mich gefragt hätte.

Aber es kam ganz anders ...

Ich mochte dieses sanfte Hin- und Herschaukeln sehr und freute mich, wenn dieses Brummen einsetzte. Da konnte man herrlich dösen und entspannen.

Irgendwann jedoch wurde ich schmerzhaft aus meinen Träumen gerissen. Zuerst nahm ich nur einen dumpfen Knall wahr, dann wurde ich heftig nach vorn geschleudert. Mir fuhr der Schreck in alle Glieder. Es begann schnell kalt und dunkel zu werden. Ich bekam ein komisches Gefühl. Dann vernahm ich den heftigen, angestrengten Atem meiner Ma-Ma und ein klagendes Gewimmer. Das gefiel mir nun gar nicht mehr. Da stimmte doch etwas nicht. Meine ganze Behausung geriet in Aufruhr. Einen Augenblick später dachte ich, alles würde einstürzen.

Was war eigentlich los hier, und überhaupt, warum machte sie so seltsame Geräusche. Bald kamen viele fremde Stimmen, nur die von meinem »Brummi« war leider nicht dabei. Das hätte mir bestimmt geholfen. Aber so bekam ich es mit der Angst zu tun, mir wurde übel, mein Herz pochte wild, und zu allem Überfluß mußte ich mich auch noch dauernd verschlucken.

Zum ersten Mal hatte ich keine Lust mehr, ewig dieses komische Wasser zu trinken, ich fühlte mich eingeengt, verlassen und – wollte hier weg.

Und dann kamen die Mauern, erst unregelmäßig, dann immer bedrohlicher auf mich zu. Ich versuchte sie mit den Füßen wegzustoßen, aber es half nichts, bald waren sie wieder da. Dann die nächste Katastrophe: Mein Schwimmbad floß aus. Wenn das so weiterging, würde ich bald auf dem Trockenen sitzen. Es mußte was geschehen!

Die fremden Geräusche waren immer noch da. In den kurzen Ruhepausen versuchte ich, vertraute Stimmen zu entdecken, aber nichts tat sich. Dann erinnere ich mich, wie ich hochgeschleudert wurde. Es tat jetzt alles weh, ich spürte mich so anders, ein ungewöhnliches Gefühl der Schwere nahm mich gefangen, machte mich unbeweglich, und ich fühlte zum ersten Mal Druck auf mir lasten. Ich registrierte, wie ich eingekeilt wurde. Ich wehrte mich. So einfach wollte ich mich doch nicht vertreiben lassen. Was wollte ich eigentlich? Erneut stemmte ich mich mit aller Kraft gegen diese näherrükkenden Wände.

Endlich, endlich hörte ich auch in meiner ganzen Anstrengung die Stimmen wieder, die ich kannte. Es war gut, doch nicht allein zu sein. Das gab mir neuen Mut.

Wenn nur die Mauern nicht so unbarmherzig drücken würden. Langsam wurde mir klar: Es würde nie mehr so wie früher werden. Ich konnte und sollte endgültig nicht mehr hier bleiben. Es wurde, wie sie sagen würden, Zeit. Zeit, einen neuen Weg zu beschreiten.

O.K. Ich begann nach einem Ausgang zu suchen. Vielleicht dem Abfluß nach? In der Ferne hatte ich ein helles – sehr helles Licht gesehen. Ich steuerte darauf zu, in der Hoffnung dort mehr Platz zu finden. Nur so einfach, wie ich mir das gedacht hatte, war es nicht. Zentimeter für Zentimeter quetschte ich mich durch den engen Tunnel. In mir preßte sich alles zusammen. Irgendwo drückte es furchtbar. Enge, nur Enge. Aber nach den letzten Erfahrungen im Schwimmbad wollte ich auf keinen Fall dorthin wieder zurück, also weiter. Die Mauern hinter mir drückten gnadenlos. Aber sie halfen mir auch weiterzukommen. Es war alles verwirrend neu.

Endlich hatte ich es mit letzter Kraft geschafft, ich war frei, und – schrie es hinaus. Aber was als Triumphschrei gedacht war, blieb mir zur Hälfte im Halse stecken.

Es paßte nichts mehr zusammen. Jetzt war mir, als ob ich schrumpfte: eine aufgeblähte neue Welt tat sich auf. Oder war es umgekehrt, und alles in mir fiel zusammen?

Wo war ich bloß gelandet. Viel zu riesig, viel zu hell und viel zu laut. Schlagartig wurde mir klar, daß alle Leichtigkeit für immer verloren war. Die Bewegungen waren hier unendlich bleiern – ich haftete an einer Stelle fest.

Das war doch verrückt: Ein unendlicher Raum und dann so etwas! Schwere, wie ich in meinem engen Schwimmbad nie erlebt hatte. Doch wohin jetzt? Mir wurde schwindlig. Ob ich diesen Zustand lange aushalten würde?

Alle Anstrengung und Optimismus umsonst? Das konnte nicht sein!

Ich spürte, wie die Kräfte schwanden. Sollte ich aufgeben? War das vielleicht die Lösung? Es bot sich so einfach an: Treiben lassen, zurückgleiten in das unendlich schwarze, weiche Loch –, das sich vor – oder war es hinter mir – auftat? Ich glitt langsam aber sicher darauf zu. Und doch, irgendetwas sagte mir, daß es noch einen anderen Weg geben mußte. Ich war ganz sicher. Schließlich war der Weg vor kurzer Zeit doch noch ohne Frage der richtige gewesen. Es konnte doch nicht alles umsonst gewesen sein. Das machte keinen Sinn. Eine Ewigkeit der Schwebe verging. Ich wartete mühsam auf ein Signal. Wo waren sie, die ich noch vor kurzem kannte? Irgendwo mußten sie doch sein! Sie kamen doch von hier! Da – endlich die Hände meiner Mutter und zugleich: Luft – Luft. Die Elixiere dieser Welt. Das war es: Ich nahm wahr, wie man sich um mich bemühte. Ich war willkommen – nein erwünscht! Angenommen! Das war der Weg: Ich sollte bleiben! Und ich fühlte, daß ich das auch wollte. Wir würden es gemeinsam schaffen!

Ihre Wärme fühlte sich jetzt zwar ganz anders an, aber es war die gleiche ehrliche Ausstrahlung, die ich schon so lange kannte. Der Schwindel ließ nach. Meine Gedanken wurden wieder klarer. Ihre Hände hielten mich fest und kitzelten wie früher, wenn sie mich berührte – anscheinend brauchte man kein Wasser dazwischen. Sie waren sehr warm. Da waren noch mehr Hände, die ich nicht kannte. Aber ich merkte, daß auch sie mir Beistand gaben. Ich atmete auf!

Langsam wich der Druck von mir. Die Entscheidung zum Wohnungswechsel war wohl doch nicht so schlecht gewesen.

Ich begann, mich langsam an die neue Situation zu gewöhnen, und hatte kurz darauf das sichere Gefühl, mich beruhigt von dem ganzen Rummel erholen zu können.

Tja, und dann bin ich hier erst wieder in diesem Kasten aufgewacht, vor dem jetzt schon wieder einer dieser »Weißen« steht und mich anstarrt, als ob ich von sonstwo herkäme, und nicht bis drei zählen könnte.

Kann ich aber wohl!

Betroffene Eltern helfen sich gegenseitig*

Eine Umfrage hat ergeben, daß Eltern frühgeborener Kinder in erster Linie von anderen gleichermaßen betroffenen Eltern Hilfe erwarten. Nur Eltern, die das selbst durchgemacht haben, können die Gefühle von anderen Eltern verstehen, die – noch unter dem Schock der Frühgeburt – ihr Kind auf der Intensivstation vorfinden und dort oft über Monate hin den größten Teil ihrer Zeit zubringen. Der Wunsch, sich untereinander und vor allem mit »Veteranen« – etwa Eltern nach der Klinikentlassung – auszutauschen, hat in Kanada, den USA und in Deutschland zur Gründung von Elterngruppen geführt. Im Gegensatz zu reinen Selbsthilfegruppen sind hier in der Regel auch Professionelle, vor allem Ärzte und Schwestern, beteiligt. Andere Gruppen bilden sich erst nach der Klinikzeit. Ausschlaggebend ist hier die Tatsache, daß auch viele Jahre später selbst bei inzwischen altersgemäß entwickelten Kindern die Erfahrungen der ersten Zeit immer noch nachwirken, für manche Eltern so bedrängend, als sei alles erst gestern passiert. Bei solchen Gruppen ist eine psychotherapeutische Begleitung hilfreich.

Neben dem Informations- und Erfahrungsaustausch bieten diese Gruppen eine Gelegenheit, **alle** Gefühle, auch die, die nicht den eigenen und den von der Umwelt an sie herangetragenen Erwartungen entsprechen, frei zu äußern. Die Eltern können sich darauf verlassen, daß andere Eltern diese Gefühle kennen und sie nicht verurteilen. Schmerzliche Erfahrungen kommen zur Sprache. Der wechselseitige Austausch von Beobachtungen, Ängsten und Hoffnungen kann schließlich dazu führen, das eigene Kind mit »anderen Augen« zu sehen, die Einstellung ihm gegenüber zu verändern und dadurch Schwierigkeiten im Umgang mit ihm abzubauen. Gelegentlich erhält im Verlauf solcher Gespräche auch die Frühgeburt selbst einen anderen Stellenwert in der eigenen Geschichte, einen »Sinn«, sie erscheint nicht mehr ausschließlich als ein Unglück.

Dazu einige Beispiele:

Die mit der Frühgeburt einhergehenden Gefühle von Schuld und Versagen (s. S. 46, S. 107) setzen die Eltern unter den Druck, jetzt alles ganz besonders gut zu machen, nur noch für das Wohl des Kindes da zu sein. Es fällt schwer, sich selbst und anderen Gefühle einzugestehen, die nicht zu diesem Bild von »guten Eltern« passen. So kommt es vor, daß Mütter ihr

---

* von Hans von Lüpke und Brunhilde Wolf-von Lüpke

Kind in den ersten Tagen noch gar nicht sehen wollen. Sie haben Angst davor, eine Beziehung aufzubauen zu einem Kind, das sie vielleicht bald wieder verlieren werden. Schwerkranke Kinder können neben dem Überlebenswunsch auch den Wunsch auslösen, es möge sterben: »Hat die Quälerei überhaupt noch einen Sinn? (s. S. 233) – Vielleicht hat er jetzt schon eine bleibende Schädigung? – Sein Tod könnte uns alle zur Ruhe kommen lassen –.« Die Trauer der Verabschiedung beginnt und führt später zu schweren Schuldgefühlen, wenn das Kind doch überlebt. All diese Gefühle werden von der Umwelt, nicht selten von den Eltern selbst, als Ausdruck einer Ablehnung des Kindes mißverstanden.

Es zeigt sich immer wieder, daß dieses Zulassen und Mitteilen von Gefühlen, Sorgen und Ängsten nicht nur den Eltern selbst eine Entlastung bringt, sondern auch die Beziehung zum Kind entspannt und damit seine Entwicklung mehr fördert als therapeutische Maßnahmen, die unter äußerem und innerem Druck (etwa in Verbindung mit Schuldgefühlen) verbissen und um jeden Preis durchgezogen werden.

Schmerzliche Erfahrungen sind oft das Ergebnis von Gedankenlosigkeit der Umwelt. Gelegentlich beginnt es schon damit, daß die Mutter eines frühgeborenen Kindes, das in der Intensivstation einer Kinderklinik liegt und ihr bis dahin nur über ein Polaroid-Photo bekannt ist, auf der Wochenstation zwischen Müttern liegt, die ihre gesunden Kinder bei sich haben oder zum Stillen gebracht bekommen. Später sind es neugierige, »wohlmeinende« Fragen wie: »... schon so alt und noch so klein – was hat er/sie denn?« Manche Mütter geben ein falsches Alter an oder gehen nicht mehr spazieren, nur um solchen Situationen zu entgehen. Eine Mutter berichtet in der Elterngruppe, daß die Erwähnung der Frühgeburt bei der Kindergarten-Anmeldung ihres inzwischen altersgemäß entwickelten Kindes spontan die Frage nach der Art der Behinderung ausgelöst hat. Eine andere blieb nach einem Beratungstermin wegen Frühförderung ohne weiteren Kommentar mit einem Stapel von Broschüren zum Thema »Behinderte« zurück.

Wir haben im Umgang mit Kindern – oft ohne uns darüber im klaren zu sein – immer eine Vorstellung davon, warum ein Kind sich gerade so und nicht anders verhält. Das gilt vor allem für Situationen, in denen uns das Kind zornig macht. Der Kampf ums Essen kann durch Vorstellungen bestimmt werden wie: »Er will mich nur ärgern, mich tyrannisieren – das ist alles Trotz.« Unser eigenes Verhalten orientiert sich an solchen Deutungen und ändert sich schlagartig, wenn wir uns vorstellen, das Kind ist satt, mag das Essen nicht oder hat einen Grund, den wir nicht kennen, im Augenblick aber erst einmal respektieren sollten. Eine Mutter, die auf die Schlafstörungen ihrer 1jährigen Tochter nur noch gereizt reagieren konnte, hatte plötzlich keine Schwierigkeiten mehr, sich aufopfernd um sie zu kümmern, als sie an einem Magen-Darm-Infekt erkrankt war. Die Tochter hatte jetzt »etwas Organisches«, konnte also nichts dafür, wollte sie nicht schikanieren. Aus der Vielzahl solcher Vorstellungen, von denen uns nur ein kleiner Anteil bewußt ist – der größere reicht bis in die Hoffnungen, Ängste und schmerzlichen Erfahrungen der eigenen Kindheit zurück –, entsteht ein »Bild vom Kind«. Wir denken uns: »Das Kind ist so« und streiten mit dem Partner, der unserer Meinung nach das Kind ganz falsch sieht. In Wirklichkeit geht nur jeder von seinem eigenen Bild aus. Dramatisch kann die Situation werden, wenn diese Bilder durch Erfahrungen von extrem bedrohlichen Situationen in der Vergangenheit bestimmt werden. Ein Kind etwa, das früher schwer erkrankt und von Austrocknung bedroht war, bei dem es auf jeden Tropfen Flüssigkeit und jedes Gramm Gewichtszunahme ankam, kann noch viele Jahre später durch diese Erinnerung seine Mutter in Panik versetzen, wenn es ihrer Meinung nach zu wenig trinkt.

Eltern von frühgeborenen Kindern werden in besonderem Maße von solchen Erinnerungen bestimmt. Sie formen das Bild, das sie sich von der Zukunft ihres Kindes machen. Ein etwas größerer Kopf löst die Angst vor dem »Wasserkopf« aus, eine leichte Verkrampfung läßt an Spastik denken. Die Eltern sind anfällig für jede Art von Information, die eine immer schon befürchtete Störung zu bestätigen scheint. Daher kann es für sie eine große Entlastung bedeuten, von Eltern, die ähnliche Auffälligkeiten von ihrem Kind her kennen, zu hören, daß dieses Kind sich trotzdem gut entwikkelt hat. Das Bild vom eigenen Kind ändert sich, das Kind erscheint weniger schwach, bedroht und hilfsbedürftig, seine Stärken, seine Fähigkeiten werden deutlich. Den Eltern fällt es leichter, ihm etwas zuzutrauen, ihm Eigenverantwortung zu übergeben und damit seine Ablösung und die Entwicklung zu mehr Selbständigkeit vorzubereiten.

Schließlich ändert sich auch der Stellenwert der Frühgeburt in der eigenen Lebensgeschichte. Aus der nie zur abschließenden Antwort kommenden Frage nach dem **warum** wird die nach einem möglichen »Sinn«. Eine Mutter sah in der Entwicklungsverzögerung ihres frühgeborenen Kindes die Widerspiegelung ihrer eigenen Kritik an der Leistungsgesellschaft, die sie als Jugendliche ausgelebt und inzwischen weitgehend unterdrückt hatte. Eine andere sah in der Frühgeburt die Wiedergutmachung einer Tabu-Verletzung durch ein »Opfer«: sie hatte einen Sohn geboren und damit ihre eigene Mutter übertroffen, der dies nicht gelungen war. Die Frühgeburt machte diese Überlegenheit zunichte und ließ die Mutter als eine ebenfalls – wenn auch auf andere Weise – Scheiternde erscheinen.

Solche Deutungen können allerdings nicht von außen kommen. Sie werden nur sinnvoll als Teil einer Rekonstruktion der eigenen Lebensgeschichte und lassen sich nicht nach Kriterien einer »objektiven Wahrheit« beurteilen. Ein Vater eines frühgeborenen Kindes schreibt über seine Erfahrungen und die anderer Eltern aus seiner Gruppe:

> **»Den Elternberichten ist gemeinsam, daß die Betroffenen Unsicherheit und Angst, Hilflosigkeit und Trauer berichten; aber im nachhinein eine neue Sichtweise des Lebens für sich entdeckt haben und sogar Dankbarkeit empfinden. Die Frühgeburt eine Herausforderung fürs Leben? Ja!«**

Kurz zusammengefaßt: wir haben die Erfahrung gemacht, daß bei einer Gruppenarbeit mit Eltern von Frühgeborenen unter anderem folgenden Themen nachgegangen wird:

Verlauf von Schwangerschaft und Geburt

Krankenhausaufenthalt des Kindes, die damit verbundenen Belastungen

Gefühle von Versagen, Schuld und Trauer

Die Frage nach Gründen für die Frühgeburt (s. S. 24 f.)

Aggressionen gegen Krankenhauspersonal, Partner, Kind

Probleme im Umgang mit dem Kind, etwa Eß- oder Schlafstörungen, anklammerndes Verhalten, kann nicht alleine spielen etc.

Sorgen um Gesundheit und Entwicklung des Kindes, Angst vor Behinderung (s. S. 147 ff.)

Gefühle wie Bereicherung des eigenen Lebens, Dankbarkeit für Unterstützung (z. B. in der Klinik), »Sinn« der Frühgeburt, Stellenwert in der eigenen Lebensgeschichte

...endlich zu Hause

Entlassungsphase und erste häusliche Erfahrungen

Auf der »Normalstation«

Es ist sicher ein großer Moment, wenn Ihr Baby nach mehr oder weniger langer Zeit auf die »gewöhnliche« Säuglingsstation verlegt werden kann.

Er/sie hat in der zurückliegenden Zeit bewiesen, daß »rund-um-die-Uhr«-Betreuung nicht mehr nötig ist.

Das ist ein untrügliches Zeichen für die baldige Entlassung. Bis dahin wird sicherheitshalber noch eine kurze Phase auf »normalen Säuglingsstationen« oder Überwachungseinheiten eingeschoben, in der

- Gewichtszuwachs unter Muttermilchernährung
- Weitere körperliche Normalisierung
- Zunehmende neurologische Fähigkeiten
- Anhaltende Stabilität der Atmung
- Konstanz der Blutwerte
- Regelmäßigkeit des Herzschlages
- Halten der Körpertemperatur
- Nachuntersuchungen von Seh- und Hörfähigkeit u. a.

beobachtet und verfolgt werden.

Daneben kann jetzt ein völlig ungestörter Eltern-Kind-Kontakt vertieft werden. Wünschenswert wäre der *24-Stunden-Aufenthalt* bei Ihrem Kind, um Sie auf die Situation zuhause einzustimmen. Leider ist das in fast allen Kliniken aus Platzgründen(?) noch nicht durchführbar. Die positiven Erfahrungen, die im Ausland gemacht wurden, sind Ansporn, in Zukunft auch in Deutschland derartige Mutter-Kind-Zimmer (engl. »mother-child units«) einzurichten. Alle Mütter sind mit der Zeit Profis in der Betreuung ihrer Kinder geworden.

Sie kennen Temperament, Nahrungsbedürfnisse oder Eigenarten ihrer Babys und wissen bald besser als Schwestern und Ärzte, wie man die Schreihälse bei Laune hält.

Die Überwachungsgeräte sind inzwischen weitgehend »abgebaut«, lediglich Herz-Atemmonitor oder Pulsoxymeter (s. S. 61) können zur Sicherheit noch angeschlossen bleiben. Gelegentliche Astrup-Kontrollen (s. S. 59) beweisen die stabile Atemfunktion.

Das Baby macht täglich neue Fortschritte: Infusionen sind nicht mehr notwendig, wenn der Säugling zwischen etwa 250 ml und 400 ml *je nach Gewicht mit steigender Tendenz trinkt.* Blutzuckerprobleme (s. S. 37) sind bei diesen Mengen nicht mehr zu befürchten. Apnoephasen (s. S. 97) oder Bradykardieneigung (s. S. 98) werden seltener oder sind schon ganz verschwunden. Bei kleinen Frühgeborenen kann später ein Heimmonitor, der Puls und Atmung überwacht, verordnet werden. Für manche Eltern ist das beruhigend, andere empfinden das Alarmgerät als belastend oder störend (siehe plötzlicher Kindstod, S. 227 ff.).

In der Regel werden die Kinder noch kurz im Inkubator gepflegt, oder sie liegen übergangsweise schon im Wärmebettchen (Abb. 21).

Bald haben sie so guten Appetit, daß die Kalorienzahl ausreicht, *bei normaler Umgebungstemperatur die Körpertemperatur von ~ 37 Grad Celsius (± 0,5°C) zu halten.* Es wartet bereits das Säuglingsbett. Das ist ein weiterer wichtiger Meilenstein auf dem Weg zur Entlassung. Die Kinder trinken nach einiger Zeit täglich etwa ⅕–⅙ ihres Körpergewichtes.

Wenn Sie stillen, dann ist die Menge aber *nicht* so wichtig. Die meisten Kinder holen sich das, was sie brauchen. Es genügt, wenn das Gewicht steigt!

Wer wächst und gedeiht, ist im Regelfall gesund. Wichtiger als die Trinkmenge sind Zufriedenheit und ein gutes Gefühl beim Stillen.

Die ideale Ernährung ist trotz mancher ökologischen Bedenken zur Zeit immer noch die Muttermilch. Sie enthält neben der eigentlichen Milch zusätzliche Abwehrstoffe und ist zudem genau auf den Bedarf des wachsenden Säuglings abgestimmt. Das eigentlich Entscheidende ist jedoch die Förderung der Beziehung zwischen Mutter und Kind. Damit soll indes sicher nicht gesagt werden, daß nicht-stillende Frauen die schlechteren Mütter sind.

Frauen sollten sich frei entscheiden können! Stillen darf nicht in einen »Stillwahn« ausarten, das Vorzeigen der Brust nicht Voraussetzung zur Aufnahme in den »Klub der guten Mütter« werden. Wer sich anders entscheidet, wird seine respektablen Gründe haben. Langzeitbeobachtungen beweisen, daß es eine Vielzahl von Möglichkeiten gibt, gegenseitige Nähe aufzubauen. Im übrigen gibt es auch Babys, die gar nicht gestillt

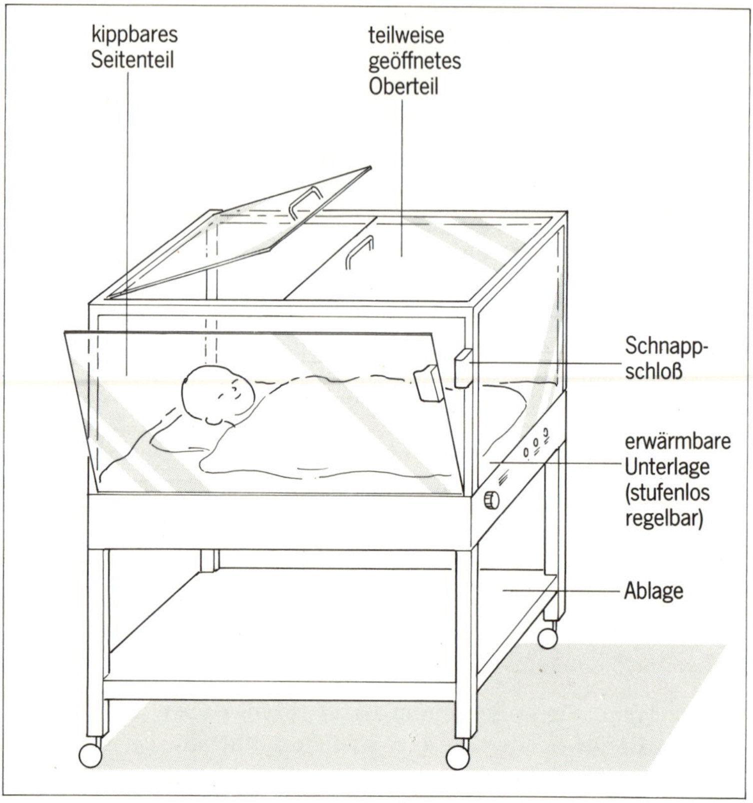

Abb. 21 Wärmebett.

werden wollen! Wäre es da nicht toleranter (nach mehrmaligem Angebot), dem Wunsch des Kindes zu entsprechen?

Was zählt, sind die Versuche, mit dem Baby innere Verständigung zu erzielen, seine Persönlichkeit zu empfinden und – in gewissen Grenzen – zu respektieren. Prägend dafür sind deshalb auch nicht nur die Minuten oder Stunden, die mit ihm/ihr verbracht werden. Manchmal sind Ruhepausen zum Kräftesammeln und Auftanken ehrlicher und für alle Beteiligten »bekömmlicher«. Daher sollten Sie es auch nicht falsch verstehen, wenn Ihnen Schwester oder Arzt raten, doch einmal selbst auszuschlafen und an sich zu denken. Ihr Baby ist zweifellos der Mittelpunkt, um den sich alles dreht, aber geben Sie sich und Ihrem Körper auch eine Chance. Schließlich sind da noch Partner, Geschwister, Familie und Freunde. Auch deren Welt dreht sich weiter.

Stillzeit

Muttermilchernährung bei Frühgeborenen

Es gibt eine Unmenge Stillbücher, die Sie genau informieren. Daher soll an dieser Stelle nicht Bekanntes wiederholt werden.

Im Zusammenhang mit Frühgeburtlichkeit sind für Sie einige Aspekte vielleicht noch von besonderem Interesse.

Muttermilch enthält als einziges *Kohlenhydrat* Milchzucker (Laktose) in einer Menge von etwa 7 g pro 100 ml. Zucker ist ein notwendiger Energiebaustein vor allen Dingen für das Gehirn. Frühgeborene besitzen wenig Reserven. Ihr Gesamtbestand beträgt am Ende der 33. Woche ca. 10 g. Das entspricht etwa der Energie, die in einem Apfel steckt. Bis zur Geburt steigt der Vorrat in Leber und Herz auf etwa 40 g an. Ein Becher Joghurt enthält diese Kalorienmenge. Die Vorräte sind also sehr begrenzt und schnell aufgebraucht. Das gilt besonders, wenn Streß im Spiel ist.

Daher ist das frühzeitige Anlegen an die Brust, wenn möglich direkt nach der Geburt, insbesondere bei Frühchen und »Mangelgeborenen« (sog. SGA = Small for gestional Age Babys, s. S. 40) so wichtig. Sollte das nicht möglich sein, darf bei diesen Kindern mit dem Zufüttern nicht zu lange gewartet werden. Sie sollten sich – trotz allen Unbehagens – nicht dagegen sträuben. Unterzuckerte Kinder krampfen! Wenn Sie nicht möchten, daß Ihr Baby eine Zuckerlösung erhält, bestehen Sie wenigstens auf Blutzuckermessungen. Frühgeborenenstationen kontrollieren den Blutzucker regelmäßig, um bei einem Absacken rechtzeitig eingreifen zu können.

Untersucht man die Vormilch (Kolostrum), so stellt man einen etwa 10fach höheren *Eiweißanteil* gegenüber reifer Frauenmilch fest. 96 Prozent davon sind Abwehrstoffe, sog. Immunglobuline A. Diese leisten im Darm des Früh- und Neugeborenen wertvolle Abwehrarbeit. Gleichzeitig halten sie Nahrungsallergene von der Darmwand fern und wirken auf diese Weise antiallergisch.

Vormilch enthält auch höhere Mengen an Mineralien. Da Neugeborene und insbesondere Frühgeborene u.a. wegen der Nierenunreife (s. S. 210) einen höheren Bedarf haben, wird der Verlust besser toleriert, wenn die wertvolle Vormilch gefüttert wird.

Die Milch von Müttern Frühgeborener enthält interessanterweise mehr Eiweiß als »reife Muttermilch«. Das verbesserte Angebot ermöglicht den Kleinsten eine bessere echte Gewichtszunahme (s. S. 94 f.). Allerdings paßt sich die Frühchenmilch im Laufe der ersten 4–6 Wochen hinsichtlich der Zusammenstellung der reifen Frauenmilch an, und zwar unabhängig vom Alter des Kindes. Ein extrem kleines Frühchen kann den Vorteil also nicht sehr lange nutzen, aber immerhin...

Muttermilch enthält *neben IgA noch eine andere Reihe wirksamer Proteine gegen Bakterienangriffe.* Das Eiweiß Laktoferrin z. B. bindet im Darm des Neu- und Frühgeborenen Eisen. Das verhindert indirekt das Wachstum von Durchfallbakterien. Zahlreiche sog. Bindungseiweiße für Spurenelemente haben die gleiche bakterizide Wirkung. Insbesondere das Verhindern von Infektionen spielt bei Frühgeborenen ja eine große Rolle (s. S. 79).

Insgesamt sind Muttermilcheiweiße aufgrund ihrer Struktur *besser verdaulich* als Kuhmilchproteine. Sie »liegen nicht auf dem Magen« und lassen sich im Darm leichter aufspalten und aufnehmen.

Ein weiterer Vorteil der Muttermilcheiweiße gegenüber Kuhmilchproteinen ist die geringere Nierenbelastung. Alle Eiweiße enthalten nämlich Stickstoff, der von der Niere wieder ausgeschieden werden muß. Infolge ihrer speziellen Zusammensetzung belasten mütterliche Proteine dabei die unreife Niere des Frühgeborenen deutlich weniger.

Der Fettgehalt in der Muttermilch schwankt beträchtlich, im Mittel beträgt er etwa 3,5 g/100 ml.

Fette sind aus vielerlei Gründen in der Nahrung unersetzlich. Sie werden benötigt als

- Energiequelle
- zum Gehirnaufbau (essentielle Fette)
- Begleitstoffe für fettlösliche Moleküle

Bis etwa zur 20. Woche macht Fett ca. 1 Prozent des Gesamtkörpergewichtes aus, bis zur 28. Woche steigert sich das nur auf 3,5 Prozent, um dann rasch anzusteigen und zum Termin etwa 15 Prozent Anteil zu besitzen. Fettverdauung und -aufnahme gestalten sich grundsätzlich problematischer als (wasserlösliche) Kohlenhydrat- und Eiweißnahrung.

Fette würden – ohne biochemische Aufbereitung – wie ein Öl-Wassergemisch sich kaum miteinander mischen. Erst durch Zusatz von Gallensalzen (als eine Art Spülmittel) wird Fett gelöst und aufnahmefähig gemacht. Die Bildung von Gallensalzen ist altersabhängig. Bei Frühgeborenen (und Dickleibigen) ist das System leicht überfordert, die Fettverwertung also eingeschränkt.

Es gibt einige Tricks, Fette verdaulicher anzubieten. So werden *ungesättigte Fettsäuren* leichter aufgenommen als gesättigte. Der Gehalt an ungesättigten Fettsäuren in der Muttermilch ist höher als in der Kuhmilch.

Kürzerkettige Fettsäuren mit 12–14 Kohlenstoffatomen bezeichnet man als MCT (Mittel-cettige-Triglyceride); sie werden unabhängig von Gallensalzen resorbiert, und sind daher für das Frühgeborene besser geeignet.

Unabhängig vom Bedarf an essentiellen Fettsäuren benötigen Säuglinge an sich keinen hohen Fettanteil in der Nahrung. Wenn die Konzentration in allen Milchen dennoch so hoch ist, so deshalb, weil Fette pro g doppelt so viel Kalorien freisetzen wie die beiden anderen Energielieferanten. Insbesondere in Wachstumszeiten ist eine »energiedichte« Nahrung wünschenswert.

Zusammenfassend kann man sagen, daß nach über 70 Jahren Forschung und Ringen um die optimale Milch noch nichts besseres gefunden wurde als die Muttermilch. In ihr stecken viele auf den ersten Blick kaum erkennbare Vorteile, so daß alle Kinder in den Genuß kommen sollten. Die Belastungen durch Umweltgifte sind sicher nicht zu unterschätzen und mögen im Einzelfall die Stilldauer verkürzen, aber es gibt zur Zeit noch keinen Grund, ganz oder teilweise auf dieses Naturprodukt zu verzichten.

Muttermilch ist für alle Neugeborenen die zur Zeit beste Nahrung.

Die zusätzliche Fläschchengabe mit leicht verdaulichen MCT Fetten sorgt für höhere Energiezufuhr. Sie kann bei Frühgeborenen mit geringem Geburtsgewicht das Kalorienangebot in der Muttermilch hilfreich unterstützen.

Flaschenernährung bei kleinen Säuglingen

Industrienahrungen werden eingeteilt in »adaptierte Milchen« (frauenmilchangepaßte) und »teiladaptierte Milchen«. Für Frühgeborene sind die adaptierten Nahrungen, also jene, die der Muttermilch weitgehend nachempfunden sind, die besten. Auch reife Neugeborene sollten in den ersten Monaten adaptierte Milch erhalten, wenn die Mutter auf das Stillen verzichten möchte oder Stillhindernisse bestehen, die sich nicht beseitigen lassen.

Der Unterschied beider Nahrungen besteht im *Zusatz eines zweiten Zuckers bei teiladaptierten Milchen.* Dadurch sind sie im ersten Moment sättigender. Die Kalorienzahl ist bei gleicher Menge aber nicht höher. Teiladaptierte Nahrungen sind für ältere Säuglinge gut geeignet. Zusatzkost ist in den ersten sechs Monaten nicht notwendig. Karottensaft kann bei weichen Stühlen hilfreich sein, weil er im Darm eine Quellwirkung entfaltet, die ihrerseits wasserbindend und damit stuhlfestigend wirkt. Es sollte aber nur nach Rücksprache mit dem Arzt eingesetzt werden. Zuviel »des guten« bewirkt nämlich genau das Gegenteil!

Zusatzstoffe in der Ernährung für alle Babys

Sämtliche Anpassungen zielen darauf ab, die Nahrungszufuhr der optimalen Ernährung im Mutterleib anzugleichen. Das kann nur annäherungsweise gelingen, weil die »Fähigkeiten« des Darms und der Niere insbesondere bei Frühgeborenen beschränkt sind. Die Organe ersetzen die Plazenta nur ungenügend. Welche Zusatzstoffe noch günstig sind, bleibt Gegenstand heftiger Debatten. Vielfach wird ein Vorteil wieder durch gleichzeitige Nachteile aufgehoben. Der Versuch, eine optimale Frühchennahrung zu finden, gleicht der Quadratur des Kreises. Es gibt sie einfach nicht. Die Anreicherung der Muttermilch mit MCT Fetten in Form zusätzlicher Flaschennahrung bei der Aufzucht von Frühgeborenen ist aber z. B. grundsätzlich günstig (s. o.). Reife Neugeborene benötigen diesen Energieschub nicht.

Weitgehende Einigkeit besteht über die zusätzliche Gabe von Vitamin D zur Muttermilch in Dosen von 500–1000 my (bei Frühchen). Nur ausreichende Mengen garantieren die Festigkeit des Knochens. Die Versorgung über die Muttermilch ist zu knapp bemessen. Der Konsum von Eiweiß sowie die uneingeschränkte Verfügbarkeit von Nahrungsmitteln aller Art (möglicherweise auch die bessere Hygiene und entwicklungsgeschichtliche Gründe) lassen die Babys sehr viel rascher wachsen als noch vor wenigen Jahrzehnten. Der enorme Gewichtszuwachs gerade im ersten Lebensjahr stellt jedoch eine große Belastung für Knochen dar. Die Muttermilch hat sich dem wohl noch nicht angepaßt. Um der »Statik« willen sollte daher auf die tägliche Vitamin D-Prophylaxe bei keinem Kind verzichtet werden. Insbesondere Frühgeborene benötigen zusätzliche Vitamin D-Gaben für ein stabiles Knochenwachstum.

Die *Vitamin K-Prophylaxe* (siehe U1 gelbes Vorsorgeheft der Kinder) basiert auf der Erkenntnis, daß Neu- und Frühgeborene über die Muttermilch zu geringe Mengen erhalten. Da die Vitamine der K-Klasse die Gerinnung fördern, kann sich bei einem Mangel eine an sich harmlose Punktblutung zu einem gefährlichen Bluterguß ausweiten (sog. Vitamin K-Mangelblutung). Gehirnblutungen (s. S. 202) sind dabei die gefürchtetste Lokalisation. Alle Kinder sollten deshalb vorbeugend Vitamin K-Tropfen erhalten (je 1–2 Tropfen nach der Geburt und jeweils bei der U2 und der U3).

Eisen-Tropfen zur Verhinderung einer Anämie (s. S. 220) und *Multivitaminpräparate* können im Einzelfall besonders nach einer Intensivphase hilfreich sein.

Zusatz von Fluorid zur täglichen Nahrung in Kombinationsform mit Vitamin D (D-Fluorette) verhindert Karies. Naturbeobachtungen haben gezeigt, daß Menschen, die in fluorreicheren Trinkwassergebieten leben, deutlich bessere Zähne haben. Mehr als 30 000 Studien zu diesem Thema haben schließlich in mehreren Staaten, u. a. den USA(!) dazu geführt, das Trinkwasser zu fluoridieren. Der Rückgang der Karies war erstaunlich. Nebenwirkungen wurden bisher nicht bekannt. Es ist anzunehmen, daß bei der Klagepraxis in den Vereinigten Staaten in der Tat auch keine unerwünschten Wirkungen aufgetreten sind.

Besuch auf der Kinderstation

Macht man sich klar, daß Früh- und Neugeborene aus der (mikrobiologisch) sterilen Gebärmutter in eine Welt voller Bakterien »eintauchen«, dann wird deutlich, warum eine *relativ strenge Besucherregelung* auf Intensivstationen gefordert werden muß. Da sich zudem Früh- und Neugeborene nach einer stressigen Geburt erst erholen müssen und sich langsam an die veränderten Bedingungen gewöhnen sollen, ist der Zugang nur den Eltern erlaubt.

Außerdem sind insbesondere Frühgeborene infektanfällig. Man wird also versuchen, sie weitgehend von Krankheitserregern fernzuhalten. Die Verwandtschaft kann das neue Familienmitglied anfangs also nur durch die Scheibe bewundern. Geschwisterkinder sind verständlicherweise besonders neugierig auf Bruder/Schwester. Bei ihnen kann zum Kennenlernen nach angemessener Zeit eine Ausnahme gemacht werden, sofern sie nicht erkältet sind, unter Durchfall leiden oder im Kindergarten eine Krankheit »die Runde macht«, wo sie sich infiziert haben könnten. Sie als Eltern wissen das, und werden eher vorsichtig sein.

Mütter und Väter müssen hingegen so oft wie möglich beim Kind sein. Nach sorgfältiger Händedesinfektion, ggf. mit Mundschutz und sterilem Kittel, ist der Besuch Ihres Kindes fast jederzeit möglich.

Hautausschläge, offene Wunden oder Herpesbläschen bei Besuchern sind allerdings Gründe, Intensiv- und Überwachungsstationen bis zum Abheilen nicht zu betreten. In Zweifelsfällen sollten Sie Rücksprache mit den behandelnden Ärzten nehmen.

Wer an übertragbaren Krankheiten leidet, darf die Frühgeborenenstation vorübergehend nicht betreten.

Auf *Überwachungsstationen* gelten ähnliche Vorsichtsmaßnahmen. Allerdings lockert sich die Besuchersperre schon ein wenig. Gegen den gelegentlichen Besuch von Großeltern oder Geschwistern bestehen im Prinzip keine Einwände. Sollten die behandelnden Ärzte trotzdem skeptisch sein, so werden sie Ihnen die Gründe erläutern. Der Platz auf den Stationen ist häufig nicht sehr groß. Es ist verständlich, daß »reger Besuchsverkehr« notwendigen Pflegemaßnahmen, Nachuntersuchungen und Erholung der kleinen Patienten beeinträchtigen kann und gelegentlich diesbezügliche Hinweise und Beschränkungen unumgänglich sind.

Liegt das Baby auf der Säuglingsstation mit »rooming in«, dann hat es sich inzwischen vollständig erholt. Je nach »Philosophie« des Krankenhauses ist die Besuchszeit ohne Einschränkung erlaubt.

Die Entlassungsuntersuchung

Die normalen Vorsorgeuntersuchungen im Kindesalter bezeichnet man als U1–U9. Im ersten Lebenshalbjahr werden die

U1 direkt nach der Geburt
U2 zwischen dem 3.–10. Tag nach der Geburt
U3 zwischen der 4.–6. Woche nach der Geburt
U4 zwischen dem 3.–4. Monat nach der Geburt
U5 zwischen dem 6.–7. Monat nach der Geburt

vom Kinderarzt routinemäßig durchgeführt. Je nachdem, wie lange Ihr Baby in der Klinik war, hat es also vor der Entlassung bereits mehrere Vorsorgen erhalten.

Das Vorsorgeprogramm der Kinder zielt darauf ab, körperliche und geistige Entwicklungen regelmäßig zu überprüfen, um eventuelle Handicaps frühzeitig zu erfassen. Rechtzeitig eingeleitete Gegenmaßnahmen vermögen die Probleme geringzuhalten oder – in den meisten Fällen – ganz zu beseitigen.

Die Entlassungsuntersuchung ist gewissermaßen eine »Sondervorsorge«.

Betrachten wir zusammen Ihr Baby einmal genauer:

Säuglinge haben eine rosige Hautfarbe, sind warm und »flauschig«. Trotz gleichen Alters sind einige länger und schwerer. Es gibt in diesem Alter also schon recht deutliche Unterschiede in den Körpermaßen. Das ist natürlich nicht krankhaft, sondern deutet auf Veranlagung und Individualität hin. Gleichzeitig spiegelt insbesondere das Gewicht auch die Ernährungssituation im Mutterleib wider. Fast alle Kinder holen den Gewichtsrückstand im Laufe der ersten Lebensjahre wieder auf. Einige Frühchen bleiben allerdings eher zart. Wohlgemerkt: Zart heißt nicht krank oder krankheitsanfällig! Wenige Wochen alte Säuglinge »rudern« häufiger erwartungsvoll mit Armen und Beinchen, wenn man sich ihnen nähert. Rumpf und Kopf bilden eine Linie. Manchmal zeigen sie eine sog. Vorzugslage, d.h. sie schauen mit dem Kopf bevorzugt in eine Richtung. Dabei ist die Wirbelsäule leicht gebogen. Stärkere S-förmige Verbiegungen werden als Skoliose bezeichnet. Sie sollten abgeklärt und behandelt werden. Vorzugslagen hingegen wachsen sich mit der Zeit aus. Spielzeug auf der »Nicht-Schokoladen-Seite« reizt die Kinder, in diese Richtung verstärkt zu blicken.

Die Gliedmaßen sind leicht gebeugt. Man bezeichnet das als normalen Beugetonus. Er ist der Ausdruck einer überwiegenden Muskelmasse von sog. Beugern gegenüber Muskelstreckern. Das wirkt sich insofern später positiv aus, da sie z.B. die Arme grundsätzlich gegen die Schwerkraft heben müssen, und die Beugeseite daher muskelstärker sein muß.

Manchmal zeigt sich an den Fingerspitzen oder Zehen eine leicht bläuliche Verfärbung. Es zeigt die Kälteempfindlichkeit der Säuglinge. Umgekehrt heißt das: Warme und rosige Händchen und Füße sind Zeichen einer ausreichenden guten Durchblutung. Blauverfärbungen über Stunden oder nach Anstrengungen sollten der Anlaß für eine genaue Herz-Kreislaufprüfung und/oder Blutkontrolle sein.

Etwas ältere Kinder freuen sich über Zusprache und betrachten interessiert Gesichter. Spricht man mit ihnen, so fällt die erstaunliche Mimik auf. Nicht selten versucht das Kind, Lippenbewegungen nachzuahmen. Testen Sie es einmal!

Die Augen folgen dem Gesicht des Untersuchers, wenn er sich vor ihnen leicht hin und her bewegt. Sie fixieren also und sind in der Lage, nach wenigen Wochen schon mehr oder weniger den Kopf ohne gleichzeitige Rumpfdrehung zu bewegen. Führt man die Hand rasch vor die Augen (bitte nicht testen, da angsterzeugend!), so ist ein kurzzeitiger Lidschluß zu beobachten (optischer Blinzelreflex). Damit ist bewiesen, daß die Kinder zumindest Lichteindrücke wahrnehmen.

Frühgeborene und Kinder nach intensiver Anfangsbetreuung müssen in jedem Fall vom Augenarzt untersucht werden (ROP, s. S. 223).

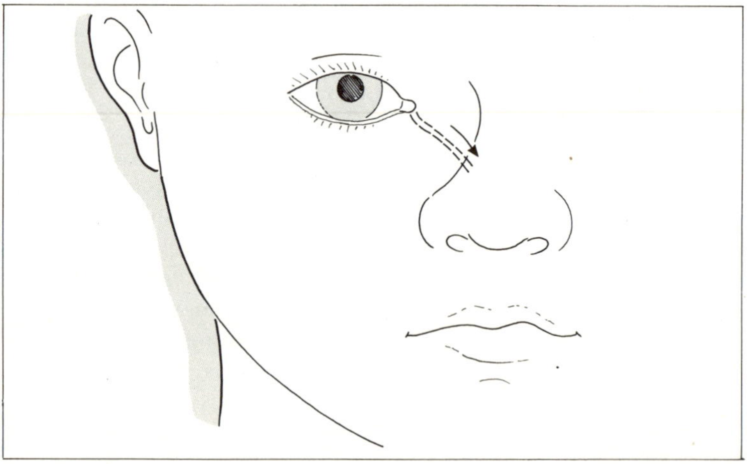

Abb. 22 Tränenkanal.

Die Augen können bisweilen leicht verquollen sein oder gelbliches Sekret absondern. Die Ursache liegt meistens in einer Verstopfung des Tränenganges. Der Tränengang verläuft vom inneren Augenwinkel in die Nase. Abflußbehinderungen führen zu Überlaufeffekt (tränendes Auge) und Sekretstau im Unterlid (»Sandmänncheneffekt«), siehe Abb. 22.

Das »gelbe Auge« kann mit abgekochtem Wasser (von außen nach innen) ausgewischt werden, solange keine Bakterien- oder Chlamydienbesiedlung (s. S. 159) nachgewiesen ist.

Niesen und »heftiges Schnaufen« bisweilen mit unregelmäßiger Atmung erwecken oft den Eindruck einer Luftnot. Vielen Eltern kommt es vor, als ob ihr Kind röchelt. Es handelt sich aber um ein harmloses Phänomen. Die vergleichsweise engen Luftwege führen beim Neugeborenen viel leichter als bei Erwachsenen zu einem verschärften, pfeifenden Atemgeräusch. Eine leicht verstopfte Nase als Reaktion auf die nachgeburtliche Besiedelung mit der (normalen) Bakterienflora verstärkt den Effekt noch.

Gutes Trinken und ruhiger Schlaf spricht trotz eines scharfen Atemgeräusches für ausreichende, gute Atmung.

Wenn Sie sich unsicher fühlen, ein ungutes Gefühl haben und der Atmung nicht trauen, bitten Sie den Kinderarzt um einen Heimmonitor. Mit diesen Geräten, die Herzschlag, Atmung und Sauerstoffsättigung messen (Pulsoxymeter, s. S. 61), wird eine ausreichende Atmung zu jeder Zeit angezeigt (s. S. 227 ff.).

Das scharfe Atemgeräusch des Neugeborenen ist also normal, und unregelmäßiges kurzes Luftanhalten keine Atemstörung. Trockene Raumluft fördert hingegen die echte Nasenschleimhautentzündung. Sie wird fast immer von Trinkschwierigkeiten und Unmutsäußerungen begleitet. Dagegen hilft regelmäßige Anwendung von Kochsalzlösung (0.9 Prozent), die – in jedes Nasenloch geträufelt – die Schleimhaut ohne jede Nebenwirkung anfeuchten.

Ohrenform und -ausprägung sind gute Reifezeichen: Je reifer das Baby, desto besser die Verknorpelung der Ohrmuschel. Ein lauteres ohrnahes Geräusch löst den akustischen Blinzelreflex aus. Er beweist grundsätzlich gute Hörfähigkeit. Besonders »erstaunt« reagieren sie auf die menschliche Sprache. Wie bei Erwachsenen, die konzentriert zuhören, stockt die Atmung leicht, um »ja nichts zu verpassen«. Ein phänomenales Gefühl!

Babys nach einer Intensivbehandlung müssen aus Vorsorgegründen regelmäßig vom HNO-Arzt oder in speziellen Hörzentren (Pädaudiologische Ambulanzen) nachuntersucht werden. Ihr Kinderarzt wird Sie dahin überweisen.

Berichten Sie bitte bei jeder Vorsorgeuntersuchung auch von kleinsten Ihnen verdächtigen Veränderungen. Gerade Sehen und Hören sind wichtige Fundamente für unbeschwertes kindliches Aufblühen.

Hautveränderungen wie Blässe oder Muttermale (Naevi) werden registriert. Die harmlose Neugeborenen-Gelbsucht ist inzwischen abgeklungen. Gelbverfärbungen, die länger als 14 Tage sichtbar sind, geben Anlaß zu Leber-, Darm- und Blutuntersuchungen. Entzündungen der Haut zeigen sich als gelbliche Pusteln hinter den Ohren, unter den Achseln oder im Genitalbereich. Sie sind nach der Geburt nicht selten, kommen aber beim größeren Kind nur noch vereinzelt vor. Trotzdem ist es wichtig, danach zu fahnden, um an diesen verdeckten Stellen frühzeitig mit desinfizierenden Salben eine Ausbreitung zu verhindern.

Der gerötete Po ist bei fast allen Kindern zu beobachten. Solange die Kinder Windeln benötigen, ist ein gelegentlicher Schub nicht zu vermeiden, denn Urin, Stuhl und Nässe stellen für die Haut an dieser Stelle eine besondere Belastung dar.

Leichte Veränderungen müssen nicht behandelt werden. »Offene« Behandlung, die Luft an den Po läßt, gelegentliches Trockenfönen (mit dem kalten Fön) und häufigeres Windelwechseln beseitigen das kleine Problem.

Wenn die Kinder aktiv und zugewandt sind, fühlen sie sich wohl!

Größere, sich ausbreitende oder hochrote Flecken können die Pilzbesiedelung anzeigen. Sie wird mit Antipilzsalben behandelt.

Bei manchen Kindern finden sich gelegentlich auf der Haut ein oder mehrere Blutschwämmchen. Es sind harmlose Blutgefäßknäuel, die sich in der Regel bis zum 2. Lebensjahr ohne Behandlung zurückbilden. Eine Therapie ist also nur in Ausnahmefällen nötig.

Der Flüssigkeitsgehalt im Körper läßt sich gut durch Abheben einer Bauchhautfalte ermitteln: Senkt sich die Falte nach Loslassen sofort wieder in die Haut, so ist die Flüssigkeit im Körper ausreichend. Gutes Trinken und regelmäßige Urinausscheidung sind weitere wichtige Begleitzeichen eines funktionierenden »Wasserhaushaltes«.

Der Nabel fällt – wenn er trockengehalten wird – nach 7–10 Tagen ab. Es ist besonders wichtig, darauf zu achten, ob sich um den Nabel herum eine wallartige Rötung entwickelt. Sie zeigt an, daß Bakterien in der Tiefe eine Entzündung hervorrufen. Das ist an dieser Stelle besonders bedeutsam, weil von hier aus über die Nabelgefäße ein leichter Zugang zum Bauchraum besteht.

Da Bakterien »Naßkeime« sind, kann man sie am besten durch Austrocknen behandeln.

Der Nabel ist die einzige Körperstelle, die gepudert werden sollte. Der ganze übrige Körper benötigt eher fettende Cremes.

Ein geröteter Nabelgrund, der auf Druck leicht blutet, wird meist durch ein Nabelgranulom verursacht. Der verzögerte Nabelverschluß ist harmlos, sollte aber beobachtet werden. Mit Hilfe des Höllenstiftes können die leicht blutenden Gefäße sicher verschlossen werden. Das tut dem Kind nicht weh, da Nabelgefäße nicht von Nerven durchzogen sind.

Das Genitale wird sorgfältig inspiziert: Frühgeborene Mädchen weisen oftmals noch klaffende große Schamlippen auf, die Klitoris erscheint häufig vergrößert. Der plötzliche mütterliche Hormonentzug nach der Geburt kann eine Abbruchblutung der Gebärmutter nach sich ziehen, so daß es aus der Scheide leicht blutet. Mütterliche Hormone sind auch verantwortlich für die geringe Brustdrüsenschwellung bei Neugeborenen. Selten entleeren sich sogar aus der Brust einige Tropfen Sekret (sog. Hexenmilch).

Die Hoden entwickeln sich aus der Urniere im Bauchraum. Sie wandern im Verlauf der Schwangerschaft von dort in den Hodensack. Bei frühgeborenen Jungen ist der »Abstieg« noch nicht beendet, sie sind in der Leistengegend tastbar oder noch im Körperinneren verborgen (Unreifezeichen). Spätestens nach dem ersten Lebensjahr (Vorsorge U6) sollte ein Hodenhochstand behandelt werden.

Flüssigkeitsansammlung im Hodensack bezeichnet man als Hydrozele. Er erscheint gespannt und mit einer Taschenlampe vermehrt durchscheinend. Hydrozelen verschwinden in der Regel ohne Therapie im ersten Lebensjahr. Eine Behandlung ist lediglich dann notwendig, wenn der Hodensack zunehmend prall gespannt ist. Ihr(e) Kinderarzt/ärztin wird bei jeder Vorsorge darauf achten. Sollten Sie sich unsicher sein, fragen Sie auch ruhig zwischendurch nach.

Manchmal sind *die Füße* leicht nach innen gebogen. Reizt man die Muskeln des äußeren Fußrandes, richten sie sich auf. Die sog. Kletterfüße sind also nicht krankhaft und deshalb nicht behandlungsbedürftig. Stärkere sichelförmige Fußstellungen müssen hingegen gut verfolgt und bisweilen orthopädisch behandelt werden. Sichelfüße sind echte Fußfehlstellungen.

Die Untersuchung der Hüfte ist im Hinblick auf eine ungestörte Laufentwicklung von großer Bedeutung. Die Prüfung der Hüftgelenksverankerung erfolgt am besten mit Hilfe der Ultraschalluntersuchung. Sollte sie in der Klinik nicht durchgeführt werden, dann wird Ihr Kinderarzt das frühzeitig nachholen.

Für die Hüfte gilt in besonderer Weise: Je frühzeitiger eventuelle Fehlstellungen erkannt werden, desto einfacher die Behandlung und um so schneller das Erreichen normaler anatomischer Verhältnisse.

Das **Abtasten** des Bauches gibt einen Eindruck von der Lage und Ausdehnung der *Leber und Milz*. Daneben können durch die weichen Bauchdecken hindurch Darmschlingen verhältnismäßig gut beurteilt werden.

In den Leistenbeugen, unter den Achseln, am Hinterkopf und im Kieferbereich werden die Größe und Vielfalt der Lymphknoten bestimmt. Druck auf die Wade läßt erkennen, ob (noch) Wasser im Gewebe steht. Diese Ödeme (s. S. 94) sind typisch für Frühgeborene, können aber auch bei größeren Säuglingen gelegentlich auf mangelhafte Herz-Kreislaufleistung, Nierenprobleme oder Mineralstörungen hinweisen.

Die Nieren sind in der Regel nicht zu tasten, weil sie zu tief im Bauch liegen. Mit Hilfe der Ultraschalluntersuchung läßt sich zuverlässig feststellen, ob sie in Ordnung sind, oder ob Kontrollen notwendig werden.

Das **Abhören** des Brustraumes verfolgt zwei Ziele: Über der *Lunge* läßt sich meistens ein seitengleiches »reines« Atemgeräusch auskultieren. »Brummen« oder »Giemen« zeigen an, daß noch Sekrete in den Atemwegen sind.

Das Herz schlägt im »Zweiertakt«. Bei der Auskultation hört man typischerweise zwei normale Klappengeräusche. Zwischentöne sind allerdings bei Säuglingen nicht selten. In fast allen Fällen handelt es sich dabei um harmlose Nebengeräusche. Das liegt an den Verwirbelungen, die beim Pumpen der relativ großen Blutmenge durch das kleine Herz erzeugt werden. Die Geräusche verschwinden, wenn die Kinder wachsen. Sicherheitshalber kann aber die Ultraschalluntersuchung des Herzens (Echokardiographie) durchgeführt werden. Bei bestimmten Zwischentönen – insbesondere in Verbindung mit Frühgeburtlichkeit, Atemproblemen, starkem Schwitzen mit Trinkschwierigkeiten oder Gedeihproblemen – müssen allerdings ein PDA (s. S. 182) oder ein echtes Herzproblem (s. S. 190f.) ausgeschlossen werden.

Die Fontanelle ist eine rautenförmige Knochenlücke auf dem Schädeldach. Sie besteht aus derbem Bindegewebe und ist sehr widerstandsfähig. Sie können sie gefahrlos anfassen und betasten. Man spürt deutlich die Gefäßpulsationen der Hirngefäße.

Normalerweise steht die Fontanelle im Niveau, d.h. Knochen und Bindegewebe bilden eine Fläche. Schreit das Kind, dann wölbt sich die Fontanelle kurzzeitig durch die Druckerhöhung beulenartig hoch. Auch das ist normal.

Die Fontanelle ist neben dem »Hautfaltentest« ein guter Anzeiger für den Flüssigkeitsstand im Körper. Steht sie dauerhaft unterhalb des Knochenniveaus, so deutet das in Verbindung mit weiteren körperlichen Befunden (Hautfältelung, tiefliegende Augen, geringe Aktivität, abnehmende Urinausscheidung) auf einen Flüssigkeitsmangel (s.o.). Umgekehrt weist eine dauerhaft(!) hervorgetretene Fontanelle in Verbindung mit ungewöhnlichem Verhalten wie Wimmern, Schläfrigkeit und heftigem Erbrechen auf eine Druckbelastung des Gehirns hin. Die Ultraschalluntersuchung durch die Fontanelle ermöglicht auch in Zweifelsfällen die Diagnosestellung. Die Größe der Fontanelle schwankt beträchtlich. In der Regel ist das kein Krankheitszeichen. In seltenen Fällen kann es aber auf eine Unterfunktion der Schilddrüsen hinweisen. Der TSH-Test* vermag die Situation zu klären.

Die Prüfung der Nerventätigkeit hat besondere Bedeutung bei jeder Vorsorgeuntersuchung. Viele *Säuglingsreflexe* sind *altersabhängig*. Das heißt, sie sind nur während bestimmter Lebensphasen nachweisbar, um dann wieder zu verschwinden. Das »Kommen und Gehen« ermöglicht eine gute und genaue Beurteilung der normalen Säuglingsentwicklung.

Bewegungsgeschmeidigkeit, Mimik und spontane Bewegungsfreude ergänzen die Befundung.

Leichtes Bestreichen der Fußsohlen löst z.B. während des ersten Lebensjahres ein Spreizen der Zehen aus. Anschließender Druck auf die Zehballen krallen sie wieder zusammen (Plantargreifreflex). Bestreicht man in schwebender Bauchlage die Wirbelsäule von oben nach unten, so führt das über eine Reizung der Rückenmuskeln zur Biegung der Wirbelsäule auf die Seite, welche gerade getestet wird (Galant Reflex). Der Reflex ist nach dem 3. Lebensmonat nicht mehr nachweisbar. Nach der Geburt läßt sich aber mit seiner Hilfe gut beurteilen, ob das Nervenkostüm »seitengleich« reagiert.

---

* Siehe Brüggemann, Vorsorgeuntersuchungen TRIAS

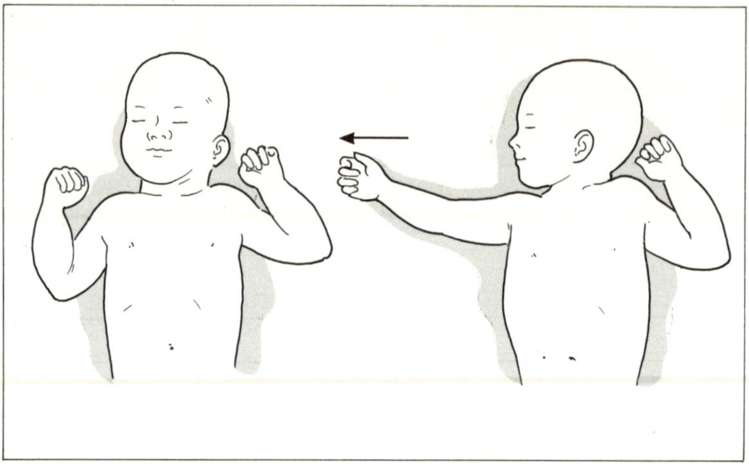

Abb. 23 Asymetrischer Nackenreflex (ATNR).

Ein interessanter Reflex, der das »Kommen und Gehen« frühkindlicher Reflexe zeigt, ist der sog. ATNR (asymmetrisch tonischer Nackenreflex). Er ist von der Geburt bis zum 4. Lebensmonat nachweisbar.

Wie die Abbildung zeigt, führt eine Drehung des Kopfes zur Seite zu der sog. Fechterstellung. Der »angeschaute« Arm wird gestreckt, während der abgewandte Arm hinter den Kopf genommen wird.

Nicht immer sind die Reaktionen auf Reizungen so demonstrativ wie in der Abbildung dargestellt zu beobachten. Es ist für Sie wichtig zu wissen, daß das auch nicht nötig ist. Beim ATNR reicht z.B. die angedeutete Beugung des abgewandten Armes. Die Streckung der entgegengesetzten Extremität ist häufig gar nicht nachweisbar.

Trotzdem macht gerade dieser Reflex deutlich, wie wichtig sein Verschwinden nach gewisser Zeit wird. Wenn z.B. ein Gegenstand in der Hand sich jedesmal vom Gesicht entfernen würde, sobald er angeblickt wird, kann sich jeder ausmalen, wie frustrierend das auf die Dauer sein würde. Neugieriges Entdecken der Umgebung und Experimentierlust sind unter diesen Umständen kaum noch zu erwarten. Die weitere Entwicklung geriete ernsthaft ins Stocken.

Das abgestimmte, altersgemäße Reflexverhalten zusammen mit der Verfeinerung aller Sinnesqualitäten ermöglicht es dem Säugling, immer größere Kreise zu ziehen, seinen Horizont zu vergrößern und die Welt zu entdecken.

Ab dem 5. Monat ist z. B. als Vorbereitung auf das Krabbeln die Abstützreaktion nachweisbar. Aus der Bauchlage heraus stützt sich der Säugling zunehmend auf seine Hände. Vorher ist eine solche Bewegung nicht nötig. Um z. B. eine Rassel »in den Griff zu bekommen«, muß er neben Greifen zugleich aber auch gut sehen und hören können. Will er das »Ding« genau erforschen, dann muß er es auch schmecken, d. h. in den Mund stecken können. Folglich muß der oben angesprochene ATNR verschwunden sein.

Die regelmäßige Nachsorge auch nach der Entlassung deckt schon kleinste Verzögerungen nach kurzer Zeit auf. Krankengymnastische Behandlung bei »steifen« Kindern (Hypertonie) oder gezielte Aktivierung von eher »weichen«, schlaffen Kindern (floppy infants, Hypotonie) helfen den meisten Säuglingen in dieser Periode weiter, nicht den Anschluß zu verlieren.

Kinder nach einer Intensivtherapie oder längerer Krankheit im Neugeborenenalter sollten daher in ein monatliches spezielles Vorsorgeprogramm aufgenommen werden. Sie als Eltern sollten offen mit Ihrem(r) Kinderarzt(ärztin) darüber sprechen.

Wenn Sie vielleicht das Gefühl haben, es müsse mehr gemacht werden und verstehen nicht, warum die Ärzte zögern, dann müssen Sie wissen, daß es sog. Durchgangssyndrome gibt. Das Kind zeigt dabei kurzzeitig abweichende Reaktionen, die sich aber bei der Untersuchung 4 Wochen später nicht mehr nachweisen lassen.

Da jede Therapie in die »Eigenentwicklung« des Kindes mehr oder weniger unsanft eingreift, will also genau überlegt sein, ob eine Zusatzbehandlung nötig ist oder ob noch abgewartet werden kann.

Seien Sie versichert, daß der Kinderarzt die gleichen Ziele auf seine ärztliche Art verfolgt wie Sie als Eltern. Alle wollen nur, daß ehemalige Risikopatienten ohne Probleme groß werden. Wie und in welcher Form dazu Unterstützung notwendig wird, hängt – wie sollte es anders sein – von jedem Kind individuell ab.

Zusammenfassung

1. Jedes ehemalige Risikokind, das entlassen wird, bekommt seinen individuellen *Nachsorgeplan* mit nach Hause.

2. Setzen Sie sich nach der Entlassung als Eltern bitte umgehend mit Ihrem(r) Kinderarzt(ärztin) in Verbindung. Besser noch, Sie sprechen *vor der Entlassung* mit dem Arzt Ihres Vertrauens. Der kann sich dann bei der Klinik informieren, und mit den behandelnden Ärzten Details Ihres Kindes gezielt besprechen.

3. Bitten Sie bei Entlassung um einen *Kurzarztbrief*, aus dem die wichtigsten Diagnosen und Untersuchungsergebnisse hervorgehen. Bis der endgültige Arztbrief geschrieben ist, dauert es oft mehrere Wochen. Überlastung und knappes Personal sind – wie Sie sicher selbst festgestellt haben – auf Neugeborenenstationen die Regel.

4. Sollten Sie in Not sein und sich finanziell, pflegerisch oder menschlich überfordert fühlen, sprechen Sie unbedingt mit Ihrem Arzt. Es gibt unendlich viel Möglichkeiten, Sie zu entlasten. Ihr Arzt kennt Anlaufadressen und hilft Ihnen weiter, das Problem, das Sie belastet, zu lösen. Scheuen Sie sich nicht davor, die Dinge offenzulegen, Sie werden nicht geringer, sondern größer, wenn sie verschwiegen werden. Denken Sie daran: Jeder im medizinischen Bereich tätige Mitarbeiter – insbesondere der Arzt – hat Schweigepflicht.

5. Etliches läßt sich nicht sofort und gleich klären. Gut Ding will Weile haben. Es »brennt nichts an«, wenn ein paar Tage gewartet wird, bis klar ist, ob eine Untersuchung wirklich durchgeführt werden muß, oder ob sie eine unnötige Belastung für die Kinder darstellen. Aber sprechen Sie Ihr Unbehagen aus und lassen Sie sich die Zusammenhänge immer wieder erklären.

6. Die meisten Kinder überstehen eine Intensivtherapie bei guter Zusammenarbeit aller Beteiligten ohne Folgen. Sie werden gesund entlassen. Das gilt in noch höherem Maße für »nur« Überwachungskinder, also z.B. »große« Frühgeborene. Engmaschige Nachkontrollen erhöhen die Sicherheit. Angeordnete krankengymnastische Übungen in der Nachsorge bedeuten nicht, daß die Kinder »Spastiker« werden oder unter dauerhaften Bewegungsproblemen leiden, sondern gezielte Frühförderung wirkt im Gegenteil leistungsfördernd, aufbauend und entwicklungsstimulierend. Es unterscheidet sich in dieser Beziehung kaum vom Sportler-Training.

Ratschläge von allen Seiten

Weit vor der Geburt haben Sie sicher überlegt, wo das Baby schlafen soll, wie Sie ernähren wollen oder was Sie zur Pflege benötigen. Solange niemand eingeweiht ist, können Sie in Ruhe überlegen. Nach der Bekanntgabe Ihrer Schwangerschaft setzt jedoch ein liebenswürdiges Phänomen ein: Von verschiedenen Seiten wird man Ihnen die Vorzüge dieser oder jener Bettausstattung nahebringen und fachmännisch die Vor- oder Nachteile verschiedener Wickelkommoden erklären. Die Großeltern, Freunde und Bekannte werden zu Schlafexperten, wenn es um die Frage geht: Körbchen, Wiege oder Kinderbett? Manche Wohnungen gleichen einem »second hand shop« für Babykleidung. (Nur wenn man etwas braucht, ist es gerade in der Wäsche.)

Die Welt scheint voll von Sachverständigen für Windel- und Wickelfragen zu sein. Sie sind zwar selten einer Meinung, aber das steigert die Diskussionsbegeisterung meistens nur noch.

Ob, wie, wo oder wann man besser Cremes statt Puder nehme, ist Gegenstand heftiger Debatten.

Nach der Entlassung verlagern sich die Themen: Verschiedene Tees gegen Blähungen werden überzeugend als wahre Wundermittel angepriesen, wogegen wiederum eine Minderheit heftig die Wirkung dieser Methoden bestreitet und auf Baden schwört. Der nächste verkündet freudig, daß alles mit Musik viel einfacher sei, hätte man ihn nur eher gefragt, dann wären wahrscheinlich nie Probleme aufgetreten. Im übrigen sei klassische Musik das Rezept schlechthin. Es helfe gegen Verstopfung ebensogut wie gegen Unruhe. Selbstverständlich bleibt das nicht unwidersprochen. Man müsse schon unterscheiden zwischen Brahms, Bach und Vivaldi.

Weitere Spannungen liegen in der Luft, wenn behauptet wird, jedes Baby – das sei klar erwiesen – müsse xmal am Tag trinken ($x = 1–10$), allerdings dürfe die Raumtemperatur y°C nicht überschreiten ($y = 15, 16, 17, 18, 19 \ldots$). Die Beispiele ließen sich beliebig fortsetzen.

Leider hat die intensive Auseinandersetzung meist zur Folge, daß nichts mehr klar ist. »Sollen wir nun das tun, wozu die Großeltern geraten haben oder jenes, worauf die Freundin schwört?« So oder ähnlich lauten die Fragen, die in der Praxis zu Beginn gestellt werden.

Die gutgemeinten Ratschläge sind deshalb so unterschiedlich, weil jeder mit seinen Kindern eigene Erfahrungen gesammelt hat. Irgendwann haben sich bestimmte Vorgehensweisen als hilfreich bewährt. Sie gelten aber nur für das einzelne Kind und nicht für alle Säuglinge. Daher ist es auch nicht verwunderlich, wenn die Zahl der Tips ähnlich hoch sein dürfte wie die Geburtenrate. Hinzu kommt eine Vielfalt von Umgebungssituationen, die es unmöglich machen, generelle Aussagen über »richtig oder falsch« zu treffen. Es gibt Babys, die das Baden lieben und andere, die Wasser gar nicht mögen. Die meisten Babys beruhigen sich auf dem Arm der Mutter, es gibt aber auch andere, bei denen das nur durch Bauchmassage gelingt, oder wenn sie auf dem Bauch in ihrer Wiege liegen. Es soll sogar Kinder geben, die sich durch Vibrationen auf einer schleudernden Waschmaschine beruhigen lassen...

Welchen Rat also soll man Ihnen geben?

Vergleiche mit anderen und gutgemeinte Ratschläge von allen Seiten sind nicht immer zutreffend für Ihr Kind. Probieren Sie das, wovon Sie glauben, es sei im Augenblick das Beste für Ihr Kind. Fragen Sie Ihren Kinderarzt oder Ihre Kinderärztin, wenn Sie sich unsicher sind.

Einige Vorurteile sind dennoch erwähnenswert:

Das Gerücht, Schreien sei ›gut für die Lunge‹ und man solle die Babys deshalb ruhig brüllen lassen, um sie nicht zu verwöhnen, ist (zumindest für die Zeit des Stillens) falsch. In der frühen Säuglingszeit wird die Basis für späteres Partnerschaftsverhalten geprägt. Je größer das Urvertrauen, sich auf den Partner verlassen zu können, desto einfacher gestaltet sich später auch das »Zugehen« auf andere Menschen. Das Gefühl, sich auf jemanden verlassen zu können und nicht ständig mißtrauisch sein zu müssen, findet seine Wurzeln in frühester Säuglingszeit (und noch früher). Es langt, wenn mit der eigentlichen Erziehung langsam mit etwa ½ Jahr begonnen wird.

Nicht richtig ist auch die gelegentlich verbreitete Meinung, Genitalien dürfte man nicht waschen. Lediglich das Zurückstreifen der Vorhaut sollte unterlassen werden. Das kann zu Narbenbildung und späteren Erektionsproblemen führen. Die Vorhaut löst sich im frühen Kleinkindesalter unter Einfluß von vermännlichendem Hormon (Testosteron) von selbst.

Ebenso falsch ist die Behauptung, ein Neugeborenes muß alle 4 Stunden trinken. Jedes Baby besitzt seinen ureigenen Rhythmus. Die meisten Kinder trinken zwar von sich aus etwa 6–7mal in 24 h. Ein anderes Verhalten ist jedoch keineswegs krankhaft, sondern zunächst nur der Ausdruck einer persönlichen Verhaltensweise.

Aus dem gleichen Grund haben die Kinder auch keinen starren Schlafrhythmus und müssen keineswegs 16 oder mehr Stunden am Tag schlafen. Ein Baby schläft dann ausreichend, wenn es in den Wachphasen aktiv ist, zufrieden wirkt, gut saugt und mit der Zeit immer neugieriger wird.

Aktivität, Neugierde und Kommunikationsfreude sind Ausdruck einer guten Entwicklung.

Ämter, Termine und Finanzielles

1. Bis spätestens 4 Wochen nach der Geburt muß Ihr Baby mit einem Vornamen beim Standesamt des Stadtteils oder Bezirkes urkundlich angemeldet werden, in dem das Krankenhaus liegt.

2. Der Nachname Ihres Kindes wird von den Eltern bestimmt. Bei unverheirateten Partnern liegt die Erziehungsberechtigung bei der Mutter. Trotzdem sind die Väter nicht rechtlos!

3. Ab dem Zeitpunkt der Mitteilung Ihrer Schwangerschaft an den Arbeitgeber bis zu 4 Monaten nach der Geburt besteht grundsätzlicher Kündigungsschutz. Nehmen Sie Erziehungsurlaub, verlängert sich die Spanne auf max. 36 Monate (s. u.).

4. Kindergeld wird entweder beim Arbeitsamt beantragt oder für Mitarbeiter des öffentlichen Dienstes direkt beim Arbeitgeber.

5. Während der ersten 2 Jahre haben Mütter oder Väter in jedem Fall Anspruch auf Erziehungsgeld. Anträge müssen schriftlich eingereicht werden. Je nach Bundesland sind zuständig: Jugendamt (Berlin, Brandenburg, Rheinland-Pfalz), Versorgungsamt (NRW, Bayern, Hessen, Saarland, Schleswig-Holstein, neue Bundesländer), Landeskreditbank (Baden-Württemberg), Sozialamt (Bremen), Bezirksamt (Hamburg) oder die Landkreisämter (Niedersachsen).

Einige Punkte müssen von Ihnen beachtet werden:
- Die Erziehung wird von einem Elternteil selbst übernommen.
- Das Kind lebt in dem Haushalt des Erziehenden.
- Bei Unverheirateten kann nach Zustimmung der Mutter auch der Vater die Erziehung übernehmen. Das Kind muß aber dann im gemeinsamen Haushalt oder beim Vater leben.
- Der/Die Erziehende arbeitet weniger als 19 Stunden/Woche.
- Es erhält jeweils nur eine Person Erziehungsgeld.

- Eltern können sich auf Antrag nach freiem Zeitrahmen die Ansprüche einteilen, ein dreimaliger Wechsel ist möglich.
- Rückwirkend gilt ein eingereichter Antrag sechs Monate.
- Das Erziehungsgeld beträgt unabhängig vom Einkommen für die ersten sechs Monate 600 DM, danach staffelt es sich nach dem Einkommen des vorletzten Jahres. Es entfällt,
  wenn Verheiratete DM 29400 + 4200 × (Anzahl Kinder) und
  Ledige DM 23700 + 4200 × (Anzahl Kinder)
  verdient haben.
- Wird nach sechs Monaten vom Arbeitnehmer gekündigt, dann entfällt die Staffelung.
- Anspruch auf Erziehungsgeld haben auch Adoptiv- und Pflegeeltern.
- Das Erziehungsgeld gilt für jedes Baby, Zwillingseltern erhalten also im ersten halben Jahr DM 1200.
- Wird ein weiteres Kind in dem Zeitraum geboren, gelten die gleichen Bestimmungen. Es besteht also erneuter Anspruch auf Erziehungsgeld bis zum zweiten Geburtstag.

6. Berufstätige Mütter, die Mitglied in einer gesetzlichen Krankenkasse sind, erhalten 6 Wochen vor bis 8 Wochen nach der Geburt ein Mutterschaftsgeld von ihrer Kasse in Höhe von max. DM 775 pro Monat.

- Die Höhe richtet sich im einzelnen nach folgender Formel

$$\frac{\text{(Einkommen – gesetzliche Abzüge) d. letzten drei Monate} \times 3}{\text{Zahl der Arbeitstage der letzten drei Monate}}$$

- Ist der Nettolohn höher, dann zahlt der Arbeitgeber die Differenz, so daß keine Einkommenseinbußen entstehen.
- Arbeitslos gemeldete Personen haben ebenfalls Anspruch.
- Bei Frühgeburten erhöht sich die Zeit auf total 20 Wochen (6 Wochen vor und 12 Wochen nach der Geburt)
- Für diese Zeit gilt Beitragsfreiheit für alle Sozialversicherungen.

7. Mutterschaftsurlaub gilt parallel zu den oben angesprochenen Zeiten. Erziehungsurlaub kann nach der Geburt bis zum dritten Geburtstag beantragt werden.

- Erziehungsurlaub kann nach freier Wahl von beiden Elternteilen (nach der Mutterschaftsfrist) in Anspruch genommen werden.
- Während des Erziehungsurlaubes besteht Kündigungsschutz.
- Während des Erziehungsurlaubes kann max. 19 Stunden/Woche beim bisherigen Arbeitgeber gearbeitet werden. Der muß allerdings damit einverstanden sein.

– Der Erziehungsurlaub muß 4 Wochen vor Antritt schriftlich beantragt werden. In dem Schreiben muß die voraussichtliche Dauer angegeben werden.
– Nach Rückkehr besteht Anspruch auf eine Arbeitsstelle, die qualitativ der alten Stelle entspricht, nicht jedoch auf den alten Arbeitsplatz.

8. Bei Krankheiten Ihres Kindes, die eine elterliche Betreuung notwendig machen, zahlt die Krankenkasse bei berufstätigen Eltern für insgesamt 10 Tage im Jahr den Arbeitsausfall. Mütter und Väter können sich die Betreuung teilen. Alleinerziehende haben Anspruch auf 20 Tage.

9. Übernehmen die Großeltern die Erziehung des Enkelkindes, werden 3 Jahre auf die Rentenanwartschaft angerechnet.

(sämtliche Angaben nach bestem Wissen, allerdings ohne Gewähr)

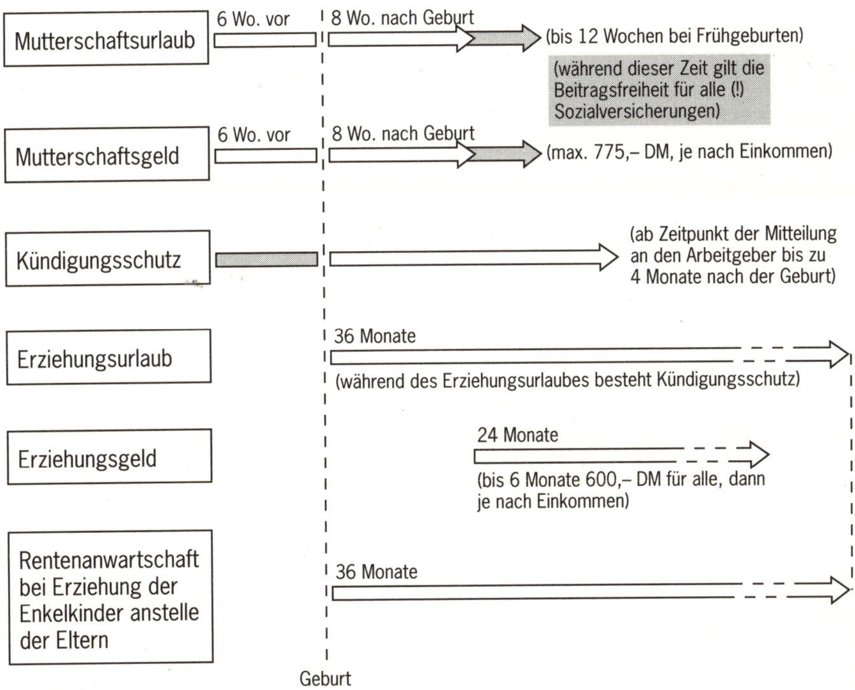

Abb. 24

Der spezielle Teil

Krankheiten, Komplikationen und Grenzen bei der Betreuung von Neu- und Frühgeborenen

Vorgeburtliche schädigende Einflüsse

Für mehr als 80 Prozent aller Entwicklungsstörungen lassen sich keine eindeutigen Ursachen finden.

Ionisierende Strahlen aus verdeckten radioaktiven Quellen, verkappte Medikamente in Nahrungsmitteln, Umweltgifte, verborgene unbekannte Schwangerschaftsinfektionen und der übermäßige Konsum von Genußmitteln (Alkohol) dürften aber eine wesentliche Rolle spielen. Bei zu großer Einwirkung schädigender Einflüsse »schützen« alle Lebensformen ihre Art nicht selten durch Abort oder Fehlgeburt.

Befruchtungsphase (0.–1. Tag)

Nach der Verschmelzung von Samen und Eizelle entsteht nach dem Zufallsprinzip aus gleichen mütterlichen und väterlichen Erbanlagen eine neue Persönlichkeit.

Die Erbinformationen – in den Erbkörperchen (Chromosomen) codiert – werden ab jetzt bei jeder Zellteilung weitergegeben. Fehler in der Erbsubstanz führen zu Erbkrankheiten. Diese Erbkrankheiten können bereits seit Generationen immer wieder weitergegeben worden sein (z. B. Thalassämie, Bluterkrankkeit), oder spontan infolge schädigender Einflüsse (s. o.) zum ersten Mal auftreten. Sie äußern sich in rein körperlichen Problemen (z. B. Mucoviszidose) und/oder zusätzlichen geistigen Handicaps (z. B. Mongolismus). Da im Fruchtwasser Zellen des Kindes schwimmen, lassen sich mit Hilfe der *Fruchtwasseruntersuchung* bereits in der Frühschwangerschaft eine Vielzahl von Erbstörungen nachweisen.

Keimentwicklungsphase (1.–15. Tag)

Wesentliches Kennzeichen dieser Periode ist die fortlaufende Teilung der befruchteten Zelle. Schädigende Einflüsse in dieser Periode führen entweder zum *Fruchttod*, die eine verstärkte oder verspätete Periodenblutung nach sich zieht, oder es kommt zu den seltenen *Fehlbildungen in der Körpergrundgestalt*, wie sie bei siamesischen Zwillingen beobachtet wird.

Embryonalphase (15. Tag–3. Monat)

Dieser Zeitraum ist geprägt durch die Einnistung der vorhandenen Zellen in die Gebärmutter, der Ausbildung des Mutterkuchens und der beginnenden Spezialisierung zu Organzellen, so daß am Ende des 3. Monats alle Körperanlagen vollständig nachweisbar sind. Schädigungen, die in dieser Periode auftreten, werden in ihrer Gesamtheit als **Embryopathien** bezeichnet.

Da die Organe sich, wie oben angedeutet, in dieser Zeit ausprägen, zeigen Kinder mit Embryopathien *Fehlbildungen in einzelnen Organen* wie Zystennieren oder Herzfehlbildungen. Infolge Medikamenteneinfluß kam es bei der Contergan-Katastrophe zu fehlender oder nicht abgeschlossener Arm- und Fingerausprägung. Die Rötelninfektion verursacht je nach Zeitpunkt des Auftretens in der Frühschwangerschaft Schäden an Auge, Ohr und Gehirn (Gregg-Syndrom oder Rötelnembryopathie, S. 150).

Der offene Rücken (s. S. 196) ist eine Verwachsungsstörung des Rückenmarks, die in dieser Phase der Schwangerschaft auftritt.

Fehlbildungen ab diesem Zeitraum führen entweder zum Abort oder nicht selten zu einer Frühgeburt.

Fetalphase (3. Monat–Geburt)

Die *Ausreifung der Organe* und das Wachstum sind wesentliche Kennzeichen dieser Zeit. Krankheiten, die der Fetus in dieser Spanne durchmacht, bezeichnet man als **Fetopathien**.

Da inzwischen die Plazenta ihre volle Funktionsfähigkeit erworben hat, und das wachsende Kind ebenfalls erste Widerstandskräfte gewinnt, ist die Krankheitsanfälligkeit merklich geringer als in den ersten Schwangerschaftsmonaten. Die bedeutsamsten Ursachen für Fetopathien sind Infektionen.

Sie sollen im folgenden, ab der nächsten Seite, näher besprochen werden.

Infektionen des Ungeborenen (pränatale Infektionen)

Die Plazenta ist ein hochspezialisiertes Organ. Ihre Hauptaufgabe ist neben der Energieversorgung des Ungeborenen das *Abwehren von schädigenden Einflüssen*. Der Mutterkuchen verhält sich wie ein »aktiver Filter«, der bestimmt, wer oder was zu welchem Zeitpunkt passieren darf. Ab dem fünften Schwangerschaftsmonat ist diese Barriere voll ausgereift. Ab jetzt sind nur noch wenige Mikroorganismen in der Lage, durch die »Maschen« zu schlüpfen.

Man bezeichnet sämtliche Infektionen des Ungeborenen als **pränatale Infektionen**. Einige Erreger können eine Frühgeburt auslösen (Hepatitis, CMV, Toxoplasmose, Lues), andere wiederum schädigen den Feten, ohne daß eine Frühgeburt erfolgt.

Tab. 9 Häufigkeit sichtbar angeborener (pränataler) Infektionen

Krankheit	Zahl pro Jahr	Wirkung
Röteln	~75	schwere Fehlbildungen
Cytomegalie	~500	typische Symptome
Toxoplasmose	~200	typische Symptome
Hepatitis B	~100	vielfach symptomlos
AIDS	~100+(?)	letztendlich tödlich
Windpocken	~50	gefährlich unter d. Geb.
Ringelröteln	?	Hydrops. Fruchttod

Eltern müssen wissen, daß die Auseinandersetzung mit den oben genannten Erregern während der Schwangerschaft in der Regel nicht zu Problemen beim Kind führt, sondern vorhandene Abwehrstoffe im mütterlichen Blut (Antikörper) auch dem Kind Schutz bieten (Leihantikörper). Zudem ist die Plazentaschranke fast undurchdringlich.

Röteln

Frauen nach durchgemachter Krankheit oder nach Impfung besitzen Antikörper, die sie schützen. Gleichzeitig fangen die Abwehrstoffe bei jeder Neuinfektion auch während allen Schwangerschaften den Erreger ab, bevor er das Kind erreichen kann. Mit einer Ausnahme: Schwangere ohne Antikörper (seronegative Patientinnen) können das Virus in der Embryonalphase (s. o.) auf das Ungeborene übertragen. Es verursacht je nach Ansteckungszeitpunkt schwere Schäden an Augen, Innenohr, Gehirn und/oder Herz bzw. Darm.

Da sich jeder vor einer Schwangerschaft impfen lassen kann, ist die *Rötelnembryopathie* ein vermeidbares Risiko!

Um ganz sicher zu gehen, wird in der Frühschwangerschaft im Rahmen der *Schwangerenvorsorge* der Antikörperspiegel im sog. *HAH-Test* bestimmt. Ein sicherer Schutz ist vorhanden, wenn der Titer größer als 1:16 gemessen wird.

Die nachgewiesene *sichere Erst(!)infektion* innerhalb einer Frühschwangerschaft stellt eine Abtreibungsindikation dar.

Zytomegalie (CMV)

Im Gebärmutterhals läßt sich das *CM-Virus* in 10–30 Prozent nachweisen. Der hohe »Durchseuchungsgrad« garantiert in der Regel also schon eine Auseinandersetzung (mit Antikörperbildung) weit vor einer Schwangerschaft. Für das Kind besteht deshalb keine Gefahr, weil die Antikörper der Mutter an das Ungeborene ausgeliehen werden und es auf diese Weise schützen.

Bei ca. 1–2 Prozent aller Kinder läßt sich der Erreger dann auch im Urin nachweisen, ohne daß Symptome der Krankheit zu erkennen wären. Das Zytomegalievirus kann aber nach Erstkontakt während der Schwangerschaft – also bei nicht immunisierten Frauen – das Kind überfluten und eine typische Fetopathie (s. o.) hervorrufen.

Leider ist eine Ersterkrankung beim Erwachsenen nicht mit ausreichender Sicherheit am Erscheinungsbild zu diagnostizieren. Es gibt also kaum eine Möglichkeit, bei Schwangeren ohne Blutuntersuchung vorherzusagen, ob sie vielleicht gerade eine Zytomegalie durchmachen. Daher sichert erst der Nachweis von »Eulenaugenzellen« im Urin kranker und auffälliger Neugeborener die Diagnose. Die Zytomegalie-Fetopathie geht mit erhöhter Frühgeburtlichkeit einher. Die Erkrankung des Neugeborenen kann in drei Schweregrade eingeteilt werden:

1. Die *erscheinungsfreien (= asymptomatischen) Verläufe* überwiegen auch bei den Kindern.
2. Eine *milde Form der Erkrankung* zeigt sich an frühkindlicher Entwicklungsverzögerung, die bei guter Betreuung und Frühförderung innerhalb der ersten Lebensjahre aufgeholt wird.

3. Die *schwerste Form der Fetopathie* betrifft ca. 50–100 Kinder pro Jahr in Deutschland. Sie ist gekennzeichnet durch

neurologische Handicaps:	zu kleiner Kopf (Mikrozephalus)	40 Prozent
	Hirnkrämpfe	60 Prozent
	Hirnverkalkungen	15 Prozent
	Intelligenzdefekte	?
	Entwicklungsverzögerungen	100 Prozent
Taubheit Netzhautverkalkungen Hautausschläge		65 Prozent
Leber und Milzvergrößerungen		70 Prozent
verstärkte Gelbsucht		100 Prozent
Wachstumsverzögerungen im Mutterleib (»small f. date«)		65 Prozent

Insbesondere die Kombination: Frühgeburt, kleines Kind, starke Gelbsucht und neurologische Probleme bei zu kleinem Kopf, lassen nach der Geburt den Verdacht entstehen, daß eine **pränatale Zytomegalie** die Ursache sein könnte. Die Diagnose wird mit Hilfe von immunologischen Blutuntersuchungen gesichert.

Wie früher schon erläutert, bilden Menschen nach Kontakt mit gleich welchem Erreger Abwehrstoffe, so daß sie für die Zukunft gefeit sind. Die Antikörper schützen – da plazentagängig – im Prinzip bei jeder Schwangerschaft auch das Ungeborene (Leihimmunität). Leider funktioniert dieser Mechanismus bei einer CMV-Infektion nicht 100prozentig. Nach dem Prinzip »wer rastet, der rostet« kann eine lange zurückliegende Auseinandersetzung mit Zytomegalieviren den Immunitätsgrad so weit absenken, daß eine garantierte Schutzwirkung nicht mehr besteht. Da der Restbestand die Auswirkungen einer Neuerkrankung aber abschwächt, ist das Risiko einer Zweitfetopathie deutlich geringer. Eine Früherkennungsmethode, die bei allen Schwangeren durchgeführt werden könnte, gibt es zwar, sie wird aber zur Zeit nicht empfohlen. Ein Impfstoff ist nicht vorhanden.

Toxoplasmose

Der Toxoplasmoseerreger ist ein Parasit, der sich im Dünndarm von Katzen entwickelt. Aus dem Katzenkot nehmen über Staubverwirbelung die Katzen selber, oder Schafe, Hunde und Rinder (oder der Mensch) die Larvenform (Oozyten) auf. Die Muskulatur beherbergt den Erreger. Unzureichend erhitztes Fleisch infizierter Schlachttiere (Tartar) ist die Hauptinfektionsquelle für den Menschen. Infiziert sich eine bislang seronegative Schwangere auf diese Weise, so beträgt die Wahrscheinlichkeit ca. 50 Prozent, daß das Ungeborene erkrankt.

Je nach Zeitpunkt der Infektion lassen sich Früh- oder Spätzeichen nachweisen.

Tab. 10

Frühzeichen	Spätzeichen
Frühgeburt	Leber/Milzvergrößerung
Hirnverkalkung	Herzmuskelentzündung
Hydrozephalus (Wasserkopf)	Lungenentzündungen
Hirnentzündungen	
Netzhautveränderungen	
überwiegend Hirnstörungen	überwiegend »innere« Organe

Etwa ⅔ aller Toxoplasmose-Erstinfektionen erfolgen im letzten Schwangerschaftsdrittel. Da es eine Zeit dauert, bis sich Krankheitszeichen manifestieren, sind 90 Prozent aller betroffenen Kinder zum Zeitpunkt der Geburt am Termin erscheinungsfrei. Lediglich im Rahmen einer verstärkten Gelbsucht kann (zusammen mit anderen Ursachen) der Verdacht aufkommen. Blutuntersuchungen auf pränatale Infektionen, in ihrer Gesamtheit auch als TORCH-Infektionen (s. u.) bezeichnet, sichern oder entkräften den Verdacht. Da eine Impfung nicht möglich ist, gilt es, vorbeugende Prinzipien zu beachten: Händewaschen, Hände weg von rohem Fleisch, Meiden von Katzen für seronegative Frauen sowie keine Gartenarbeit ohne Handschuhe.

Hepatitis (infektiöse Gelbsucht)

Das Kürzel TORCH steht für

T = Toxoplasmose
»O« = »other« (z. B. HIV, Lues)
R = Röteln
C = Cytomegalie
H = Hepatitis.

Es kennzeichnet die häufigsten pränatalen Infektionen.

Zirka 500 Frauen erkranken während der Schwangerschaft an infektiöser Gelbsucht.

Hepatitis A (ca. 20 Prozent): Diese Form der Virus-Gelbsucht verursacht nach dem Stand des Wissens keine Schäden am ungeborenen Kind. Die Erkrankung ist gutartig, und heilt auch bei der Mutter folgenlos ab. Sie wird im klinischen Sprachgebrauch daher auch als »Leber-Schnupfen« bezeichnet.

Hepatitis B (ca. 50 Prozent): Das Hepatitis B Virus ist wesentlich aggressiver. Im letzten Schwangerschaftsdrittel kann auch noch nach jahrelang zurückliegender mütterlicher Erkrankung der Fetus infiziert werden. Es gibt Patientinnen, die den Erreger nach durchgemachter Leberinfektion trotz völliger Beschwerdefreiheit weiter in sich tragen. Bei diesen »Carrier Frauen« lassen sich im Blut sog. Oberflächen-Antigene (engl. Surface Anti-Gen) nachweisen, die Patientinnen sind HBsAg-positiv. Über den Mutterkuchen können diese gesunden Frauen ihre Kinder infizieren. Besitzen die Schwangeren genügend Abwehrkräfte (was in der Regel der Fall ist), dann fangen die Antikörper das Virus allerdings weit vor der Plazenta ab und bieten wirksamen Schutz (Häufigkeit: eins pro 1500 Schwangerschaften).

Der Hauptübertragungsweg HBsAg-Mütter auf ihre Kinder ist deshalb nicht der Blutweg via Plazenta, sondern die Ansteckung unter der Geburt, wenn mütterliches Blut in Kontakt mit dem Kind kommt (s. perinatale Infektionen, S. 158).

Die Erkrankung verläuft bei den Neugeborenen in der Regel ohne Symptome. Gelegentlich prägt sich, wie so oft bei TORCH-Infektionen, eine *frühzeitige Neugeborenengelbsucht* aus. Manchmal ist »nur« eine Lebervergrößerung zu tasten. Bei längerfristig schläfrigen oder trinkfaulen Kindern ist ebenfalls nach einer Hepatitis zu fahnden. Neugeborene von HBsAg-Müttern sollten sofort nach der Geburt geimpft werden. Da nicht immer nach Vorkrankheiten gefragt werden kann, wenn z. B. die Entbindung plötzlich und unvorbereitet kommt, sollten Mütter die betreuenden *Ärzte auf eine frühere Leberentzündung aufmerksam* machen.

Die *aktive Impfung gegen Hepatitis B* besteht aus einer dreimaligen Gabe von abgetöteten Virusbestandteilen nach vorbestimmtem Schema. Daneben werden dem Kind als Sofortschutz Konzentrate von Antikörpern gegen Hepatitis B verabreicht *(passive Impfung)*, um ein evtl. Fortschreiten der Leberentzündung zu verhindern. Es gibt noch andere Erreger der Virusgelbsucht (NonA-NonB- oder C-Hepatitis, D-Hepatitis), über die aber zu wenig Informationen bezüglich einer Neugeborenengefährdung vorliegen.

AIDS

Nach WHO (Welt-Gesundheitsorganisation) ist mit 40 Millionen infizierten Menschen bis zum Jahr 2000 zu rechnen.

In der Bundesrepublik schwanken die Zahlen zwischen derzeit etwa 50000 registrierten (datengeschützten) Personen und geschätzten 200000 Menschen. Die Anzahl infizierter Frauen beträgt etwa 10000 bis 20000. Geht man davon aus, daß die überwiegende Zahl im »gebärfähigen Alter«, also zwischen 20 und 45 Jahren alt ist, dann folgt daraus rein rechnerisch eine Wahrscheinlichkeit von etwa 100 infizierten Neugeborenen pro Jahr in Deutschland.

Abseits von allen Rechenexempeln, die wegen der unklaren Dunkelziffern spekulativ bleiben muß, zeigt sich dennoch ein deutlicher Trend: Die Zahl der HIV-infizierten Kinder steigt stetig an. HIV-positive Mütter infizieren *zu etwa 15 Prozent ihre Ungeborenen über den Mutterkuchen*. Daneben ist die Ansteckung durch *Blutkontakt während der Geburt* und über die *Muttermilch* möglich.

Da bis zur Jahrhundertwende bei realistischer Betrachtung kein Impfstoff zur Verfügung stehen wird, und alle Infizierten früher oder später an AIDS erkranken und sterben, muß HIV-positiven Frauen von einer Schwangerschaft abgeraten werden.

Wegen der Übertragung auf das Ungeborene sollte bei gesicherter HIV(Doppel)-Bestimmung der Schwangerschaftsabbruch ausführlich diskutiert und erwogen werden. Die Doppelbestimmung im Abstand von wenigen Monaten ist deshalb so wichtig, weil eine HIV-positive Mutter nur die Antikörper übertragen haben kann, ohne daß das Virus auf das Kind übergeht! Im Säuglingsalter werden die Leihantikörper vom Kind abgebaut, es wird HIV-seronegativ, oder anders ausgedrückt: Der Säugling ist nicht

AIDS-gefährdet. Dauerhaft HIV-positive Kinder hingegen sind angesteckt und bekommen AIDS. Die Hälfte von ihnen stirbt im ersten Lebensjahr.

Eine Übertragung des Virus von einem HIV-positiven Kind auf seinen HIV-negativen Vater oder Geschwisterkinder ist bei normalem Umgang nicht zu erwarten. Auch durch Tröpfchen- oder Schmierinfektionen ist kein Übertritt möglich. Ebensowenig stellt die gemeinsame Benutzung des gleichen Tellers bei Geschwisterkindern einen Übertragungsweg dar. Es gibt daher keinen Grund, HIV-positive Neugeborene wie »Aussätzige« zu behandeln. Vielmehr bedürfen sie wegen ihres unausweichlichen Schicksals einer besonderen Zuwendung und Pflege.

Aus Gründen der Fairneß sollten Mütter, die sich nicht sicher sind, oder bereits wissen, daß sie HIV-positiv sind, Pflegepersonal und Ärzteschaft davon in Kenntnis setzen. Die haben Schweigepflicht und werden diese auch nicht gegenüber Dritten aufgeben.

Es darf aber nicht sein, daß die Infektion sich deshalb weiter ausbreitet, weil auch noch die betroffenen Personen das Virus »schützen« und damit andere gefährden. Der (die) Erreger ist heimtückisch genug!

Windpocken

In der *Frühschwangerschaft* können Windpocken dann Fehlbildungen beim Ungeborenen hervorrufen, wenn die Mutter keine Antikörper gegen dieses Virus besitzt. Da in Deutschland jedoch mehr als 95 Prozent bereits Windpocken in ihrer Kindheit durchgemacht haben, ist aber im Gegensatz zu Röteln die Wahrscheinlichkeit einer Fruchtschädigung sehr gering. Eine Unterbrechung der Schwangerschaft ist deshalb nicht angezeigt. Sollte sich eine schwangere Patientin mit Windpocken infiziert haben – und ausnahmsweise keinen Schutz besitzen –, kann das Ungeborene innerhalb von 72 Stunden nach dem Kontakt sicher durch eine passive Impfung mit einem Antikörper-Konzentrat geschützt werden.

Die Windpockenerkrankung unmittelbar vor der Entbindung ist ein seltenes, dafür aber wesentlich größeres Problem:

Infiziert sich die Mutter *ca. 1–4 Wochen vor der Geburt*, dann verläuft die Erkrankung beim Kind in der Regel harmlos, da die Abwehrstoffe der Mutter lange genug Zeit hatten, sich zu bilden und damit »leihweise« auch das Kind zu schützen.

Erfolgt die *Entbindung jedoch etwa zeitgleich mit dem Auftreten der typischen Wasserbläschen*, so wird das Kind überflutet. Ohne ausreichende mütterliche Antikörper kann es sich dann kaum verteidigen. Besteht der Verdacht einer Ersterkrankung an Windpocken, deren Ausbruch zum Geburtstermin zu erwarten ist, dann muß die Geburt in einem perinatologischen Schwerpunktkrankenhaus erfolgen. Genaue Beobachtung und im Zweifelsfall sofortige passive Impfung sind in der Nachfolgeperiode notwendig.

Ringelröteln

Ringelröteln sind im Kindesalter eine harmlose Erkrankung. Sie werden verursacht durch eine Infektion mit dem Parvovirus B 19. Die Erkrankung hat also nichts mit den »klassischen« Röteln zu tun.

Es häufen sich die Berichte, wonach Ungeborene von Schwangeren ohne Abwehrstoffe im Mutterleib eine hochgradige Blutarmut entwickeln können. Diese Anämie des Ungeborenen schädigt Blutgefäße. Diese werden porös und lassen die Blutflüssigkeit (Plasma) austreten. Das wird im Ultraschallbild während der Schwangerschaftsvorsorge sichtbar durch eine kissenartige Aufblähung des Feten (Hydrops fetalis). Da das in der Regel langsam geschieht, kann im Rahmen der Vorsorge eine zunehmende Anämie gut verfolgt werden. Im Zweifelsfall muß dann vor der Krise eine intrauterine Transfusion die zerstörten roten Blutkörperchen ersetzen.

Die Bestimmung des Antikörperspiegels in der Frühschwangerschaft sowie die Impfung wären denkbar, scheitern aber an Kostengründen.

Infektionen des Neugeborenen (Perinatale Infektionen)

Eine Ansteckung unter der Geburt mit Bakterien, Pilzen oder Viren bezeichnet man als **perinatale Infektionen**. Sie sind viel häufiger als die oben besprochenen vorgeburtlichen Infektionen.

Das Neu- oder Frühgeborene *infiziert sich dabei mit Keimen der Scheidenflora*, die »physiologischerweise« den Geburtskanal besiedeln und daher für die Mutter harmlos sind. Manche der Mikroorganismen stellen aber leider eine Gefahr für das gerade geborene Kind dar (s. Amnioninfektionssyndrom, S. 161).

Bis zu 10 Prozent aller Neugeborenen werden durch Vaginalkeime bei der Geburt infiziert. Es ist wichtig sich klarzumachen, daß nicht jede Besiedlung automatisch auch *Erkrankung* bedeutet. Fehlende Abwehrkräfte, Streß oder Geburtsgewicht sind für die Ausbreitung von Erregern ebenso von Bedeutung wie Art, Menge und Aggressivität des Bakteriums. Ob ein Mikrobenbefall zur Krankheit wird, läßt sich nur durch Beobachtung des Babys und Messung verschiedener Tests zuverlässig und vor allen Dingen rechtzeitig feststellen.

Tab. 11 Perinatale Infektionen

Erkrankung	Zahl/Jahr	Wirkung
Chlamydien	~ 10 000	Augenlidinfektionen selten Lungenentzündungen
B-Streptokokken	~ 1000	Lungenentzündungen seltener Blutvergiftungen
Staphylokokken	?	eitrige Hautveränderungen seltener Blutvergiftungen
E. coli Bakterium	?	Harnwegsinfekte u. a. seltener Blutvergiftungen
Pilzinfektionen		
Cytomegalie	~ 10 000	
Herpes Virus 2	~ 150	Hirnhautentzündungen sehr selten Blutvergiftung

Chlamydien

C. sind virusartige Mikroorganismen, die bei etwa jeder 7. Schwangeren im Vaginalsekret nachweisbar sind. 50–75 Prozent der Frauen besitzen Antikörper, die über die Plazenta auf das Ungeborene übertragen werden und es schützen. Nach Geburten ohne Abwehrschutz erkrankt etwa die Hälfte aller Kinder mit den typischen Symptomen Lidödeme und Bindehautentzündung in einem Zeitraum von 3–14 Tagen. Setzt sich der Keim im Rachen fest, dann kann sich – insbesondere bei Frühgeborenen – bis etwa 3 Wochen nach der Entbindung auch eine Chlamydien-Lungenentzündung ausprägen.

Da eine *Augenentzündung* auch durch bakterielle Erreger wie z. B. Gonokokken, Staphylokokken, Hämophilus, E. coli und andere »Krankmacher« hervorgerufen wird, andererseits auch Virusinfektionen Augenreizungen nach sich ziehen, muß bei sichtbarer Verquellung der Augen eine genaue Diagnostik durchgeführt werden:

- Abstrichuntersuchung von beiden Augen, Nase und Rachen
- Blutuntersuchung zum Nachweis von Antikörpern.

Nach Diagnosestellung »Chlamydieninfektion« werden die Augen mit Antibiotikatropfen lokal behandelt. Bei Frühgeborenen muß im weiteren Verlauf auf Zeichen für eine beginnende Lungenentzündung geachtet werden. Die zwingt dann zu einer mehrwöchigen Antibiotikatherapie.

Herpes simplex Typ II (HSV2)

Die Ansteckung des Neugeborenen erfolgt gewöhnlich unter der Geburt. Das Kind infiziert sich also im Geburtskanal. Besteht bei der Mutter eine vaginale Erstinfektion – was aber nur etwa 250mal pro Jahr vorkommt – dann liegt das Erkrankungsrisiko des Kindes bei ungefähr 50 Prozent. Ist die Besiedlung mit dem Virus in der Schwangerschaft rekurrierend – das heißt neu aufgeflammt –, so sinkt die Wahrscheinlichkeit einer Neugeborenen-Infektion auf unter 10 Prozent.

Das Herpes Virus ist deshalb besonders bedeutsam, weil es beim Kind schwere Blutvergiftungen und Hirnentzündungen hervorrufen kann. Da sich das Krankheitsbild schnell entwickelt, kommt dem Erkennen einer vaginalen Herpes-Besiedelung große Bedeutung zu. Das ist nicht so einfach, denn das Virus verursacht bei der Mutter keine Beschwerden. Anders als bei Bakterien lassen sich Viren durch einfache Abstriche und Bebrütung auch nicht anzüchten. Eine sichere Erkennung ist nur möglich, wenn von jeder

Patientin die Höhe des Antikörperspiegels bestimmt werden würde. Wäre er vor der Geburt gering, so spräche das für eine *Erstbesiedelung* und damit erhöhte Ansteckungsgefahr für das Ungeborene. Konsequenz: Die Kinder sollten per Kaiserschnitt entbunden werden. Die positive Herpes-Diagnostik vor der Entbindung ist zugleich ein Warnsignal für Kinderärzte, das Neugeborene genau zu beobachten. Zeigt es Zeichen einer rasch fortschreitenden Infektion mit Funktionsstörungen des Gehirns (z.B. Krämpfe, S. 208), und spricht es nicht auf Antibiotikagaben an, dann ist die beginnende *Herpes Enzephalitis* schon fast gesichert. Die frühe Kenntnis führt dann ohne Umwege zur richtigen Therapie. Die Verabreichung von virushemmenden Mitteln (Acyclovir) in der Frühphase verbessert die Chancen auf eine völlige Genesung deutlich.

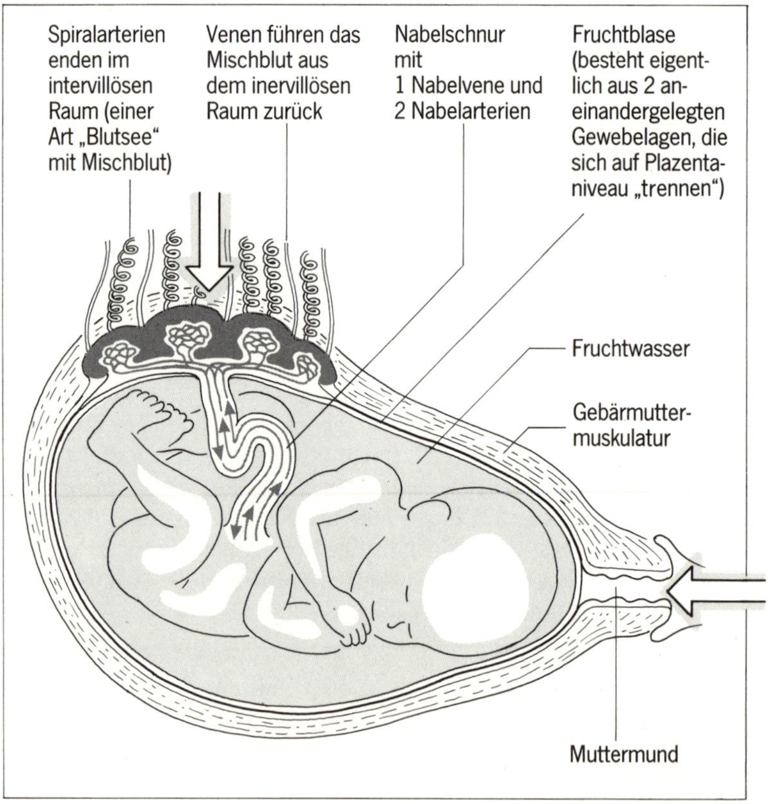

Abb. 25 Mutterkuchen (Plazenta), Eihäute, Infektionswege.

Das Amnioninfektions-Syndrom (Eihautinfektion)

Die mikrobielle Besiedelung des ungeborenen Kindes kann – wie oben an verschiedenen Beispielen ausgeführt – zu jedem Zeitpunkt der Schwangerschaft auftreten. Allerdings verhindern die Barrieren Mutterkuchen und Eihäute, die das Kind umhüllen, zuverlässig das Eindringen von Krankheitserregern.

Die Welt des Ungeborenen ist mikrobiologisch betrachtet steril.

Die Abb. 25 zeigt, daß die Fruchtblase im Muttermundbereich engen Kontakt mit der Außenwelt hat. Solange die Eihäute unversehrt sind, besteht für die Keime der Vaginalflora kaum Möglichkeit auf das Kind überzugreifen.

Nach Rissen in der Eihauthülle (auch bei scheinbar intakter Fruchtblase) oder nach offensichtlichem Blasensprung haben sie allerdings relativ leichtes Spiel. Das verbleibende Fruchtwasser wird infiziert. Es ist zugleich ein guter Nährboden für das Wachstum von Bakterien.

Wo sich Bakterien ausbreiten können, tun sie es!

Da das Kind Fruchtwasser trinkt, taucht automatisch die Frage auf, was in der Folgezeit passiert? Anders formuliert: Hat das Kind unsteriles Fruchtwasser geschluckt, wenn ja, ist das ausreichend, um eine Amnioninfektions-Krankheit(!) auszulösen, oder sind die Körperabwehrkräfte schon so groß, daß eine Gesundheitsgefährdung nicht befürchtet werden muß?

Die Fahndung nach Erregern wird ausgelöst, wenn ein erhöhtes Risiko im Vorfeld der Geburt auftaucht (siehe Tab. 12).

Ergibt sich aus der Vorgeschichte das eine oder andere Risiko, dann wird man auf folgende Befundrisiken bei der Mutter achten:

- Findet sich ein Vaginalabstrich mit möglichen Krankheitserregern?
- Tritt unter der Geburt Fieber auf?
- Zeigen sich laborchemische Entzündungszeichen?
- Gibt es Unregelmäßigkeiten im Wehenschreiber?

Aus den Bereichen Risiken in der Vorgeschichte und Befundrisiken bei der Mutter ergibt sich bereits vor der Geburt eine recht genaue »Täterbeschreibung«.

Tab. 12 Amnioninfektionsrisiken

Ursache	
vorzeitiger Blasensprung	Fruchtwasserabgang mehr als 12–24 h vor der Geburt
»lange« Geburtsdauer	Geburt mit starken Wehen über 8 Stunden
Cerclage	chirurgischer Muttermundverschluß z. B. nach Frühgeburtsbestrebungen
Langzeittokolyse	Wehenhemmung mit Medikamenten
Plazenta praevia	Fehlpositionierung des Mutterkuchens
Diabetes mellitus der Mutter	
sehr häufig vaginale Untersuchungen vor der Geburt	
»isthmo-cervikale« Schwäche	Umschreibung für die vermehrte Reibung zwischen Eihaut und Gebärmutterhals; z. B. bei Mehrlingsschwangerschaften und/oder Frühgeburtsbestrebungen
häufige Amnioskopien	Inspektion der Eihäute/des Fruchtwassers
inneres CTG	Wehenschreiber mit Kopfschwartenelektrode
fetale Astrups	Blutgasanalysen vom Ungeborenen

Wir wissen, daß ca. 1 Prozent aller Neugeborenen eine Eihauterkrankung entwickeln. Das Risiko steigt bei vorzeitigem Blasensprung auf mehr als 10 Prozent an. Handelt es sich dann noch um eine Frühgeburt, so ist die Erkrankungswahrscheinlichkeit schon auf 20–25 Prozent gestiegen. Addieren sich noch weitere verdächtige Befunde, oder ist gar bei vorliegenden pathologischen Scheidenabstrichen Fieber unter der Geburt aufgetreten, dann muß sofort mit der zusätzlichen Unterstützung der Körperabwehr begonnen werden. Die *Antibiotikatherapie* ist in diesen Fällen nicht zu umgehen.

Unkritischer Antibiotikaeinsatz ist ebenso abzulehnen wie die allzu sorglose Haltung »das Kind wird es schon allein schaffen« (s. S. 79f.).

In weniger eindeutigen Fällen zwingen also die Risiken zu einer erhöhten Wachsamkeit, um einen eventuellen optimalen Therapiebeginn nicht zu verpassen.

Regelmäßige Überwachung ermöglicht rechtzeitiges *Einordnen von Warnsymptomen*. Damit kann praktisch immer verhindert werden, daß der Feind »Krankheitserreger« sich unkontrolliert vermehrt, schließlich den Körper überschwemmt und das Kind schwer beeinträchtigt. Da ist es gut zu wissen, mit wem man es zu tun hat, wann man noch abwarten kann, oder ob sich die Situation zuspitzt.

Die *Überwachung* ist einfach, unbelastend und sehr sicher:

Tab. 13 Überwachungs-ABC bei Infektrisiko

	A	B	C
Basiswerte	A-tmung	B-lutdruck/Puls	»C«-elsius
Blutkontrollen	A-strup	B-lutbild	(Labor)C-hemie

Die Kontrollen in regelmäßigen Abständen sind auch im Neugeborenenzimmer möglich. Die Kinder sollen und müssen also nicht von ihren Eltern getrennt werden!

Mit Hilfe der einfachen Bestimmungen sind die *Warnzeichen einer sich ausbreitenden Infektion* gut zu beurteilen.

Vergegenwärtigen wir uns einmal die möglichen Ausbreitungswege: Entsprechend der Abbildung 25 gelangten die Bakterien von den Eihäuten über das Fruchtwasser auf die *Haut* und in den Rachen. Von dort dringen sie vor allen Dingen in die *Lunge* vor. Einige gelangen via Speiseröhre in den *Magen-Darm-Trakt*. Vermehren sie sich weiter, finden sie schließlich Anschluß an die Blutgefäße und das *Kreislaufsystem*. Das vergiftete Blut schleust sie in praktisch alle inneren Organe, wobei besonders die *Nieren* und das *Gehirn* betroffen sind. Die Symptome einer Neugeboreneninfektion zeigt Tab. 14.

Drängt die Zeit, weil Vorgeschichte, Befund der Mutter und Beobachtungs- oder Warnzeichen auf ein fortschreitendes Amnioninfektionssyndrom hinweisen, kann insbesondere bei Frühgeborenen nicht gewartet werden, bis Bakterienkolonien angezüchtet sind und den Erreger zweifelsfrei identifizieren. In diesen Fällen muß *sofort »breit« antibiotisch abgedeckt werden*. Das heißt, man nimmt eine Kombination von Antibiotika, die das ganze Spektrum krankmachender Keime sicher erfaßt. Liegt das mikrobiologische Ergebnis vor, dann wird *»gezielt« mit einem vorgetesteten Antibiotikum* der Verursacher behandelt.

Tab. 14 Körpersymptome einer Neugeboreneninfektion

Haut	– verstärkte Neugeborenengelbsucht – Pusteln, »Pickel« ausbreitender Neugeborenenausschlag
Atmung	– hohe Atemfrequenz (dauerhaft über 40–60/min) – stöhnende Atmung und »Nasenflügeln« – Zeichen der Blausucht (Zyanose)
Darm	– zunehmendes Erbrechen (nicht »Spucken«) – Blähbauch – Nahrungsunverträglichkeiten mit Magenresten – Leber- und Milzvergrößerung
Kreislauf	– Blässe oder wechselhafte Farbe – »schlechtes« graues Aussehen – greisenhaftes Aussehen – mangelhafte Urinproduktion (weniger als 30 ml/Tag)
Nervensystem	– schlaffes »abwesendes« Kind – nervöses »aufgekratztes« Kind – krampfbereites oder krampfendes Kind – gespannte oder dauerhaft vorgewölbte Fontanelle

Die Dauer der Therapie richtet sich je nach Kind und Erreger zwischen 10 und 20 Tagen. Im Verlauf einer Frühchen-Behandlung können sich auch später nach der Geburt Krankheitskeime ausbreiten, ohne daß eine primäre Besiedelung nachgewiesen ist. Daher ist die regelmäßige bakteriologische Untersuchung auch im Verlauf der stationären Betreuung notwendig.

Blutvergiftung (Sepsis)

Gelangen Bakterien oder Pilze in die Blutbahn, so spricht man von Bakteriämie. Setzen sich die Erreger in den inneren Organen fest und verursachen Funktionsstörungen, so handelt es sich um eine echte *Blutvergiftung oder Sepsis*. Die Hirnhäute (Meningen) sind am häufigsten von einer Bakterieninvasion betroffen. Aber auch Nieren, Darm, innere Drüsen, Leber und Sinnesorgane können über die »Schiene« Blutgefäß leicht erreicht werden und Schaden nehmen.

Das *Zusammenspiel im Organismus ist gestört*, die zentrale Steuerung über das Gehirn droht zu versagen und die Gefahr eines Kreislaufkollapses steigt in kurzer Zeit dramatisch an. Frühgeburtlichkeit und widrige äußere Umstände erhöhen ganz wesentlich die Infektionsgefahr und fördern die Bakterienausbreitung.

Nicht selten entstehen Blutvergiftungen als Folge einer schwelenden unbeachteten Amnioninfektion. Die größte äußere Gefahr für Neu- und Frühgeborene stellt das ärztliche Personal dar. Nicht infizierte Kinder werden kaum von kranken Nachbarskindern direkt angesteckt, sondern fast immer via Transfer über das ärztliche Personal.

Spezielle Organprobleme bei Frühgeborenen und kranken Neugeborenen

Die Lunge – Atmung und Beatmung

Die Lunge ist das Organ, welches sich im Mutterleib am spätesten entwickelt. Die Atemfunktion bei Frühgeborenen vor der 36. Schwangerschaftswoche (Reifungsendpunkt) ist nicht selten unzureichend. Die Folgen einer mangelhaften Lungenfunktion lassen sich leicht abschätzen:

1. ungenügende Sauerstoffaufnahme
   Folge: Sauerstoffuntersättigung und Erstickungsgefahr
2. ungenügende Abgabe des Stoffwechselendproduktes Kohlendioxid
   Folge: chem. Reaktion zu Kohlensäure mit nachfolgender Übersäuerung (Azidose) des Blutes und daraus resultierender Gefahr eines Kreislaufkollapses
3. Hoher Energieverbrauch durch starke Atemarbeit
   Folge: mangelhaftes Gedeihen und Unterzuckerungstendenz
4. starke Herzbelastung
   Folge: Blutdruckschwankungen und Kreislaufschwäche

Die *anatomische Unreife* ist gekennzeichnet durch verringerte Lungenknospung (Alveolen, s. Abb. 13), die *biochemische Unreife* ist meßbar am Mangel von Surfactant (s. S. 71 f.). Das führt zum zusätzlichen Kollaps der eh schon geringen Zahl vorhandener Lungenbläschen. Es wird deutlich, daß auf diese Weise die »Frühchenlunge« den Anforderungen – besonders in Belastungsmomenten – in der Regel nicht gewachsen ist. Diese *Funktionsunreife* zeigt sich in ständig drohender Azidoseneigung und Sauerstoffuntersättigung der inneren Organe. Darüber hinaus trägt sie zu einer instabilen Kreislaufsituation mit zum Teil erheblichen Blutdruckschwankungen bei.

Informationen über Atmung und Kreislauf müssen während der Intensivphase daher ständig verfügbar sein. Das wird möglich mit Hilfe der Blutgasanalyse (s. S. 59), dem Herz-Kreislaufmonitor (s. S. 51), dem Pulsoxymeter (s. S. 61) und den transcutanen Sonden (s. S. 51 f.). Ergeben sich aus den fortlaufend registrierten Daten Hinweise für eine Verschlechterung, dann kann dank dieser Instrumente schnell reagiert werden (Trendanalyse). Nicht selten zwingt eine unzureichende Atmung zur künstlichen Beatmung (s. S. 55 u. S. 96 f.).

Tab. 15 Lunge des Neu-/Frühgeborenen

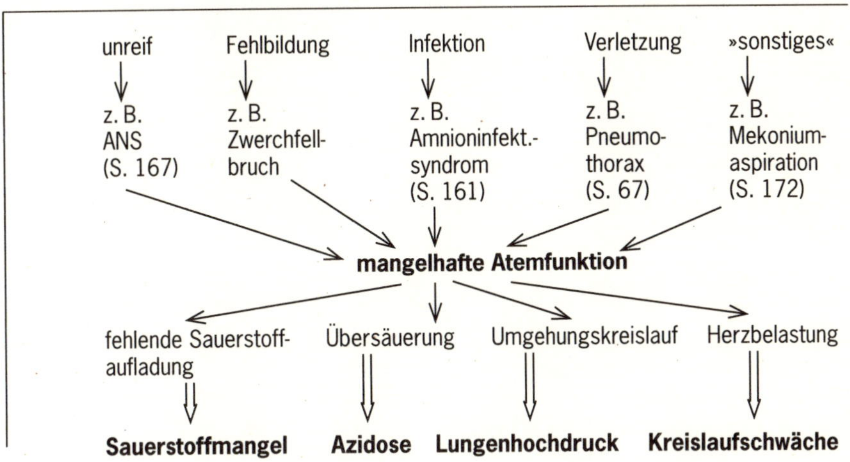

Das Atemnotsyndrom (ANS)*

Das Atemnotsyndrom des Frühgeborenen ist ursächlich eine Folge der (noch) unreifen Lungentätigkeit. Es ist gekennzeichnet durch *sichtbar vermehrte Atemarbeit* des Kindes mit Stöhnen, Nasenflügeln und Brustkorbeinziehungen, verbunden mit Blässe oder bläulicher Verfärbung der Haut. Die *Blutgasanalysen* weisen eine Übersäuerungstendenz mit all ihren negativen Auswirkungen auf. Die *Röntgenaufnahme* zeigt ein charakteristisches Bild.

Das **primäre ANS** manifestiert sich innerhalb der ersten Lebenstage als Ausdruck der *Unreife*.

Spätere (sekundäre) Formen sind Zeichen für eine *Erschöpfung*, sich anbahnende *Entzündungen* der Atemwege oder Folge von *Sekretanhäufung* in den Bronchien. Sie behindern die freie Atmung als Folge einer unterentwickelten Atemtätigkeit.

* Syn. HMD = Hyaline membrane disease (Hyaline Membran Krankheit): benannt nach dem pathologisch anatomischen Lungenbefund
RDS = respiratory distress syndrome

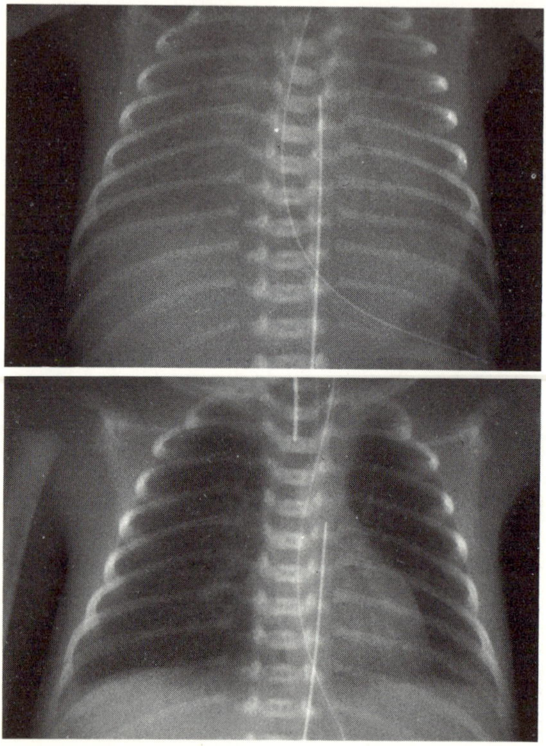

a

b

Abb. 26 a, b Erhebliches hyalines Membran-Syndrom a) vor und b) 12 Std. nach Anwendung von Surfactant. (Beachte die deutliche Verbesserung der Lungentransparenz.) Aufn. Prof. v. Loewenich, Direktor d. Abt. Neonatologie, Univ.-Kinderklinik Frankfurt.

Obwohl Atemnotsyndrom und Frühgeburtlichkeit eng miteinander verkoppelt sind, muß nicht jedes Frühgeborene ein Atemnotsyndrom entwickeln. Das kleinste vom Verfasser betreute Frühgeborene hatte ein Geburtsgewicht von 610 g und hatte niemals Atemprobleme. Umgekehrt gibt es Kinder (z. B. von diabetischen Müttern), die fast 4000 g bei der Geburt wiegen und sofort Atemhilfe benötigen. Jedes Frühchen bewegt sich je nach Alter, Persönlichkeit, (Geburts)Umständen und Zufällen auf einem mehr oder weniger schmalen Grat auf seinem »langen Weg ins Leben«. Als Faustregel gilt trotzdem:

Je früher die Geburt erfolgt, desto größer ist die statistische Wahrscheinlichkeit, ein Atemnotsyndrom zu entwickeln.

Welche *Form der Unterstützung* angemessen ist, ergibt sich nicht immer sofort eindeutig. Manche Kinder erholen sich nach dem Geburtsstreß nur durch Ruhe. Bei anderen genügt es, sie speziell zu lagern. Zeigen die Messungen eine drohende Sauerstoffuntersättigung an, so kann manchmal lediglich durch Absaugen von Rachensekret der alte Zustand wiederhergestellt werden. Bleiben die Werte kritisch, muß selbstverständlich die Sauerstoffzufuhr erhöht werden.

Belegen die Blutgasanalysen eine nicht zu tolerierende Übersäuerung des Blutes, oder steigt der Sauerstoffbedarf innerhalb kurzer Zeit stark an, dann hilft das Beatmungsgerät, die Lungenfunktion zu stabilisieren. Aber nicht immer liegen die Dinge so eindeutig. Die Entscheidung für oder gegen die maschinelle Beatmung bewegt sich nicht selten zwischen der Hoffnung, daß das Kind es noch »allein schaffen« könnte, und der Vorstellung, ihm weitere anstrengende Atemarbeit zu ersparen.

Auch in diesem durch Technik und Labor geprägten Bereich sind neben Überwachung, Beobachtung und Trendeinschätzung ein großes Maß an Routine und Erfahrung nötig, um zu einer gesicherten Einschätzung zu kommen.

Die **Surfactant Therapie** (s. S. 71) ist die medikamentöse Behandlungsform. Der Einsatz dieses Medikamentes erhöht die Gesundungschancen extrem unreifer Frühgeborener deutlich. Im Mutterleib können Cortisonpräparate (Celestan) die Lungen ›vorreifen‹ lassen (vgl. S. 20).

Gute perinatologische Zusammenarbeit, eine optimale Erstversorgung (s. S. 33 ff.) und kurze Transportwege (s. S. 31) verhindern zwar kein Atemnotsyndrom, können dem Kind aber viel Streß ersparen und tragen mit dazu bei, eine Beatmung zu verkürzen. Insbesondere die sofortige Behandlung auch der geringsten Erstickungszeichen direkt nach der Geburt ist von überragender Bedeutung. Wir haben immer wieder die Erfahrung machen müssen, daß auch an sich gesunde, reife Neugeborene nach unzureichender Erstversorgung **vorübergehende Atemnotsyndrome** (transitorisches Atemnotsyndrom) entwickelten und mit Sauerstoff behandelt oder gar beatmet werden mußten.

Kurzzeitige Atemstörungen treten auch bei reifen Neugeborenen nach Kaiserschnittentbindungen auf. Während der natürlichen Geburt wird die Lunge im Geburtskanal »ausgepreßt«. Da dieser Vorgang beim Kaiserschnitt wegfällt, kommt es bei manchen Kaiserschnittkindern zum Phänomen der sog. »nassen Lunge«. Eine gute Erstversorgung verhindert auch hier längerfristige Atemprobleme.

Bronchopulmonale Dysplasie

Die BPD ist eine Langzeitfolge der maschinellen Beatmung sowie langdauernder erhöhter Sauerstoffzufuhr.

Die Beatmung – so sanft sie auch gesteuert sein mag – ist eine für frühkindliche Verhältnisse heftige und aggressive Therapie, die in der Lunge Gegenreaktionen in Form von Bindegewebswucherungen auslöst. Bei langer Beatmung wird so ein Teil des Lungengewebes ersetzt durch Bindegewebe. Es entsteht die *Umbaulunge*. Da das Ersatzgewebe nicht die Aufgabe von Lungenzellen übernehmen kann, besteht trotz Reifung des Körpers (und der Lungen) die Gefahr einer mangelhaften Sauerstoffaufnahme.

Neben der *Druckbelastung durch die Maschine* gibt es noch weitere Faktoren, die eine BPD fördern.

Hohe (notwendige) Sauerstoffkonzentrationen sind für alle Körpergewebe giftig. Da die Anflutung zuerst in der Lunge erfolgt, kommt es hier auch vermehrt zu »Gegensteuerungen der Zellen«: Verdickung, Zelluntergänge mit nachfolgenden Einblutungen und weitere Bindegewebswucherungen sind das Ergebnis langdauernder hoher Sauerstoffeinwirkung.

Lunge, Atmung und Kreislauf sind funktionell eng miteinander gekoppelt. Der Kreislauf neigt (logischerweise) dazu, nur frei belüftete Lungenknospen »anzusteuern«. Verdickte oder nicht belüftete Bläschen werden umschifft (s. Abb. 4). Folglich sinkt bei zunehmendem Umbau die Sauerstoffaufnahme des Blutes. Der Körper kann nur auf niedrigem Niveau mit Sauerstoff versorgt werden.

Daraus resultiert ein zweiter bedeutsamer Effekt: Fehlende Ankopplung von Lungenknospe und Gefäß führt zu einem Blutstau in den wenigen Umgehungskanälen. Die *Erhöhung des Drucks im Lungenkreislauf* belastet den rechten (vor der Lunge liegenden) Herzanteil und preßt den Ductus arteriosus wieder auf (s. S. 182, Abb. 28). Das Blut zirkuliert ab jetzt über diesen Kurzschluß zu allem Überfluß auch noch verstärkt durch die Lunge. Im Röntgenbild oder Ultraschall wird die Belastung an einer *Herzvergrößerung* sichtbar (s. o.).

Zusammengenommen bewirken all diese Umstände eine lange Beatmung. Kinder mit Umbaulungen können zwar in der Regel von der Maschine abtrainiert werden, benötigen aber hinterher noch lange mehr oder weniger größere Sauerstoffmengen in der Atemluft, neigen zu Infekten und sind weniger belastungsfähig. Das Trinken kann sehr anstrengend sein, und Aufregung verursacht eine Blausucht. Die Babys sind häufig unruhig und schreckhaft.

Die Behandlung der BPD ist langwierig und schwierig. Sie dauert bisweilen länger als die stationäre Phase. Daher soll sie für betroffene Eltern ausführlich erläutert werden:

Entlassungsphase: Wenn die Kinder über ausreichende Zeit ihre Blutgase konstant halten und mit weniger als 40 Prozent Sauerstoff-Anreicherung gute Sättigungswerte erreichen, können sie aus der stationären Therapie entlassen werden. Die Eltern sollten den Umgang mit Sauerstoff und Pulsoxymeter geübt haben und beherrschen. Ein zweiter wichtiger Aspekt ist die Ernährung. Da die chronische Lungenbelastung viel Energie verschlingt, die Kinder beim Trinken rasch erschöpft sind, und die Sauerstoffzufuhr in unteren Normbereich liegt, besteht die Gefahr der Gewichtsabnahme. Es ist jedoch äußerst bedeutsam, gerade in dieser Phase Gewicht »zu machen«, da nur so der Körper neue und gesunde Lungenknospen bilden kann. Auf die Einhaltung einer hochkalorischen Ernährung (zur Not mit Magensonde) mit hohem Eiweißanteil ist daher besonders zu achten. Eltern müssen mit der Magensonde umgehen können, und notwendige Medikamente (insbesondere jene, die Atemwege erweitern) zuverlässig verabreichen können. Sie müssen die Wirkungen und Nebenwirkungen der eingesetzten Substanzen kennen. Eine regelmäßige Inhalationsbehandlung ist sehr wirksam und sollte mehrmals täglich durchgeführt werden.

Darüber hinaus ist es wichtig, auf Infektionszeichen sofort zu reagieren: Fieber, Atemnot, Husten, eine verstopfte Nase oder schlechtes Trinken sind Warnzeichen einer Erkältung. Zyanose, schneller Herzschlag, dauernde schnelle Atmung und Brustkorbeinziehungen sind eindeutige Zeichen einer fortschreitenden Entzündung. Erkältungskrankheiten müssen frühzeitig behandelt werden. Während der Entlassungsphase wird die intensive Schulung durchgeführt.

Wir haben immer wieder die Erfahrung gemacht, wie sehr Eltern motiviert sind, ihre Kinder »medizinisch« zu beobachten, wenn es darum geht, sie in die häusliche Pflege übernehmen zu können. Sollten Sie betroffene Eltern sein, schaffen Sie das auch!! Trauen Sie sich.

Häusliche Phase: Wenn Ihr Kind zunimmt (optimal wären 150 g/Wo), sind Sie auf dem richtigen Wege. Wenn Sie unsicher sind, zögern Sie nicht, Ihren Kinderarzt um Rat zu fragen, notfalls mehrmals am Tag. Kein Mensch kann trotz aller Vorbereitung und gutem Willen verlangen, daß Sie in allen Situationen Übersicht bewahren. Sie werden vor Entlassung noch den Rat bekommen haben, weiterhin die Physiotherapie, also Lagerung und Abklopfen bzw. Massage des Brustraums mit einer elektrischen Zahnbürste fortzuführen. Sollten Sie das nicht schaffen (weil Sie vielleicht doch Angst haben, Ihr Baby zu verletzen), wenden Sie sich an Ihren Kinderarzt. In vielen Städten gibt es eine mobile Pflege, die Sie besuchen kommt und Ihnen hilft. Sollte eine entsprechende Einrichtung nicht an Ihrem Wohnort sein, wird Ihr Kinderarzt Ihnen Anlaufstellen vermitteln. Und noch ein Rat: Suchen Sie Kontakt zu Familien mit ähnlichen Problemen. Eine Liste von Kontaktstellen finden Sie am Ende des Buches. Frühfördereinrichtungen der Kommunen und Städte, Selbsthilfegruppen, Gesundheitsämter u. v. a. Adressen erfahren Sie bereits in der Klinik. Etliche Psychotherapeuten und Psychologen bieten Eltern von Frühgeborenen inzwischen ihre Hilfe an.

Mekoniumaspiration

Bei Geburtsstreß scheiden reife (oder übertragene) Neugeborene Kindspech (Mekonium) in das Fruchtwasser aus. Dieser relativ häufige Vorgang (10–15 Prozent) zeigt sich bei der Blasensprengung als »grünes Fruchtwasser«.

Da die Kinder das Fruchtwasser trinken, gelangt so Mekonium in den Rachen und die Mundhöhle. Beim ersten Schrei kann es in die Lungenwege heruntergezogen werden und sich festsetzen. Daher muß bei »dick grünem Fruchtwasser« (z. B. nach Streßgeburt) Rachen und Mundhöhle vor dem ersten Schrei zügig abgesaugt werden.

Babys mit schwerer Mekoniumaspiration entwickeln heftige *Lungenentzündungen*. Ein zweites Problem wiegt schwerer: Der *Kreislauf kann sich nicht umstellen*, da die Lunge praktisch wie im Mutterleib funktionell blockiert ist (persistierende fetale Zirkulation, s. S. 184). Die Kinder müssen daher in der Regel dann auch *mit hohen Drucken* beatmet werden. Da hierbei leicht die elastischen Eigenschaften des »Luftballons« Lunge überfordert werden, ist die Hauptkomplikation der Pneumothorax (s. S. 67).

Der Magen-Darm-Trakt

Darm und Ernährungsprobleme

Die Aufgaben des Magen-Darm-Traktes sind:

1. Bewegung und Nahrungstransport
2. Absonderung von Verdauungssekreten und
3. die eigentliche Aufnahme der Nahrung.

Die Hauptbestandteile jeder Nahrung sind Kohlenhydrate, Fette und Eiweiße. Dazu kommen geringe Mengen an Mineralien und Vitaminen sowie in wechselndem Maße Ballaststoffe und Spurenelemente. Der Darm muß die Nahrungsbestandteile in seine kleinsten Bestandteile zerlegen, um sie aufnehmen zu können. Das heißt

	E	
Mehrfachzucker	– N →	in Einfachzucker aufspalten
Eiweiße	– Z →	in Aminosäuren zerlegen
Fette	– Y →	in Fettsäuren und Glycerin o. ä. teilen.
	M	

Für diese chemische Zerkleinerung benötigt der Darm ausreichende Mengen an Verdauungsenzymen. Diese Enzyme werden entweder von speziellen Darmzellen in der Darmwand oder von der Bauchspeicheldrüse bei Bedarf freigesetzt.

Das exakte *Zusammenspiel von Bewegung und Verdauung* ist Voraussetzung für eine optimale Aufnahme (Resorption) der Nahrung. Störungen von einzelnen Faktoren führen letztendlich zur Beeinträchtigung des Wachstums.

Die *Produktion von Darmsekreten* läßt sich ab dem 3. Schwangerschaftsmonat nachweisen. Bis zur effizienten Verdauung mit ausreichender Aktivität der Enzyme dauert es allerdings lange. Man spricht in diesem Zusammenhang von einer »werdenden« Funktion des Darms. Betrachtet man z. B. die Verarbeitung von Milchzucker (des Zuckers in der Muttermilch), so ist die Ausnutzung zwischen der 26.–35. SSW nur etwa $\frac{1}{3}$ der vollen Leistungsfähigkeit eines Erwachsenen.

Der Magen-Darm-Trakt bei Frühgeborenen ist unzureichend entwickelt.

Die ersten *Schluckbewegungen* zeigen sich schon in der 12. SSW. In der Folgezeit steigt auch die Schluckfrequenz an, und zum Zeitpunkt der

Geburt trinkt das reife Neugeborene etwa 500 ml Fruchtwasser pro Tag. Auf diese Weise wird der Darm trainiert, um nach der Geburt die verhältnismäßig große Nahrungsmenge zu verdauen. Der Schluckreflex bleibt aber bis zur 31.–33. SSW schwach und unsicher.

Das ist der Grund, weshalb bei einem Frühchen mit Trinkversuchen bis zu diesem Zeitpunkt gewartet werden sollte.

Frühgeborene von weniger als 33. SSW müssen sondiert werden. Sie benötigen außerdem zum Wachstum Nährlösungen, die direkt ins Blut geleitet werden (Infusionen).

Trotz aller Probleme gelingt der Nahrungsaufbau, zunächst mit Mengen von 0,5–1 ml pro Mahlzeit, in der Regel auch schon bei den Kleinsten, weil sich der Darm durch Reize stimulieren läßt.

Die Zusammensetzung der Nahrung ist immer wieder Streitpunkt. Das kann eigentlich nur bedeuten, daß es niemand genau weiß, wieviel genau(!) ein Frühgeborenes benötigt. Allerdings gibt es aus Langzeitbeobachtungen zuverlässige Werte darüber, in welchem Rahmen sich die Ernährung bewegen sollte.

In den Tagen und Wochen nach der Geburt wird im Regelfall die Infusionsmenge durch steigende Muttermilchernährung ersetzt. Wenn die Milchmenge schließlich ~ 150 ml/kg erreicht hat (verteilt auf 10–12 Mahlzeiten), kann ernährungstechnisch ganz auf die Infusion verzichtet werden.

Das angestrebte Ziel: Vollständige Ernährung mit Muttermilch läßt sich gewöhnlich realisieren, wenn das Baby ein Körpergewicht von 1,5–2,0 kg erreicht hat.

Das oben beschriebene Vorgehen läßt sich natürlich nur dann verwirklichen, wenn die Verdauungsleistung Schritt hält. Leider wird der Nahrungs-»Countdown« manchmal durch kleinere oder größere Darmprobleme (z. B. Nahrungsreste oder zunehmendes Erbrechen) verzögert. Deshalb prüft die Schwester vor jeder neuen Mahlzeit, ob noch unverdaute Nahrung im Magen vorhanden ist. Mit Hilfe der Magensonde ist das kein Problem.

Passagestörungen des Darmrohres

Das Darmrohr kann an allen Stellen verengt, verstopft, verdreht oder gar unterbrochen sein.

Ösophagusatresien

Die Unterbrechung der Speiseröhre betrifft ungefähr 250 Kinder/Jahr. Meistens handelt es sich dabei um den sog. Typ IIIb, der gekennzeichnet ist durch einen Blindsack mit Fistel zur Luftröhre (vgl. Abb. 27).

Die *Diagnose* kann bereits vermutet werden, wenn eine abnorme Fruchtwassermenge (Polyhydramnion) vorliegt (weil das Ungeborene nicht schluckt). Bei der Erstversorgung gelingt es nicht den Magen zu sondieren. Wird trotzdem eine Mahlzeit angeboten, dann gelangt die Milch über die Fistel in die Lunge und führt zu akuter Verschlechterung der Atmung und Entwicklung einer sog. *Aspirations-Lungenentzündung*.

Das *Röntgenbild der Speiseröhre* zeigt charakteristischerweise die aufgerollte (kontrastgebende) Magensonde im Bereich des Blindsacks. Kinder mit Ösophagusatresien werden so früh wie möglich (innerhalb der ersten 24 Lebensstunden) unabhängig vom Gewicht operiert. In der Regel gelingt es, die beiden Speiseröhrenenden wieder aneinander zu koppeln und einen normalen Durchgang zu schaffen. Dabei wird eine Magensonde als Leitschiene gelegt, durch die später die Nahrung sondiert werden kann. Nach 2–3 Wochen ist die Heilung abgeschlossen, die Sonde kann »gezogen« werden.

Analatresie/M. Hirschsprung/Mekoniumpfropfsyndrom

Die Untersuchung des Analgrübchens ist fester Bestandteil jeder Neugeborenenuntersuchung. Läßt sich die Analöffnung nicht sondieren, so liegt ein *Verschluß (Atresie)* vor. Das verschlossene Teil kann in wechselnder Höhe im Enddarmbereich beginnen. Die Röntgenaufnahme im Hängen läßt Darmluft »bis an die Decke« steigen und markiert so das Ende des Darms. Daraus läßt sich gut bestimmen, ob ein hoher oder ein tiefer Analverschluß vorliegt. In beiden Fällen wird versucht werden, mit Hilfe einer sog. Durchzugsplastik wieder normale Verhältnisse zu schaffen. Der Eingriff ist in der Regel erfolgreich. *Verengungen (Stenosen)* im Enddarmbereich sind nicht so leicht festzustellen. Ein geblähter Bauch, zunehmendes (galliges) Erbre-

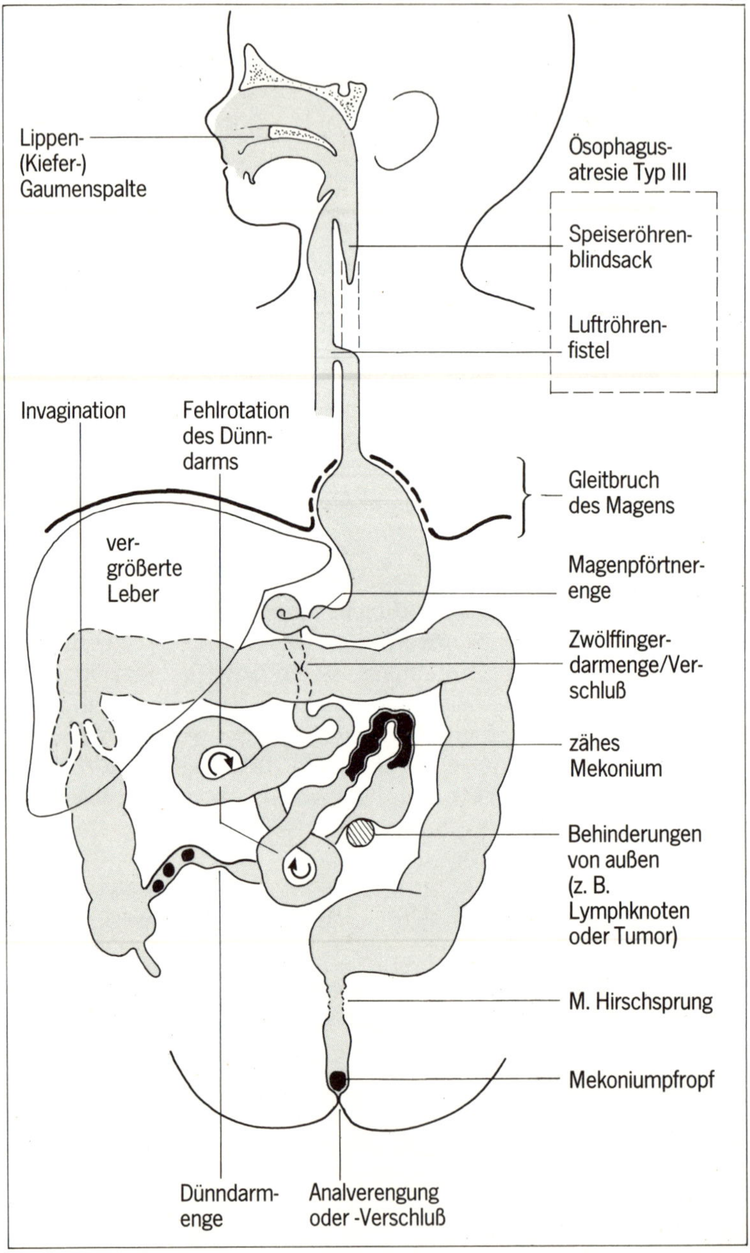

Abb. 27 Passagestörungen im Magen-Darm-Trakt.

chen und verminderter, dünner Stuhl weisen auf einen Engpaß und »Überlaufeffekt« hin.

Der *M. Hirschsprung* ist eine angeborene Erkrankung. Es fehlen im Enddarm die Nerven, die eine Bewegung in Richtung Darmausgang erzeugen. Der Stuhl staut sich, die Symptomatik ist die gleiche wie bei der Analstenose (die zusätzlich noch vorhanden sein kann). Die Therapie besteht im Anlegen eines künstlichen Dickdarmausganges. Später kann versucht werden, das nervlich nicht versorgte Darmsegment zu entfernen und eine Durchzugsplastik mit normalem Darmausgang zu formen.

Beim *Mekoniumpfropfsyndrom* führt zähes, getrocknetes Mekonium zu vorübergehenden milden Formen eines funktionellen Verschlusses. Nach Entfernen des Pfropfes normalisiert sich die Darmfunktion. Sollte das nicht der Fall sein, muß an weitere Passagestörungen des Darms gedacht werden.

Ileus

Bei der Darmlähmung (Ileus) ist der Nahrungstransport im Darmrohr blockiert. Wenn sich z. B. der Darm nicht in vorgeschriebener Weise »faltet« (und das muß er, um im Bauchraum Platz zu finden), spricht man von *Malrotation*. Die Darmschlingen verhaken sich ineinander, die freie Passage wird dadurch verhindert. Zu Beginn versucht der Darm mit verstärkter Bewegung (Peristaltik) dagegen anzugehen, um quasi das Hindernis mit Kraft zu beseitigen. Schließlich endet der Versuch aber in Erschöpfung. Neben Fehlrotationen können *Operationsnarben* und *Darmverengungen* in Darmlähmungen übergehen. Bei der cystischen Fibrose *(Mucoviszidose)*, einer angeborenen Erkrankung, kann der Darm das hierbei vorhandene sehr zähe Kindspech nicht weitertransportieren und »gibt schließlich auf« (Mekoniumileus). Neben diesen überwiegend mechanischen Hindernissen können auch *Mineralstörungen* den Darm lähmen.

Die klassischen Zeichen einer *Darmlähmung* sind:

- geblähter Bauch,
- fehlende Darmgeräusche,
- zunehmendes Erbrechen und
- fehlender Stuhlabgang bei
- zunehmend schlechterem Aussehen.

Röntgenuntersuchungen, Sonographie und die Bauchhöhlenspiegelung führen zur richtigen Diagnose. In der Regel läßt sich (außer bei Mineralstörungen) die operative Korrektur nicht vermeiden.

Nekrotisierende Enterokolitis (NEC)

Der Name bedeutet übersetzt »Darmentzündung mit Absterben der Zellen«. Die NEC ist die gefürchtetste Darmkomplikation auf Neugeborenenintensivstationen.

Die **Ursachen** für die Erkrankung sind noch nicht vollständig geklärt. Sicher ist, daß diese Komplikation nur *Hoch-Risiko-Frühgeborene (~30. SSW+)* betrifft, die *(Kuh!)milchnahrung* erhalten haben. Die NEC dürfte zudem eine *Folge von Durchblutungsstörungen* sein. Ob noch weitere Faktoren wie z.B. bestimmte (gasbildende) *Darmbakterien* (Clostridien) und/oder eine *Veranlagung* hinzukommen, ist umstritten, aber wahrscheinlich.

Für das *Absterben der Darmzellen* sind unterschiedliche Mechanismen denkbar: Durchblutungsmäßig steht der Darm »erst an dritter Stelle«. Bevor Blut in den Darm geleitet wird, muß erst sichergestellt sein, daß Herz, Gehirn und Lunge versorgt sind. Da mitunter der *Kreislauf von Frühchen nicht immer gleichmäßig aufgefüllt* ist, kann es zu zeitweiligen – zunächst unbemerkten – Mangelversorgungen der Darmzellen kommen. Schließlich ist vorstellbar, daß eine Belastbarkeitsgrenze unterschritten wird, die zum Zelluntergang führt.

Außerdem ist die Blutversorgung der einzelnen Darmabschnitte im Detail sehr individuell. Es ist leicht vorstellbar, daß eines der vielen Gefäße abknickt oder gequetscht wird und die Durchblutung in kritischen Phasen derart behindert, daß der Zelltod die Folge ist. Die NEC befällt ca. 3–5 Prozent aller Hochrisikokinder, also etwa 300 Kinder in Deutschland/Jahr. Die Krankheit beginnt etwa 10–14 Tage nach der Geburt.

Die **Symptomatik** verschärft sich in rascher Folge: Geblähter Bauch, Nahrungsunverträglichkeit mit Magenresten, blutige Stühle, Erbrechen und allgemeine Zeichen der Verschlechterung wie fahles, blasses Aussehen, Atemprobleme, Beatmungsverschlechterung, Bradykardie (s. S. 97) und Blutdruckschwankungen mit Tendenz zum Abfall. Die Temperaturkurve wird labil, die Kinder sind »empfindlich« und verursachen »laufend« Probleme.

Die **Diagnose** beruht auf der Addition verschiedener Beobachtungen und Meßergebnisse, wobei keiner für sich genommen beweisend ist. Lediglich der *sonographische Nachweis von Luft in der Pfortader* (der aber nicht immer gelingt) ist ein hinreichendes Kriterium. Im *Röntgenbild* zeigt sich ein Ileus (s. o.) mit überraschend vielen kleinen Luftbezirken im Darm. Die Blutuntersuchungen ergeben meist eine Blutübersäuerung und einen

Abfall der Blutplättchen, wie er für viele verletzungsbedingte Krankheiten gefunden wird. Zudem zeigt sich nicht selten ein Natriummangel im Blut. Diese Beobachtungs- und Laborbefunde sichern zusammen mit der Symptomatik die Diagnose.

Die **chirurgische Therapie** ist besonders in rasch fortschreitenden Fällen kaum zu vermeiden. Der Nachweis von Luft im Bauchraum oder der Pfortader, eine zunehmende Azidose oder die Zuspitzung der Allgemeinsituation zwingen zum Handeln. Bei der Operation müssen die untergegangenen Darmanteile entfernt werden (Darmresektion). Frühzeitiges Eingreifen vermag den Umfang der Resektion zu verringern, so daß sich das Kind vollständig erholen kann. Bei notwendiger größerer Darmentfernung resultiert in mehr oder weniger starkem Umfang ein *Kurzdarmsyndrom*. Der Darm verfügt nicht mehr über genügend Länge, um die Nährstoffe vollständig aufzunehmen. Mangelerscheinungen und langdauernder intravenöser Ernährungszwang sind die traurige Folge.

In jedem Fall stellt die NEC ein schweres Krankheitsbild dar, das *Langzeitfolgen* für alle Organe haben kann: Schädigungen der Niere und des Gehirns infolge Blutdruckabfall (Azidose, e.a.) in der Akutphase können langfristige Probleme nach sich ziehen. *Verklebungen der Darmschlingen* mit Nachoperationsgefahr, die in der Regel 2–8 Wochen nach der Operation gegeben ist, *akute Wachstumsprobleme* bei totaler intravenöser Ernährung und *Infektionen* des Ernährungskatheters stellen alle Beteiligte unter eine enorme psychische Belastung. Die Entlassung aus der stationären Betreuung kann sich also hinziehen.

Der totale Nahrungsaufbau kann bis zu 2 Jahren dauern. Rückschläge durch Infekte, Diätfehler oder unaufmerksame Beobachtung können in kurzer Zeit die Arbeit von Wochen zunichte machen.

Daher besteht die einzige Chance einer wirksamen Verbesserung nur in der Vorbeugung, und das heißt in der Konsequenz, genaue Beobachtung und *Wahrnehmung von Minisymptomen bei gefährdeten Frühchen*. In der Regel sind dies eine Kombination von zunehmender Nahrungsunverträglichkeit mit Magenresten, ein geblähter, gespannter Bauch, durchfällige (blutige) Stühle bei zunehmend schlechterem Aussehen.

Die häusliche Pflege setzt die Arbeit der Klinik fort. Sollte ein künstlicher Darmausgang (Anus praeter) vorübergehend notwendig sein, ist die Pflege neben den oben beschriebenen Punkten eine besondere Herausforderung. Kinderarzt, (mobile) Krankenpflege und Schulung durch Stomaspezialisten helfen den Eltern.

Herzprobleme

Fetaler Kreislauf und Umstellung nach der Geburt

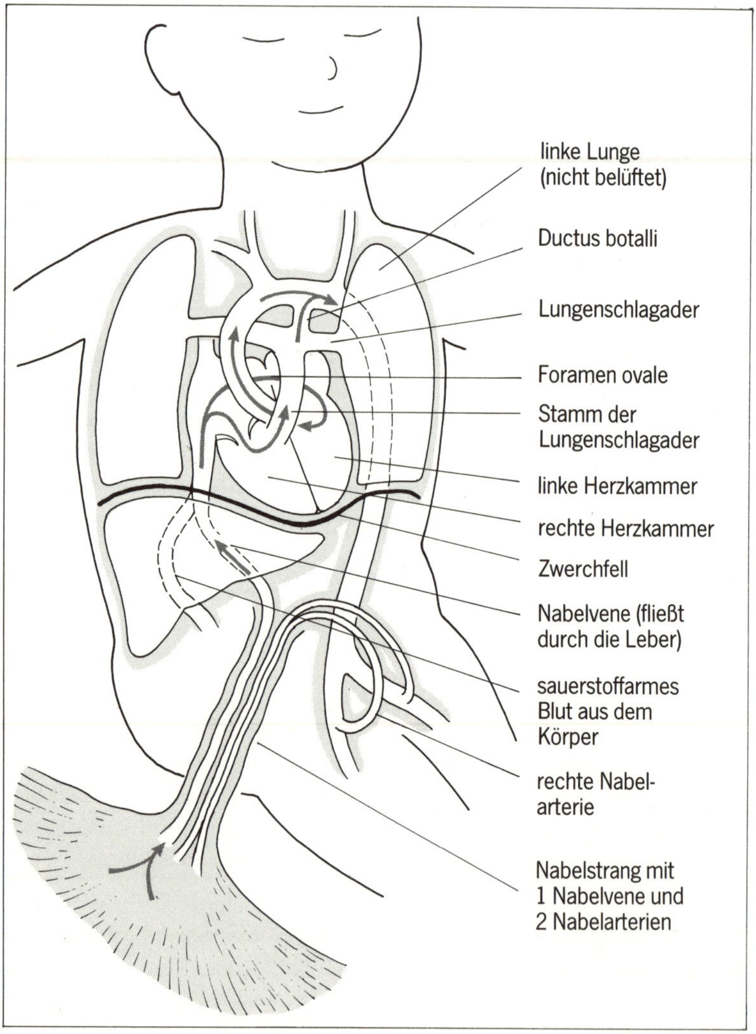

Abb. 28 Vorgeburtlicher (fetaler) Kreislauf.

Die Abbildung zeigt, daß das Blut beim Ungeborenen von der Plazenta mit Sauerstoff aufgeladen wird. Die Lunge ist noch nicht in den Kreislauf eingeschaltet. Das Blut strömt durch die Kurzschlußwege Ductus botalli und foramen ovale direkt von der rechten Herzseite in den Körperkreislauf.

Nach der Abnabelung muß die Lunge schlagartig in den Kreislauf »zwischengeschaltet« werden. Der erste Schrei öffnet die Lungenstrombahn, das Blut wird angesaugt und fließt jetzt als *Lungenkreislauf* vom rechten Herzen über die Lunge zurück in den linken Herzabschnitt und gelangt erst dann in die Körperschlagader. Drucksenkung im Lungenkreislauf (das schwammartige Lungengewebe kann viel Blut aufnehmen), Druckanstieg im Körperkreislauf (durch Wegfall der Plazenta) und ausreichender Sauerstoffgehalt führen innerhalb von wenigen Tagen nach der Geburt zum Verschluß der jetzt überflüssigen Direktverbindungen.

Eine freie Atmung garantiert die gute Kreislaufumstellung nach der Geburt.

Praktisch alle Querverbindungen erzeugen Verwirbelungen, die als **Herzgeräusche** mit dem *Stethoskop* hörbar sind. Die Kurzschlußverbindungen führen je nach Lokalisation und Ausprägungen zu vermehrter Druck- und/oder Volumenbelastung einzelner Herzabschnitte. *Ultraschalluntersuchungen* mit graphischer Darstellung der Flußkurve eines Herzabschnittes (sog. Dopplerechokardiographie), das *EKG* und das *Röntgenbild* decken diese Veränderungen zuverlässig auf und ermöglichen so innerhalb kurzer Zeit die genaue Diagnose.

Insbesondere die strahlungsfreie sonographische Herzdarstellung (Echokardiographie) ist gut geeignet, **echte Herzfehler** von den (häufigeren) unbedeutenden **Herznebengeräuschen** zu unterscheiden. Das Verfahren ist deshalb zum wichtigsten Hilfsmittel geworden, weil es neben der bildlichen Darstellung des Herzens gleichzeitig auch im »laufenden« Bild die Bewegungsabläufe dokumentiert. Die *Kontrastdarstellung* der Gefäße mit Hilfe des Herzkatheters ist heute bei **einfachen Herzfehlern** nur noch selten nötig. Bei **komplexen Fehlbildungen** mit abnormen Gefäßverläufen kann auf die Darstellung und direkte Druckmessung allerdings nicht immer verzichtet werden.

Mit Hilfe von *Blutuntersuchungen* lassen sich Infekte nachweisen, die Ursachen einer Herzmuskelentzündung im Neugeborenenalter sind (Coxsackie B, Echoviren, Listeriose, Herpes ...).

Die *körperlichen Zeichen* einer Herzproblematik sind wechselhaft:

- dauerhafte Trinkschwierigkeiten
- regelmäßiges Schwitzen beim Trinken
- Blauverfärbung von Extremitäten und/oder Stamm
- Mattigkeit/fehlende Aktivität
- schnelle erschwerte Atmung
- Leber- und/oder Milzvergrößerung
- mangelhaftes Gedeihen
- pulsierender Brustkorb

erzwingen eine Herzuntersuchung.

Unter Umständen zeigen sich kleinere Herzfehler anhand der oben aufgelisteten Symptome erst in späteren Lebensjahren. In der Klinik werden sie aber durch intensive Betreuung, viele Untersuchungen und regelmäßiges Abhören sicher entdeckt.

Funktionelle vorübergehende Herzprobleme

Infolge Frühgeburtlichkeit mit mangelhafter Lungenreife, durch Beatmung, Mekoniumaspiration (s. S. 172), Infektion oder/und unzureichender Erstversorgung entstehen kurzfristige Belastungen für das Herz. Bau und Funktion sind aber grundsätzlich in Ordnung, so daß eine Normalisierung zu erwarten ist.

Persistierender Ductus botalli (PDA)

Der Ductus botalli ist eine Kurzschlußverbindung zwischen der Körperschlagader (Aorta) und der Lungenschlagader (Arteria pulmonalis).

Lungenstörungen mit zeitweiligen oder dauerhaften Sauerstoffschwankungen sind der Grund für verzögerten Verschluß oder Wiedereröffnung (s. o.). Daher ist es nicht verwunderlich, daß das *Atemnotsyndrom* als »klassische« Lungenerkrankung von Frühgeborenen häufig mit einem offenen Ductus botalli einhergeht. Daneben spielen *überhöhte Flüssigkeitszufuhr* und hohe Dosen *zirkulierender Prostaglandine (PGE)* eine ursächliche Rolle. Prostaglandine sind körpereigene Stoffe mit u. a. gefäßerweiternder Wirkung.

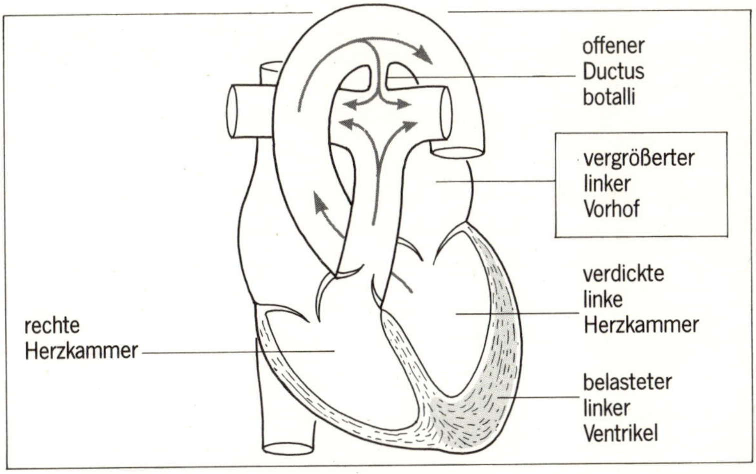

Abb. 29 Persisitierender Ductus Arteriosus (Botalli) PDA.

Wie aus der Abbildung ersichtlich, fließt ein mehr oder weniger großer Teil des Blutes aus der linken Herzkammer wegen des ungleich höheren Drucks im Körperkreislauf über den offenen Ductus zurück in den Lungenkreislauf. Dort mischt es sich mit dem Blut aus der rechten Herzkammer. Man bezeichnet diesen Kurzschlußfluß aus diesem Grund als (von) *links-* (nach) *rechts-Shunt*. Die Folge davon ist neben der Überflutung der Lunge mit Mischblut eine vermehrte *Belastung des linken Herzanteils*, dem ja das Blut nach der Lungenpassage wieder zugeführt wird. Letztendlich resultiert daraus eine Übersäuerung des Blutes (Azidose, s. S. 54). Die Verschlechterung der Blutgaswerte zwingen zu erhöhter Beatmung, das Herz versucht den Blutdruckabfall mit schnellerem Herzschlag (s. S. 186) auszugleichen. Die Azidose – als Gift für alle Organe – kann das unmöglich machen. Wenn aber der Blutdruck fällt, kommt es im Körper zu Mangelversorgung der Zellen. Die »innere« Erstickung löst eine verstärkte Milchsäurebildung aus, welche ihrerseits die Azidose weiter verstärkt.

Auf diese Weise kann sich das System immer weiter aufschaukeln und schließlich lebensbedrohende Folgen annehmen.

Spätestens wenn die zunehmende Beatmung erkennen läßt, daß nicht mehr viel »Luft« ist, kann man davon ausgehen, daß sich der Ductus nicht von allein verschließt.

Die *Behandlung* kennt drei Möglichkeiten:
1. *Verminderung der Flüssigkeitszufuhr.* Mit der Reduzierung der Infusion nimmt man die Blutbelastung auf den Ductus zurück. Dadurch soll das Gewebe die Möglichkeit erhalten sich zu schließen.

2. Die bei weitestem wirkungsvollste Methode ist der *operative Ductusverschluß.* Durch Abbinden des Kurzschlusses wird eine dauerhafte Unterbrechung gewährleistet. Die Operation ist trotz erster Bedenken der Eltern relativ harmlos und kann sogar am Inkubator durchgeführt werden.

3. Eine dritte Methode der Duktusbehandlung besteht in der *Gabe von Prostaglandinhemmern* (s. o.).

Da gefäßerweiternde Prostaglandine, wie oben erwähnt, beim Ductus verstärkt zirkulieren, war es logisch, den Gegenspieler (Antagonisten) einzusetzen. Prostaglandinhemmer wirken gefäßverengend und sind somit als medikamentöse Therapie gut geeignet. Als Nebenwirkung wird eine vorübergehende Einschränkung der Nierenleistung manchmal beobachtet.

Persistierende fetale Zirkulation (PFC Syndrom)

Wird die Lunge nach der Geburt schlecht belüftet, dann fehlt der »Anreiz« zur Kreislaufumstellung. Es ist deutlich, daß Sekret in den Atemwegen und mangelhafte Atemstimulation die Lunge nur mäßig mit Sauerstoff anfluten lassen. Nach dem Prinzip:

Je schlechter die Belüftung, desto schlechter die Durchblutung

öffnen sich im Lungenkreislauf nur wenige Gefäße. Große Teile des ankommenden Blutes fließen über Nebenschlüsse an »stillgelegten« Lungenknospen vorbei und strömen ohne Sauerstoffbetankung wieder zum (linken) Herzen zurück.

Das hat zwei enorm wichtige Konsequenzen:

1. Die geringe Zahl der Umgehungsgefäße führt zu einem Blutstau im Gefäßbett der Lunge. Physiologisch übersetzt, bedeutet das: Kaum Druckabfall in der Lungenstrombahn. Daher auch der Ausdruck ›fortbestehender Lungenhochdruck‹ oder *persistierende pulmonale Hypertension* (PPH).

2. Da die Plazenta als Sauerstofflieferant weggefallen ist, resultiert ein sofortiges Sauerstoffdefizit. Die mangelhafte Aufsättigung in der Lunge zeigt sich an der Blauverfärbung (Zyanose) der Haut.

Zu viel Schleim in den Atemwegen, mangelhafte Stimulation eines »schlaffen« gestreßten Babys, Kälte und Unterzuckerung verhindern die rasche, sichere Kopplung von Atmung und Kreislauf. Dadurch entsteht leicht eine *Übersäuerung (Azidose)* mit all ihren negativen Auswirkungen.

Indes sind noch weitere Ursachen für das PFC Syndrom verantwortlich: Bei der *Mekoniumaspiration* verhindert das Kindspech in den Atemwegen die Entfaltung und Belüftung der Lungenbläschen. *Fehlbildungen in den Gefäßen des Lungenkreislaufes* können ebenso das Ankoppeln von Lungenbläschen und Bluthaargefäßen verhindern wie *angeborene Lungenentzündungen* oder ein *primäres Atemnotsyndrom*. In einigen Fällen bleibt außerdem unklar, warum der Lungenwiderstand so hoch bleibt und persistierende fetale Verhältnisse anhalten *(Idiopathisches PFC)*. Langdauernder intrauteriner Streß könnte – so die Vermutung – zu Muskelverdickung in der Wand feiner Lungenkapillaren führen und nach der Geburt den Gasaustausch in oben beschriebener Weise verhindern.

Die *Behandlung* ist schwierig:

1. Beatmung mit speziellen Techniken
2. genaue Diagnostik, um andere Ursachen für die Blausucht auszuschließen
3. Die Gabe eines Mittels, welches die Lungenstrombahn erweitert, also den ursächlichen Mechanismus »angreift«.
   Das Medikament heißt Priscol® (Tolazolin). Das Mittel löst über eine Nervenblockade an den Gefäßen die Spannung. Leider hat es auch Wirkung auf die Gefäße im Körper, so daß Tolazolin eine allgemeine Blutdrucksenkung bewirkt (peripherer Widerstand, s. S. 82). Der Blutdruckabfall kann so groß sein, daß die Urinproduktion abnimmt und die Entgiftung des Körpers leidet. Manchmal kommt es unter der Therapie auch zu Darmblutungen.
   Der Einsatz dieses Mittels muß also genau überlegt werden.

PFC Syndrome können lange bestehen bleiben, auch die Gabe von Tolazolin hat nicht selten nur vorübergehenden Effekt. Lange Beatmung und Rückschläge begleiten das Bild.

Akute Herzschwäche

Die wichtigste herzschwächende *Ursache* neben angeborenen Herzfehlern ist die *Asphyxie*. Sauerstoffmangel und Streß führen zu Herzmuskelschwäche, die ihrerseits einen funktionierenden Kreislauf behindert (s. o.). Daneben können aber auch Blutkrankheiten, insbesondere die *Blutarmut* (Anämie) wegen der mangelhaften Bereitstellung von roten Blutkörperchen, *Stoffwechselstörungen* oder *Entzündungen des Herzmuskels* (z. B. Coxsackie B) die Herzleistung mindern.

Eine Herzschwäche beim Neu- oder Frühgeborenen zeigt sich meistens zuerst an einer übermäßigen (scheinbaren) Gewichtszunahme. Wasser wird ins Gewebe eingelagert und schwemmt den Körper auf. Der geschwächte Kreislauf erschwert das Trinken, die Kinder müssen sich sehr anstrengen und schwitzen leicht. Da sich der Herzmuskel nicht mehr richtig zusammenzieht und nur ungenügend Blut pumpt, versucht das Herz durch schnelleren Herzschlag (Tachykardie) den Blutdruck aufrecht zu erhalten. Trotzdem reicht das manchmal nicht aus, die Nieren so gut zu durchspülen, daß eine unzureichende Urinproduktion bestehen bleibt. Der Darm wird nur ungenügend durchblutet, nicht selten besteht daher Nahrungsunverträglichkeit und ein geblähter Bauch.

Die *Diagnose* wird bestätigt, wenn sich im *Röntgenbild* dann ein großes schlaffes Herz zeigt. Die *Ultraschalluntersuchung* beweist den Schwächezustand: Messung von Blutfluß und Herzleistung zeigen im Dopplerbild verminderte Werte.

Die *Behandlung der Herzschwäche* stützt sich auf folgende Punkte:

1. Ausreichende Sauerstoffzufuhr, Vermeidung einer Azidose (s. S. 54)
2. Beseitigung einer evtl. Blutarmut oder anderer ursächlicher Faktoren (z. B. Kalziummangel oder Unterzuckerung, Natriummangel oder Kaliumstörungen)
3. Kontrollierte eher zurückhaltende Flüssigkeitstherapie, um das Herz zu entlasten
4. Gabe von kreislaufstabilisierenden Medikamenten (Dobutrex) und/oder Plasmabestandteilen (s. S. 83 f.)
5. Gabe von herzstärkenden Mitteln (Digitalistherapie)
6. Gabe von urinfördernden Mitteln (Diuretika).

Herzrhythmusstörungen

Das Herz besitzt eine eigene Reizleitungsstruktur.

Unterbrechungen infolge *Fehlbildungen, Störungen der Körpersalze* oder *Herzschwäche* führen zu Herzstolpern, langsamem oder schnellem Herzschlag sowie sog. Blockierungen an bestimmten Stellen des Reizleitungssystems. Alle diese Veränderungen lassen sich am EKG ablesen.

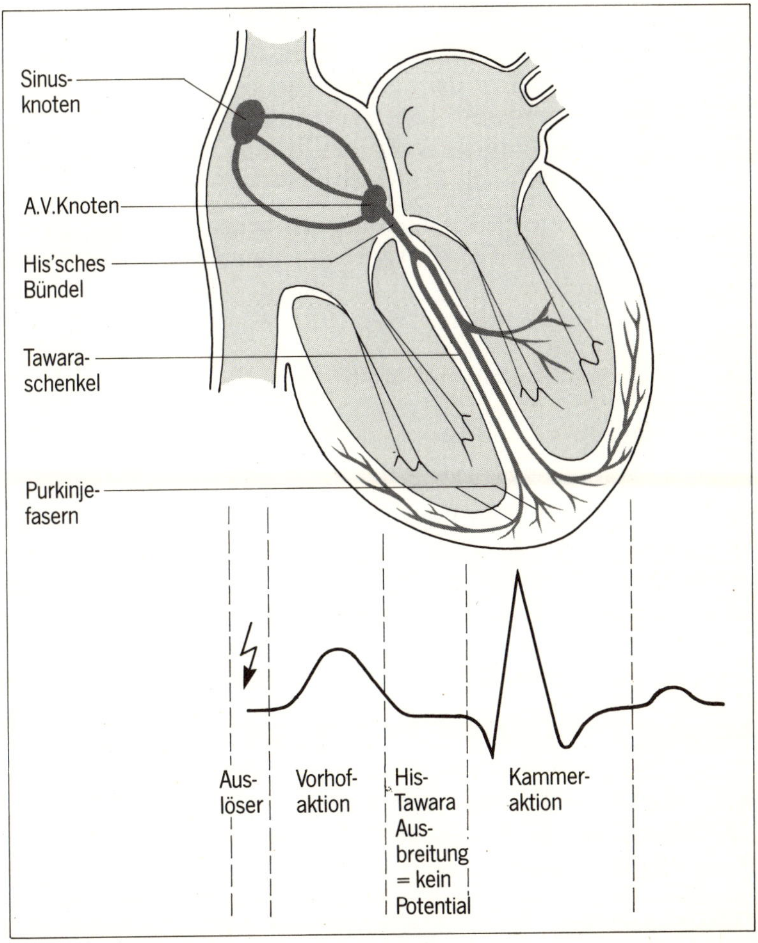

Abb. 30 Reizleitungssystem des Herzens und EKG-Ausschläge.

Die häufigste Form ist ein schneller Herzschlag, der anfallsweise einsetzt und seinen Ursprung im Reizleitungssystem der Vorhöfe hat. Diese sog. *Paroxysmale supraventrikuläre Tachykardie* tritt bereits bisweilen im Mutterleib auf. Sie kann sehr gut mit Hilfe des Ultraschalls oder des *Wehenschreibers* erfaßt werden. Auch die Behandlung ist schon im Mutterleib möglich. Nach der Geburt zeigen die Kinder im EKG ein typisches Bild. Sie bieten sichtbar das Bild einer Herzschwäche (S. 186). Da verständlicherweise der »Motor« nicht unbegrenzt lange auf so hohen Touren laufen kann, muß behandelt werden.

Die *Behandlung* kennt andere Möglichkeiten:

1. Versuch durch Augendruck oder Eiswasserabreiben läßt in einigen Fällen den Rhythmus umspringen.
2. Digitalispräparate haben eine frequenzsenkende Wirkung.
3. Antiarrhythmika (Verapramil®) kann bei Bestehenbleiben des hohen Herzschlages zusätzlich eingesetzt werden.

Kinder mit PSE sollten danach konsequent über die Dauer von etwa 1 Jahr digitalisiert bleiben, um ein erneutes Ausbrechen zu verhindern.

Der Ventrikelseptumdefekt (VSD)

Der VSD ist der häufigste angeborene Herzfehler. Je nach Lokalisation unterscheidet man verschiedene Formen.

Ein typisches Herzgeräusch, das meist erst in der zweiten Lebenswoche auftritt, und in wechselndem Ausmaß die Zeichen einer Herzschwäche, lassen den Verdacht entstehen. Das *Ultraschallbild* beweist die Diagnose und das Ausmaß des Defektes. Beim VSD strömt das Blut aufgrund der kräftigen linken Herzkammer in einem *li-re Shunt* auf die rechte Seite. Da das linke Herz quasi diesen Blutfluß »mitfinanziert«, muß es sich vergrößern, damit der Körperkreislauf stabil bleibt. Weil diese Veränderungen ebenfalls im Ultraschallbild gemessen werden können, ergeben sich gute Möglichkeiten der Kontrolle. Man erkennt, ob das linke Herz sich überlastet, oder ob die Reserven ausreichen, den Mehraufwand zu bewältigen (hämodynamisch nicht relevanter VSD). Das ist insofern von großer Bedeutung, da kleine VSD (= Grad I) keine Symptome erkennen lassen. Sie besitzen die Tendenz, sich *spontan innerhalb des ersten Lebensjahres zu verschließen*. Eine *Operation mit Verschluß des Loches ist also nur in Ausnahmefällen* dort nötig, wo die Kontrolluntersuchungen eine zunehmende Gefährdung des Herzens aufzeigen.

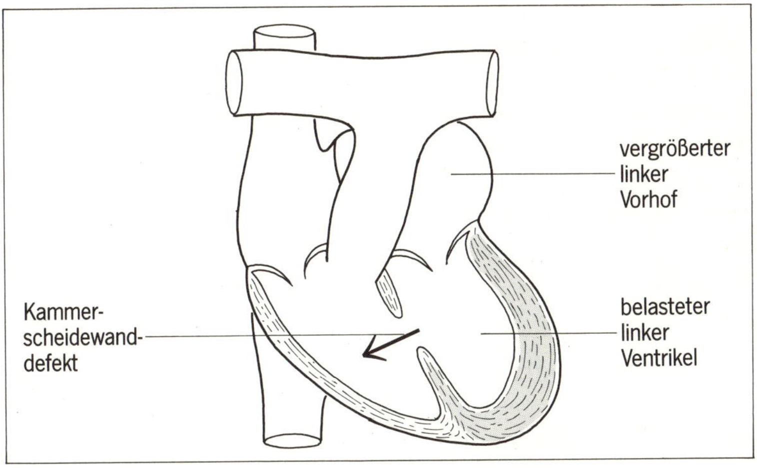

Abb. 31 Muskulärer Ventrikelseptumdefekt (Kammerscheidewanddefekt).

Grad II VDS sind definiert durch eine Belastung des Lungenkreislaufes aufgrund des Überlaufblutes. Die vermehrte Blutmenge führt zu einem Lungenhochdruck, der sich durch Atembeschwerden, vermehrten Luftwegsinfekten, Trinkschwäche und Wachstumsstörung im ersten Lebensjahr bemerkbar macht. Manche Kinder entwickeln eine ausgeprägte Herzschwäche. Es läßt sich aber im Einzelfall nicht vorhersagen, wann und mit welcher Geschwindigkeit der Druck im Lungenkreislauf ansteigt.

VSD müssen regelmäßig kontrolliert werden. Jede Änderung der »Vitalität« über mehrere Wochen sollte zum Anlaß für eine erneute Untersuchung werden.

Der zunehmende Blutdruck im Lungenkreislauf führt schließlich zum Druckangleich zwischen den beiden Kreisläufen. Da der Blutfluß im Defekt physikalischen Gesetzmäßigkeiten folgt, kann jetzt eine *Shuntumkehr* entstehen: Blut fließt bei weiter steigendem Druck umgekehrt von rechts nach links. Damit gelangt sauerstoffarmes Blut in den Körperkreislauf, was sich in einer Blausucht (Zyanose) bemerkbar macht. Der Grad III des VSD ist erreicht.

Das muß nicht nur deshalb verhindert werden, weil die Zyanose die Sauerstoffversorgung des Körpers beeinträchtigt, sondern weil vor allen Dingen ab diesem Zeitpunkt eine Operation unmöglich wird: Der Verschluß des VSD mit einem Flicken (patch) würde unweigerlich den Druck auf das rechte Herz so erhöhen, daß es den Anforderungen nicht standhielte. Es würde vergeblich versuchen, den inzwischen riesigen Widerstand in der Lunge zu überwinden. Das ankommende Blut aus dem Körper könnte nicht abgepumpt werden, würde sich im rechten Herzen stauen und rasch zum akuten *Rechtsherzversagen* führen.

Zeigen sich Belastungsphänomene, dann muß im Stadium II das Herz mit Digitalis in seiner Funktion gestärkt werden. Belegen die Kontrollen trotzdem ein Fortschreiten, so ist die Operation nicht zu umgehen (bis zum 2. Lebensjahr).

Nicht selbstkorrigierende Herzprobleme

Pulmonalstenosen

Die Einengung der Lungenstrombahn an verschiedenen Stellen führt je nach Art und Grad zu verschiedenen Krankheitsbildern.

Die häufigste Form ist die Klappenenge *(valvuläre Pulmonalstenose)*. Daneben unterscheidet man noch Verengungen an der Einmündung zur Lungenarterie *(subvalvuläre PS oder infundibuläre PS)*. Der Engpaß führt je nach Grad und Sitz zu einer wechselhaften Belastung des rechten Her-

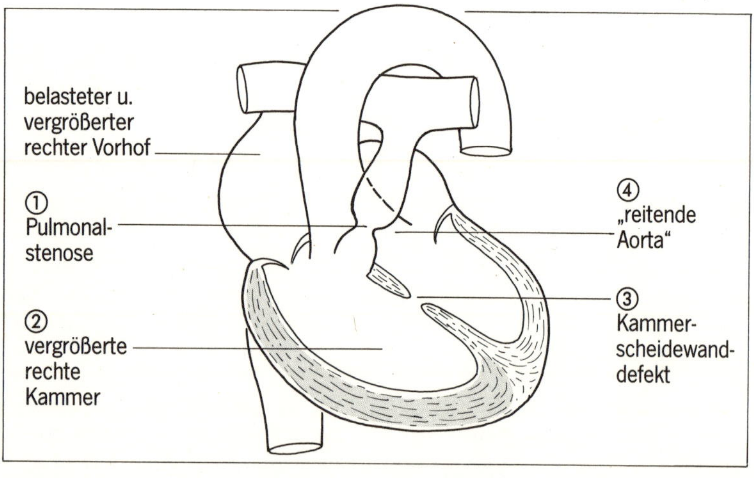

Abb. 32 Pulmonalstenose = Verengung der Lungenstammarterie.

zens. Leichte Formen können symptomlos bleiben, lediglich das typische Herzgeräusch weist auf einen Herzfehler hin. Mittlere und schwere Formen führen zu Atembeschwerden und rascher Ermüdbarkeit. Wie bei anderen Herzproblemen dienen EKG, Röntgen und vor allen die Ultraschalluntersuchung zur Beurteilung des Schweregrades.

Komplexe Herzfehler, die Fallotsche Tetralogie

Der angeborene schwere Herzfehler zeichnet sich aus durch eine *Pulmonalstenose*. Die erschwerte Arbeit, gegen die Enge anzupumpen, führt zu verstärkter Belastung des rechten Herzanteils *(Rechts-Herzhypertrophie)*. Ein gleichzeitig bestehender *Ventrikelseptumdefekt* ist der dritte auffällige Befund. Das starke rechte Herz pumpt im Gegensatz zum »einfachen« Ventrikelseptumdefekt das Blut jedoch von rechts > links. Bei der Fallotschen Erkrankung besteht also ein Re->Li-Shunt. Alle Herzfehler mit dieser Blutflußrichtung führen das Blut an der Lunge »vorbei«. Es wird nicht aufgesättigt, und rezirkuliert als sauerstoffarmes Blut in den Körper. Die zusätzliche Pulmonalstenose erschwert den Lungendurchfluß.

Alle Herzfehler mit Re->Li-Shunts sind zyanotische Herzfehler. Das bedeutet, spätestens bei Belastung führt die Sauerstoffuntersättigung zur Blausucht: Blaue Lippen, blaue Finger, und schließlich verfärbt sich die

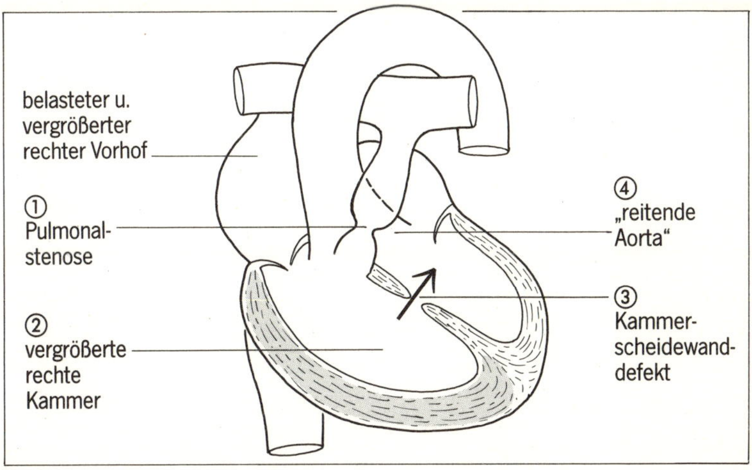

Abb. 33 Fallot'sche Tetralogie (vgl. Text).

ganze Haut blau-livide. Als Folge der ungleichen Herzbelastung verschieben sich die Herzkonturen. Die *Körperschlagader liegt »reitend« über dem Ventrikelseptumdefekt.*

Die vier Herzbelastungen erklären den Namen Fallotsche Tetralogie:

1. Lungenarterienverengung
2. Rechtsvergrößerung
3. Kammerscheidewanddefekt
4. reitende Aorta.

Die Diagnose wird mit Hilfe der Echokardiographie gestellt. Der Herzkatheter kann weitere wertvolle Informationen über den Schweregrad dieses komplizierten Herzfehlers liefern. Da es sich um einen nicht selbstkorrigierenden komplexen Fehler handelt, ist die Operation nicht zu vermeiden. Je nach Ausmaß des Fehlers, der in verschiedene Schweregrade eingeteilt wird, ist bis zum Schulalter die Korrektur anzustreben. Voraussetzung ist allerdings die befriedigende körperliche Entwicklung des Kindes. Bei einer Verschlechterung muß selbstverständlich dringlichst operativ eingegriffen werden.

Die Operation beim M. Fallot hat zum Ziel, die Lungendurchblutung zu verbessern. Es gibt mehrere Verfahren.

Nervensystem und Hirndurchblutung

Vorbemerkungen

Störungen im Nervensystem sind die gefürchtetsten Komplikationen bei Frühgeborenen, die intensiv betreut werden. Einmal aufgetreten, können sie lebenslange Handicaps nach sich ziehen. Sie äußern sich in vielfältigen Erscheinungsbildern. Die schweren Behinderungen in Form von spastischen Lähmungen sind in den letzten Jahren dank der verbesserten Intensiv-Technik und dem gestiegenen Wissen seltener geworden.

Es sind die leichteren nervösen Störungen, wie mangelhafte Bewegungskontrolle, Entwicklungsverzögerungen und Ungeschicklichkeiten (»zwei linke Hände«), oder auch spätere Konzentrationsprobleme, die auf minimale Regulationsstörungen der Hirntätigkeit hinweisen. Sie fallen bei grober Betrachtung im Alltag zunächst weniger auf, und nicht selten heißt es: »Sie/Er ist eben ein Spätentwickler!« In Wirklichkeit strengt sich das Kind aber enorm an und versucht damit einfach nur Schritt zu halten. Früher oder später wird es aber den Anschluß verlieren und frustriert aufgeben. Unbeholfenheit und mangelhaftes Selbstvertrauen liegen eng beieinander. Man muß nur an »Fehltritte« von Sportlern denken. Wegen der engen Verflechtung wird das Krankheitsbild daher auch als Psycho-Organisches Syndrom bezeichnet.

Hauptverursacher des POS sind mangelhafte Erstversorgung (s. S. 33 ff.) und das Transportproblem (s. S. 31). Eines der wichtigsten Ziele neonatologischer Intensivbehandlung ist es daher, die empfindlichen Hirnstrukturen von Anfang an zu schützen.

Das **zentrale Nervensystem** (ZNS) besteht aus Rückenmark und Gehirn. **Periphere Nerven** stellen die Verbindung von Drüsen, Muskeln oder inneren Organen zur zentralen Achse her. Wie in einer »Standleitung« können zu jedem Zeitpunkt Informationen von außen nach innen über den *sensiblen Nervenanteil* (z. B. Schmerzreize) überbracht werden. Sie werden im Gehirn verarbeitet, sinnvoll vernetzt und anschließend über den *motorischen* Anteil des Nervenkabels z. B. zu Muskeln geleitet, die sich »befehlsgemäß« zusammenziehen. Dabei unterscheidet man willkürliche Muskelbewegungen von unwillkürlichen reflexartigen Bewegungen. Der Unterschied zwischen beiden liegt – vereinfacht ausgedrückt – in der Verarbeitungshöhe des zentralen Nervensystems. Bewußte Bewegungen erfordern die Mitentscheidung der »Chefetage«, also der Hirnrinde, einfache Reflexe werden aus ökonomischen Gründen bereits in Rückenmarkshöhe entschieden. Es würde in der Tat auch zu lange dauern, wenn die Entscheidung, ob die Hand von

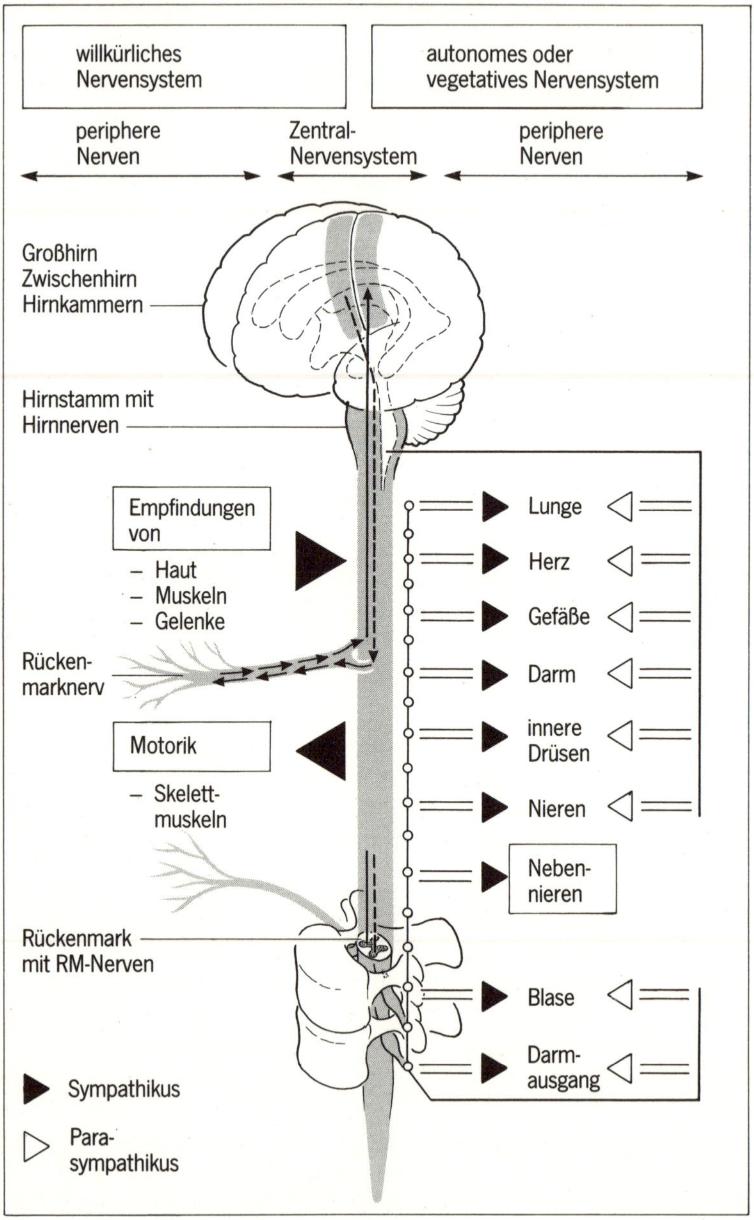

Abb. 34 Zentrales Nervensystem, Nerven, Effektororgane.

der heißen Herdplatte zurückgezogen werden soll oder nicht, erst von »ganz oben« bewilligt werden müßte.

Die Aktivität der meisten inneren Organe werden von Nervenfasern des willenunabhängigen oder *autonomen Nervensystems* gesteuert. Zwei entgegengesetzt wirkende Nervensysteme balancieren je nach Bedarf die Wirkung der inneren Organe aus. Der Sympathicus-Anteil ist biologisch betrachtet *bei Fluchtsituationen aktiv*. Man spricht in diesem Zusammenhang nicht zu Unrecht von »Adrenalin-Stoß«. Der Gegenspieler oder Parasympathicus wird aktiv, wenn es um *Erholung und Auftanken* geht.

Tab. 16 Wirkungen des autonomen Nervensystems

	Autonomes Nervensystem Sympathicus	Parasympathicus
Herz	leistungssteigernd	verlangsamt Herzschlag
Lungenwege	erweitert Bronchien	verengt Bronchien
Gefäße Muskulatur:	erweiternd	–
übrige:	verengend	
	⇒ Kreislaufleistung erhöht	
Darmtätigkeit	vermindert	steigert Darmtätigkeit
Schließmuskel Blase	erhöht	vermindert
Darm	erhöht	vermindert
		⇒ Regeneration/Entgiftung verbessert

Die Entwicklung des Nervensystems

Das Rückenmark

Die *Entwicklung* des zentralen Nervensystems beginnt etwa in der dritten Schwangerschaftswoche mit der Ausprägung des Rückenmarks. Wie beim Zusammenschieben einer Papierseite bildet sich aus einer ursprünglich »neuralen Platte« zunächst eine Rinne und schließlich das *Neuralrohr*. Die Struktur wird anschließend reißverschlußartig von der Mitte des Rohres beginnend in Kopf- und Fußrichtung verschweißt. Der Vorgang zieht sich über mehrere Tage.

Bleibt der Verschluß im unteren (oder caudalen) Abschnitt aus, so entwickeln sich daraus die verschiedenen Formen des offenen Rückens.

Offener Rücken (Spina bifida)

Der offene Rücken kommt *familiär gehäuft* vor. Hat eine Familie bereits ein Kind mit diesem Problem, dann ist die Wahrscheinlichkeit ein zweites krankes Kind zu bekommen etwa 3–5 Prozent. Bei zwei kranken Kindern erhöht sich das Risiko auf etwa 10 Prozent.

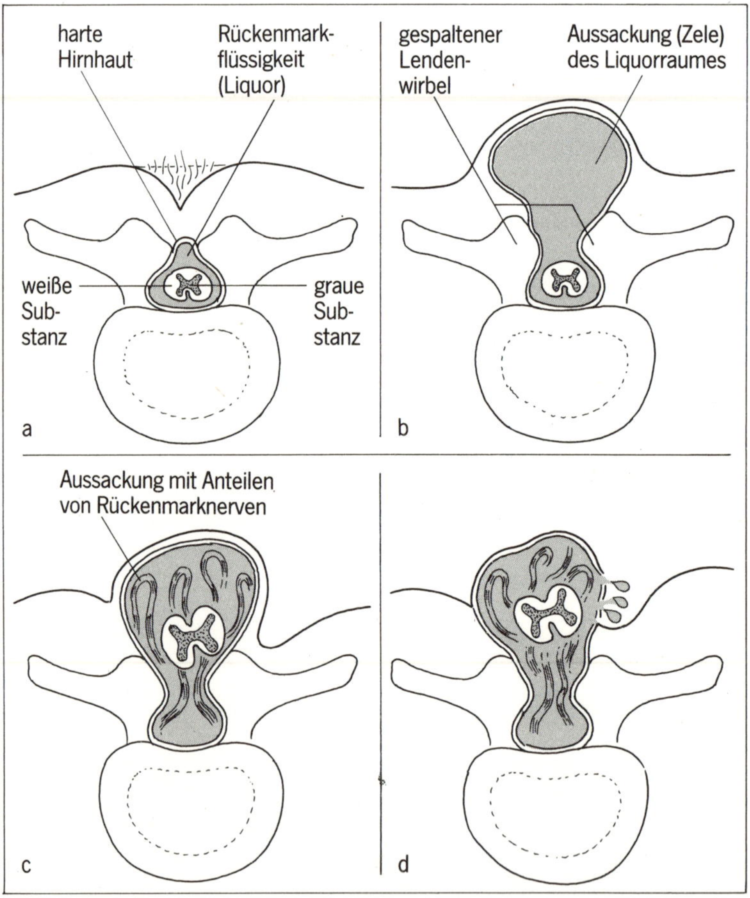

Abb. 35 Verschiedene Schweregrade des offenen Rückens.

Man rechnet in Deutschland mit ca. 600–800 Neuerkrankungen pro Jahr. Das Krankheitsbild kommt in vier verschiedenen Varianten vor (s. Abb. 34).

Ursachen für die verschiedenen Formen lassen sich im einzelnen schwer nachweisen. Chromosomenstörungen und Krebsmedikamente sind seltene mögliche Gründe. Ob einseitige Ernährung mit Mangel an Vit. B_9 in der sensiblen Phase eine Rolle spielt, ist umstritten. *Umweltbelastungen* und *Radioaktivität* dürften ebenfalls von Bedeutung sein. Die Zahl der fehlgebildeten Kinder mit Entwicklungsstörungen des Gehirns nach Tschernobyl ist jedenfalls Grund zur Besorgnis.

Die Diagnose einer Rückenmarksfehlbildung kann bereits im Mutterleib mit Hilfe von *Blut- und/oder Fruchtwasseruntersuchungen* gestellt werden. Bei offenem Rücken ist das sog. Alpha-1-Fetoprotein erhöht. Die Substanz wird im Rückenmark selbst gebildet und tritt bei offenem Rücken ohne Überhäutung(!) in großen Mengen ins Fruchtwasser über. Zeigen sich verdächtig hohe AFP-Werte, dann ist die *Ultraschalluntersuchung* ein genaues Ergänzungsverfahren, Fehlbildungen bereits in der Schwangerschaft aufzudecken.

Bei Nachweis eines offenen Rückens ist die Entbindung durch Kaiserschnitt das schonendste Geburtsverfahren. Ohne diese vorgeburtlichen (pränatalen) Untersuchungen ist die Wirbelsäulenspalte nach der Geburt eine Blickdiagnose.

Verstärkte Behaarung oder ein Steißbeingrübchen (das bis zum Rückenmark getunnelt sein kann) lenken den Verdacht auf eine Spaltbildung der Lendenwirbel *(Spina bifida occulta)*. Sie sind in der Regel harmlos, verursachen keine Beschwerden und müssen nicht behandelt werden.

Meningomyelozelen führen bei ca. 9 von 10 Kindern infolge Zugwirkung des Rückenmarkes zu Abflußbehinderungen (Arnold Chiary Syndrom) des Kammerwassers im Gehirn. Dadurch steigt der Hirndruck, es entsteht ein *Hydrozephalus* (s. S. 204).

Nach erster Versorgung wird der offene Rücken chirurgisch »gedeckt«, und das Gehirn mit Hilfe einer Drainage (s. u.) druckentlastet. Durch die Abdeckung ist zwar der Rücken wieder verschlossen, jedoch führen die Nervendefekte aus diesem Gebiet zu vielfältigen Problemen. Sie sind wegen der erheblichen Behinderungen und ständig neuaufflammenden Komplikationen auch Gegenstand von ethischen Diskussionen. Um zu gemeinsamen Entscheidungen zu kommen, ist es daher notwendig, betroffene Eltern so frühzeitig wie möglich in das »Problemfeld: offener Rücken« einzubinden.

Die Prognose ist um so besser, je kleiner der Defekt. Wenn sich bei Geburt Reaktionen der Beine nachweisen lassen, ist die Chance auf zumindest körperliche Gesundung gut. Etwa 50 Prozent aller Patienten weisen eine normale Intelligenz auf, die übrigen Kinder zeigen Entwicklungsverzögerungen und geistige Retardierung. Bei guter *Frühförderung verbessern* sich aber auch deren Chancen.

Häusliche Pflege und Nachsorge

Da bei der angeborenen Störung Komplikationen auftreten, die von Operationsnachwirkung (z. B. durch Narbenzug, sog. ›tethered cord syndrome‹) bis zu seelischen Problemen reichen, ist die *regelmäßige Nachbetreuung* bis weit ins Erwachsenenalter von überragender Bedeutung.

Sie beginnt mit der *Beratung der Eltern* über das, was in den nächsten Jahren auf »sie zukommen wird«. Diese müssen sich im klaren darüber sein, daß ihr Kind unter Umständen lebenslange Hilfe benötigt. Sie müssen sowohl über die Möglichkeiten der Rehabilitation informiert werden, als auch erfahren, daß es für sie selbst Akuthilfe über einen familienentlastenden Dienst gibt. Arbeitsgemeinschaften und Selbsthilfegruppen betroffener Eltern (Adressen, s. S. 236) helfen weiter.

Die Kindervorsorgeuntersuchungen (U1–U9) sind besonders wichtige ärztliche Kontrollen. Bei Kindern mit Wirbelsäulen-Rückenmarksschäden prüft der Kinderarzt in regelmäßigen Abständen:

1. Den Kopfumfang, weil eine Abflußbehinderung des inneren Hirnwassers (Liquor) das Hirngewebe auseinanderdrängt (Hydrozephalus, s. S. 204), und den Kopfumfang anschwellen läßt (vgl. »gelbes Heft«, Diagramm auf der Rückseite).

2. Die Augen, weil durch Hirndruck die Sehkraft nachläßt, und damit die Gefahr der Erblindung gegeben ist.

3. Den körperlichen und geistigen Fortschritt, weil die Nervenstörungen sowohl die Bewegungsfreiheit einschränken, und damit ›Frustrationen‹ vorprogrammiert sind, als auch ein gleichzeitig bestehendes Krampfleiden die Entwicklung der Kinder stark behindern kann. Eine Epilepsie muß medikamentös eingestellt und regelmäßig über EEG-Ableitungen kontrolliert werden.

Verschiedene psychotherapeutische Verfahren bieten sich an, um die seelischen Belastungen bei Jugendlichen zu mildern.

4. Die Ausscheidungsfunktion von Blase und Darm, weil Nervenstörungen die Schließmuskelfunktion beeinträchtigen. Blasen- und Mastdarmtraining verbessern die Ausscheidung. Regelmäßige Urinkontrollen helfen, die immer wiederkehrenden Harnwegsinfekte frühzeitig zu erfassen. Nicht selten muß über dauerhafte Antibiotikagaben die Niere gegen aufsteigende Infektionen geschützt werden (Antibiotika-Prophylaxe).

5. Die Funktionsfähigkeit von Knochen, Gelenken und Muskulatur, weil Lähmungen zu Verhärtung, Muskelschwund und Knochenentkalkung führen können. Die Gefahr von Fehlstellungen (z. B. der Füße) ist besonders groß. Daher ist krankengymnastische Betreuung von Spina-bifida-Kindern von entscheidender Bedeutung.

6. Die Haut, weil in den gelähmten Bezirken keine Empfindung für Hitze, Druck oder Schmerz besteht und sich auf dieser Basis leichter Druckstellen und Durchblutungsstörungen entwickeln. Hautpflege ist daher von besonderer Bedeutung.

Das Gehirn

Am oberen Abschnitt (kranialer Pol) differenzieren sich aus dem Nervengewebe bis zum Ende der 5. Woche Hirnbläschen, die später die eigentlichen Anteile des Gehirns bilden. Bleibt die weitere Ausprägung ab diesem Zeitraum aus, dann entstehen schwere Gehirnfehlbildungen, die als *Holoprosenzephalie* bezeichnet werden. Sie sind selten.

In der weiteren Entwicklung differenzieren sich in aufsteigender Richtung:

Stammhirn	Zentrale Regelstation für Atmung und Kreislauf
Brücke/Kleinhirn	zentraler Sitz für Bewegungsabläufe
Mittelhirn	Steuerung von Wasser- und Elektrolythaushalt
Zwischenhirn	Hormonzentrale
Endhirn	Sitz von Bewußtsein, Denken und gewollter Bewegung

Die Zuordnung der Funktionen in der oben vorgenommenen Form ist streng wissenschaftlich falsch, denn das Gehirn beeinflußt sich auf verschiedenen Ebenen über sog. Rückkoppelungsmechanismen (feed-back Systeme) gegenseitig. Es ist eben ein »großes Ganzes«. Zur groben Orientierung mag die Einteilung aber genügen. Betrachten wir das Kleinhirn und den sog. Brückenstamm einmal genauer, so läßt sich stellvertretend für andere Hirnanteile das oben erwähnte »große Ganze« demonstrieren: Das Orientieren im Raum ist für die sinnvolle Bewegung von großer Bedeutung. Der »Kompaß« Gleichgewichtsorgan ist im Innenohr neben dem eigentlichen Hörorgan – der Hörschnecke – untergebracht. Es überrascht zunächst, daß diese beiden Empfindungen offensichtlich eng miteinander zusammenhängen. Beide Qualitäten werden außerdem schon früh (16.–24. Woche) entwickelt. Vor allen Dingen durch die Orientierung im Raum kann das Ungeborene den Gang der Mutter, das Auf und Ab ihrer Atmung, kurz das »Bewegungsverhalten« seiner Mutter in sich aufnehmen. Zusätzlich ist die Sprache geprägt durch Rhythmik und ureigene Melodie. Insbesondere der Herzschlag als »Sprache des Herzens« wird für die Kinder unverwechselbar. All das wird weit vor der Geburt aufgenommen, registriert, und über das Innenohr zum funktionierenden Mittelhirn weitergeleitet und als Muster im Kleinhirn gespeichert. Das hat weitreichende Konsequenzen: Flüssige Sprachmelodie (oder entspanntes Singen) wirkt in Zusammenhang mit Wiegen, Schaukeln oder Umhergehen(!) als erlebtes Ruhemuster und besänftigt die Kinder. Innere Spannungen, die immer auch über die Stimme vermittelt wird, löst Unruhe und – biologisch gesprochen – Fluchtreize aus. Später laufen die Kinder im Sprachtakt der Mutter. Fast immer wird das Laufen von rhythmischem Gesang oder der Stimme untermalt. Noch später ist die unbeschwerte Fähigkeit zur Orientierung eine (wenn nicht die) entscheidende Voraussetzung für die *Entwicklung des Selbstbewußtseins*. Wer sich sicher bewegen kann, ist automatisch im Vorteil. Er/sie wird sich im Spiel gut »in Szene setzen«, in der Regel sich auch lautstark (Name!) zu Gehör bringen.

Die Durchblutung des Gehirns

Die Durchblutung des Gehirns entwickelt sich »von unten nach oben«. Entsprechend der zarten Struktur des Endhirns sind auch die Gefäße dünn und leicht verletzlich. Zudem sprießen sie im Endhirn von der Hirnoberfläche und den tieferen Gehirnanteilen aufeinander zu. Bei Frühgeborenen ist der Vorgang noch nicht abgeschlossen, so daß unter dem Hirnmantel ein Saum besteht, bei dem die Durchblutung kritisch knapp wird. Das kann bei *Blutdruckabfall zum Untergang von Nervenzellen* führen.

Das größte funktionelle Problem der Hirndurchblutung bei Frühgeborenen ist die Unfähigkeit der Hirngefäße, auf wechselnde Blutdruckschwankungen zu reagieren. Den Effekt kennt auch jeder Gesunde, der nach

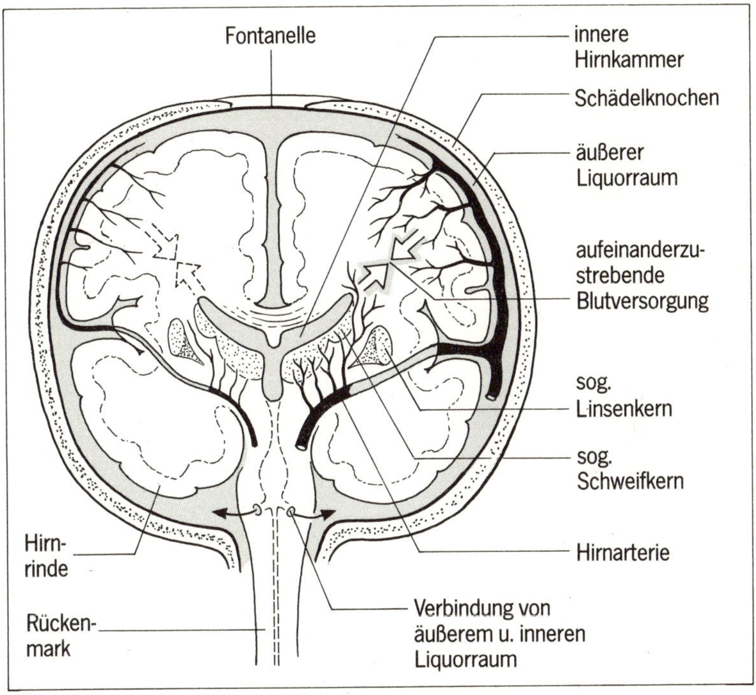

Abb. 36 Entwicklung der Hirndurchblutung.

längerer Bettlägerigkeit plötzlich aufstehen will: Ihm wird kurzzeitig schwindlig und »schwarz« vor den Augen.

Die Fähigkeit zur Blutflußregulierung – auch als Autoregulation bezeichnet – wird etwa bis zur 31. (–33.) Woche erworben. Muskeln in der Wand ausgereifter kleiner Arterien vermögen den Durchmesser der Gefäße so zu verändern, daß die Durchblutung ähnlich wie bei einem Bewässerungssystem genau dem momentanen Bedarf angepaßt wird (peripherer Widerstand, s. S. 82).

Vor diesem Zeitrahmen ist das Gehirn Blutdruckschwankungen zumindest in den ersten Tagen hilflos ausgesetzt. Solange die Belastung konstant gehalten wird, besteht relativ wenig Gefahr. Eine plötzliche Druckwelle hingegen (s. Transport S. 31) schlägt ungehindert bis in die feinsten Verästelungen durch, kann die Gefäße zerreißen und im Gehirn einen Schlaganfall auslösen. Umgekehrt bedeutet dauerhaft niedriger Blutdruck mangelhafte Versorgung der empfindlichen Nervenzellen.

Hirnblutungen und mögliche Folgen

Hirnblutungen bei *Frühgeborenen* zeigen eine deutliche Altersabhängigkeit. Frühchen, die älter als 35 Wochen sind, erleiden in der Regel keine Blutung, weil die Autoregulation (s. o.) zuverlässig funktioniert. Allerdings kann eine *Asphyxie* (s. S. 39) auch bei »großen Frühgeborenen« zum vorübergehenden Verlust der Steuerungsfähigkeit führen, so daß auch bei Neugeborenen nach schwerer Geburt, unzureichender Erstversorgung oder auf langen Transporten Hirnblutungen vorkommen.

Kleinere Blutungen können symptomlos bleiben und fallen nur bei sonographischen Routineuntersuchungen (s. u.) auf.

Schwerere Blutungen zeigen sich gewöhnlich in den ersten drei Tagen nach der Geburt an folgenden *körperlichen Befunden:*

Die Kinder verschlechtern sich plötzlich oder auch langsam »aus dem Ruder laufend« mit Blässe, Atemverschlechterung und Temperaturschwankungen. Sie werden inaktiv und liegen schlaff im Inkubator. Der Kreislauf wird unstabil oder droht sogar zusammenzubrechen. Eine Gelbsucht kann sich rasch entwickeln. Die direkten Hinweise auf eine neurologische Störung zeigen sich in Hirnkrämpfen (die nicht immer spektakulär mit Zuckungen einhergehen müssen) und Hirnstammzeichen wie Herztonabfall (Bradykardien, s. S. 97), Atemaussetzern (Apnoen, s. S. 96) und Störungen des Wasser-Elektrolythaushaltes. Wechselhafte Blutdruckwerte sind ebenfalls Hinweise auf eine Irritation des Hirnstamms.

Die *Laborwerte* verschieben sich zusehends; Azidose, Abfall der roten Blutkörperchen (sinkendes Hämatokrit; s. S. 218) und Störungen der Blutgerinnung stehen im Vordergrund. Der Abfall der Blutplättchen (Thrombozytensturz) weist auf innere Verletzungen hin. Die *Diagnose* wird gesichert mit einer Ultraschalluntersuchung des Gehirns durch die rautenförmige Knochenlücke (Fontanelle) auf dem Schädeldach. Sonographisch lassen sich vier Grade unterscheiden:

Grad I:	isolierte kleine Blutung ohne Einbruch in die Hirnkammern
Grad II:	Hirnkammereinbruch ohne Erweiterung
Grad III:	Hirnkammereinbruch mit Erweiterung
Grad IV:	Blutung ins Hirngewebe.

Grad I und II haben eine gute *Prognose*; in der Regel kommt es auch im weiteren Verlauf zu keiner Erweiterung der Schädelinnenräume. In Routineuntersuchungen zeigen Kontrollsonographien die *Umwandlung der*

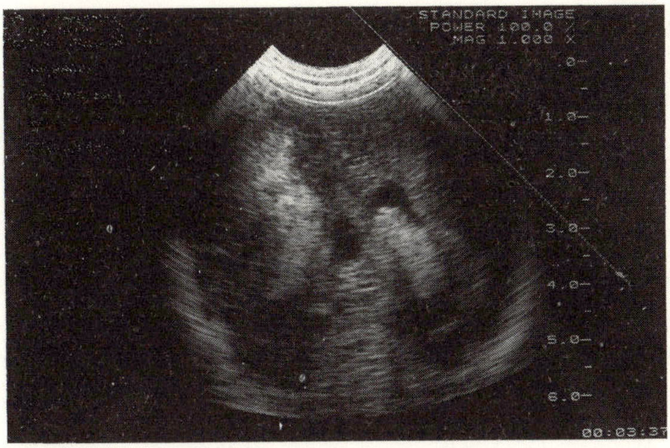

Abb. 37 Eine Hirnblutung IV. Grad in der Sonographie.

Blutung in Zysten, die durchweg symptomlos bleiben. Bei einigen können sie allerdings einseitige Bewegungseinschränkungen nach sich ziehen. Frühzeitige Krankengymnastik verspricht dann Abhilfe. Intelligenzverluste oder Lernstörungen sind selten, aber nicht ganz ausgeschlossen. In jedem Fall aber sind sie gering und bei guter Frühförderung ausgezeichnet behandelbar. Gerade diese Kinder stellen eine vorsorgeärztliche Herausforderung dar.

Sicherheitshalber gilt für alle Frühgeborene nach einem Aufenthalt auf Neugeborenenintensiv-Überwachungsstationen:

Alle Frühgeborenen müssen in ein besonderes Vorsorgeprogramm eingebunden werden, um insbesondere neurologische Minidefizite frühzeitig erkennen und behandeln zu können. Je formbarer, plastischer das Gehirn noch ist, desto besser sind die Therapieergebnisse.

Blutungen mit Grad III und IV hingegen haben eine deutlich schlechtere Prognose.

Hydrozephalus

Das Entstehen eines Wasserkopfes (Hydrozephalus) muß als Folge einer Massenblutung befürchtet werden: Geronnenes Blut ähnelt in seiner Konsistenz etwa rohem Eiweiß. Infolge dieser Eiweißerhöhung verklebt das nunmehr gelieferte Hirnwasser (Liquor) die Abflußwege und behindert die freie Zirkulation. Stau und nachfolgende Erweiterung der inneren Hirnkammern pressen das Hirngewebe wie einen blockierten Wasserschlauch auseinander. Das verdrängte Gehirn gibt den Druck weiter an die noch weichen Schädelknochen, die jetzt wie Eisschollen auseinandergetrieben werden. Schädelwachstum und Kopfumfang nehmen stark zu. Schließlich führt jedoch die anhaltende Druckbelastung dazu, daß kein Ausweichen mehr möglich ist und das Gehirn sandwichartig zusammengequetscht wird. Ab jetzt steigt die Gefahr einer dauerhaften Hirnschädigung steil an.

Es ist trotz allen Unbehagens äußerst beruhigend zu wissen, daß es gegen diese Druckschädigung wirksame Behandlungen gibt.

Sonographie, Computertomographie und *Kopfumfangsmessungen* sind zuverlässige Möglichkeiten, eine Erweiterung der Liquorräume im Entstehen zu verfolgen und rechtzeitig eine Therapie einzuleiten. *Lumbalpunktionen* sind nicht nur zur Gewinnung von Liquor für diagnostische Zwecke geeignet, sondern vermögen in Einzelfällen auch den Hirnkammerdruck in vertretbaren Grenzen zu halten. Allerdings ist die freie Zirkulation des Hirnwassers mit der Rückenmarksflüssigkeit Voraussetzung für diese Art der Therapie. Da das aus oben beschriebenen Gründen – insbesondere bei zunehmendem Aufblähen der Hirnkammern – unwahrscheinlich ist, muß in der Regel eine Ventiloperation den Hirndruck senken.

Der Liquor wird über ein verstellbares Überdruckventil (Niedrigdruckventil <-> Hochdruckventil) direkt von den Hirnkammern in den rechten Vorhof oder (häufiger) in das Bauchfell drainiert.

Es ist so eingestellt, daß lediglich Liquorüberschuß aufgefangen wird. Zu große Entlastung würde das »Einfallen« des Großhirns zur Folge haben. Um zusätzlich eine akute Drucksteigerung sofort behandeln zu können, besitzen die Drainagen ein ziehharmonikaartiges Überlaufreservoir, das auf Fingerdruck überschüssigen Liquor auffängt. In Notsituationen entfällt also die gefährliche Ventrikelpunktion. Alle Leitungen werden unter die Haut verpflanzt, so daß Außenstehende das Ventilsystem kaum erkennen.

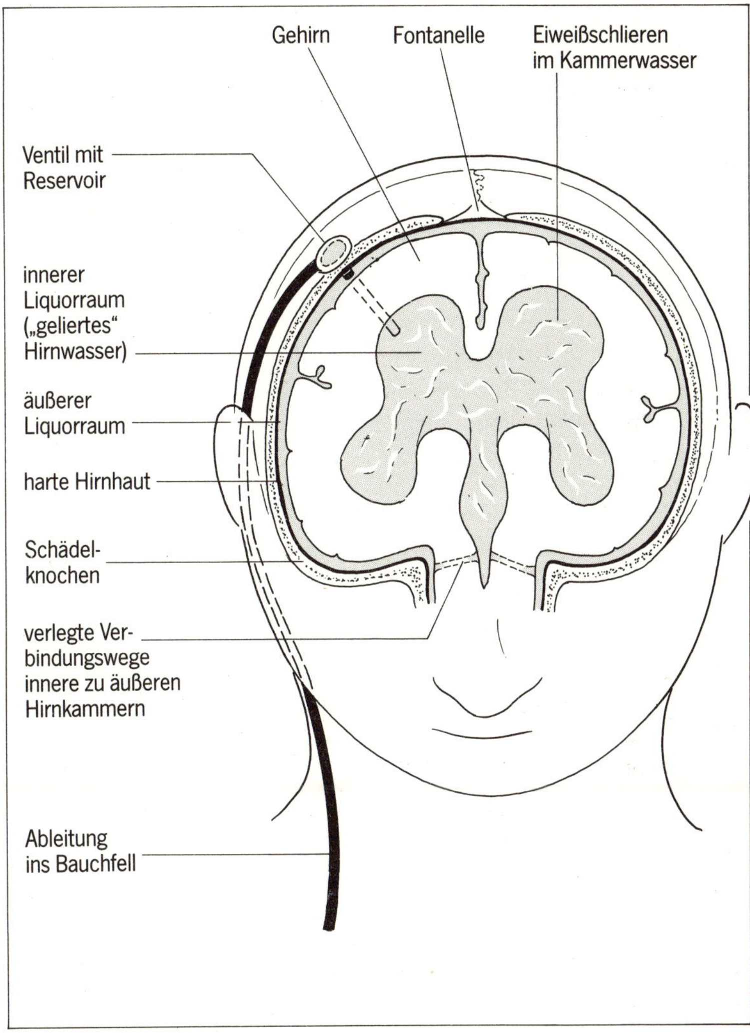

Abb. 38 Ventilableitung bei Stau der inneren Hirnkammer.

Ventilkomplikationen

Etwa 5 Prozent aller *Ventile verstopfen* einmal im Jahr. Die aufsteigende *Ventilinfektion* ist seltener. Es resultiert nachfolgend die erneute Hirndrucksteigerung, die sich an folgenden Zeichen zu erkennen gibt:

- Das Kind verhält sich anders als sonst
- Das Kind wird inaktiver und ermüdet rascher
- Der Kopfumfang nimmt stärker zu (vgl. gelbes Heft)
- Die Augen zeigen ein »Sonnenuntergangsphänomen«
- Erbrechen und Verlust von Aufmerksamkeit sind Frühzeichen
- Die Entwicklung hält inne oder macht einen Knick
- Das Kind erleidet Krampfanfälle.

Insbesondere die Änderung des üblichen Verhaltens und die Zunahme des Kopfumfanges über 1 cm pro Woche sind für betroffene Eltern wichtige Symptome, sofort den Kinderarzt aufzusuchen.

Wenn keine Probleme bestehen, gewährleistet ein besonderes Vorsorgeprogramm und die Betreuung in Frühfördereinrichtungen der Städte und Gemeinden, für die Zukunft ausreichende Sicherheit, Entwicklung und Fortschritt zu erfassen.

Aussichten:

Ungefähr 30 Prozent der Kinder sterben nach Blutungen Grad 4 entweder an der Ursache selbst oder an den schweren Folgen der Erkrankung. Etwa 50 Prozent aller Kinder mit Blutungen Grad 3 und 4 weisen deutliche Entwicklungsverzögerungen, zerebrale Bewegungsstörungen und/oder Lerndefizite auf. Im Einzelfall aber sind die Auswirkungen einer schweren Blutung kaum mit ausreichender Sicherheit vorhersehbar. Daher sind Aussagen wie »das Kind bleibt ein Spastiker« oder »Er/Sie wird nie die Schule besuchen können« unsinnig und falsch.

Die Prognose hängt ganz wesentlich von Art und Umfang der Nachsorge und Frühförderung ab!
Und noch etwas:
Bewegungsstörung heißt nicht automatisch Intelligenzminderung!

Periventrikuläre Leukomalazie (Hirnerweichung)

Hirnerweichungen entstehen durch *Sauerstoffmangel* und *verminderte Durchblutung*. Beide Faktoren führen zu Zelluntergängen (Nekrosen). Je nach Alter, Sauerstoffdefizit und Lokalisation bildet sich in der Erstikkungsphase zunächst ein *Hirnödem* aus. Wird das erkannt (die Symptome sind ähnlich wie bei der Blutung) und therapiert, dann erholen sich die Hirnzellen. Übersteigt jedoch die Schädigung im weiteren Verlauf die Regenerationsfähigkeit, bilden sich zunächst Verflüssigungsherde, die später zystisch umgewandelt werden. Die *Diagnose* wird mit Hilfe der Ultraschalluntersuchung gestellt. Das sonographische Bild ähnelt einem »Schweizer-Käse«-Muster. Das Gebiet um die Ventrikel herum ist bei Frühgeborenen besonders gefährdet, weil hier die Gefäßversorgung von der Hirnrinde und von »unten« aufeinander zuwächst. Die Sprossung ist bei Frühgeborenen noch nicht abgeschlossen, so daß an dieser Stelle – insbesondere bei niedrigem Blutdruck – die Mangeldurchblutung droht (s. Abb. 36).

Die *Prognose* ist sehr unterschiedlich. Wird im Stadium der Ödembildung behandelt, dann ist eine *volle Wiederherstellung* zu erwarten. Hirnzellen können aber nicht neu gebildet werden. Zelluntergänge im Gehirn bedeuten also Dauerverluste. Besonders in den von der PVL befallenen Gebieten liegen wichtige Schaltstellen des Gehirns. Deshalb hat die PVL im fortgeschrittenen Stadium der Zystenbildung eine noch schlechtere Prognose als die Blutung (die sich zudem bei dieser Krankheit noch als Komplikation aufpfropfen kann). Nahezu alle Kinder entwickeln daher ernsthafte Bewegungsstörungen, zeigen eine *verzögerte Entwicklung* und haben Probleme in der geistigen Entfaltung. Regelmäßige sonographische Kontrollen sind notwendig, um ein Fortschreiten des Prozesses zu erfassen. Alle Kinder müssen sofort in ein ausreichendes Frühförderprogramm integriert werden.

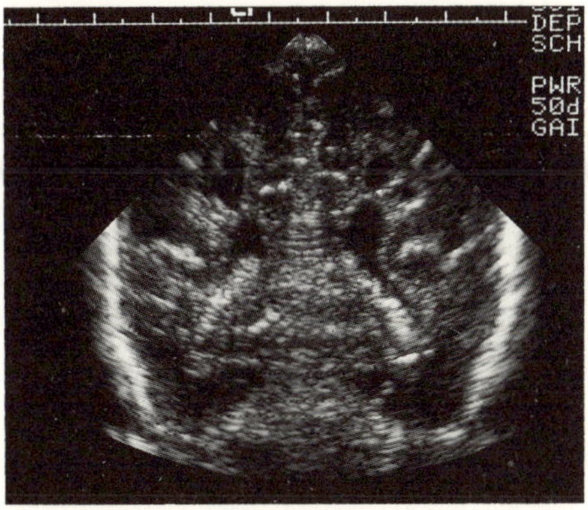

Abb. 39 Periventrikuläre Leucomalazie.

Krampfanfälle

Etwa 2 Prozent aller Neugeborenen krampfen in den ersten 30 Tagen nach der Geburt.

Bei Hirnkrämpfen »takten« die Zellen der Hirnrinde (ausgehend von einem Brennpunkt (Fokus)) im Gleichschritt (Synchronisation) und breiten sich von dort über die ganze Hirnoberfläche aus *(generalisierte Krämpfe)*. Die Welle überrollt also gewissermaßen das ganze Gehirn und zwingt es, im »Gleichklang« zu schwingen.

Bleiben die Aktivitäten auf einen Abschnitt der Hirnoberfläche begrenzt, spricht man von *fokalen Krämpfen*.

Aus diesen Eingangsbetrachtungen wird ersichtlich, daß Krämpfe im wesentlichen *drei Ursachen* haben:

Tab. 17 Hauptursachen für Krampfanfälle

Fokusbildung	– Narben auf der Hirnoberfläche – Verletzungen z. B. durch Hirnblutungen, PVL – Fehlbildungen des Gehirns – Hirnhaut- oder Hirnentzündungen – Blutgerinnsel (Thrombosen) – Blutvergiftung (Sepsis, s. S. 165) – degenerative Hirnkrankheiten
Ausbreitungs-möglichkeit	– glatte Hirnoberfläche der Frühchen
Zellschädigungen	– Unterzuckerung – Mineralstoffstörungen (Natrium, Kalium, Kalzium) – Bilirubinablagerung – Drogenentzug – Azidose – Asphyxie – Stoffwechselstörungen – Sauerstoffmangel

Die Tabelle zeigt, daß *Frühgeborene* besonders gefährdet sind.

Die *Symptome eines Krampfanfalls* bei Neu- und Frühgeborenen zeigen sich in vielfältiger Weise. Dabei steht nicht immer das »klassische« rhythmische Zucken von Armen oder/und Beinchen, verbunden mit Augenverdrehen im Vordergrund. Vielmehr sind es häufig sehr diskrete Zeichen, die auf einen Anfall hindeuten: Aktivitätsverlust, Bradykardieneigung (s. S. 97), Blässe, Atemunregelmäßigkeiten oder auch rhythmisch-wellenförmige Bewegungen in den Schultern. Bei etlichen Frühgeborenen sind sogar gar keine Zeichen zu beobachten.

Die *Diagnose* eines Krampfanfalls wird durch charakteristische Veränderungen im Elektroenzephalogramm *(EEG)* bewiesen.

Sonographie, Computertomographie oder *Kernspintomographie (NMR)* erlauben Einblick in die Struktur des Gehirns, *Laboruntersuchungen* decken Stoffwechselprobleme, Infektionen und Störungen im Salzhaushalt auf. Astrup, Blutzucker und Kreislaufkontrolle (neonatologisches ABC, Tab. 13) liefern noch während des Anfalls wichtige Hinweise zu Brennstoffvorrat und Sauerstoffversorgung.

Die *Behandlung* des Krampfes soll möglichst die Ursachen beseitigen. Bleiben sie unklar oder krampft das Kind weiter, müssen Medikamente zur Anfallsunterbrechung eingesetzt werden (s. Medikamente, S. 75 f.). Die *Prognose von Krampfanfällen* hängt ab vom Alter des Kindes, von der Ursache und von der Art der Krämpfe. Je früher die Krampfaktivität beginnt (0–24 h nach der Geburt), ausgelöst durch Asphyxie mit Komplikationen wie Hirnblutung und v. a. D. Hirnerweichungen (s. S. 207) und je schwerer der oder die Krämpfe zu behandeln sind, desto ungünstiger sind die Aussichten. Wie bei vielen anderen Problemen läßt sich aber auch hier im Einzelfall nicht vorhersagen, was passieren wird.

Kinder, die *mehrere Krämpfe* durchgemacht haben oder die ständige Krampfbereitschaft zeigen, werden noch in der Klinik mit einem Antikrampfmittel eingestellt, so daß die Entladungsschwelle nicht überschritten wird. Das bedeutet keinesfalls Ruhigstellung oder Dauerschlaf. Die Dosierung dieser »Antikonvulsiva« ist so gewählt, daß eine Beeinträchtigung des Wachheitsgrades nicht eintritt. Von Zeit zu Zeit muß die Konzentration der Medikamente im Blut überprüft werden (Spiegelbestimmung). Tritt unter dem Schutz kein neuer Krampfanfall auf, dann kann nach einigen Monaten ein »Auslaßversuch« gewagt werden. Voraussetzung dafür ist allerdings Wohlbefinden und ein unauffälliges EEG.

Nieren und Wasserhaushalt

Die Bedeutung der Niere für den Wasserhaushalt

Die funktionelle Einheit der Niere bezeichnet man als Nephron. *Das Nephron* besteht aus zu- und abführendem Blutgefäß, dem Auffangteil für den abgepreßten sog. primären Urin (Glomerulum), den auf- und absteigenden Schleifenanteilen, in denen der Urin aufbereitet wird, sowie den Sammelrohren, die den Endurin ins Nierenbecken leiten.

Der Filtervorgang im Nierenkörperchen entspricht etwa dem Prinzip, wie er beim Kaffeebrühen täglich beobachtet wird: (passiver) Filterdruck und Porengröße bestimmen, was als primärer Urin die Blutbahn verläßt (z.B. Wasser und Salze), und was zurückgehalten wird (z.B. Blutkörperchen und Eiweiße). Entzündungen an den Poren *(Glomerulonephritis)* lassen allerdings vermehrt auch größere Blutbestandteile passieren.

Übersetzt man den Begriff »Filterdruck« in medizinische Begriffe, bedeutet das: Die Filterleistung ist *abhängig vom Blutdruck*. Unterhalb einer kritischen Blutdruckschwelle wird daher zu wenig Urin abgepreßt (Oligurie), weiterer Abfall bedeutet das Versiegen der Produktion (Anurie). Die Niere kann den Körper dann nicht mehr entschlacken!

Aus dem Pool des primären Urins werden im Verlauf des Nephrons wichtige Körpersubstanzen anschließend zurückgewonnen. Mit Hilfe komplizierter Rückholmechanismen »fischt« die Niere das wieder heraus, was für den Körper momentan wertvoll ist, und läßt gleichzeitig die Stoffe passieren, die der Organismus nicht benötigt. Auf diese Weise wird der endgültige Urin aufbereitet.

Insbesondere Wasser ist ein kostbares Gut. Die reife Niere scheidet nur so viel davon aus, wie zur Lösung der Urinbestandteile nötig ist: Sie ist in der Lage, den Harn zu konzentrieren.

Für die unreife Niere (etwa unterhalb der 34. Woche) gilt der Konzentrationsmechanismus nur begrenzt. Die Unfähigkeit zur Rückgewinnung führt vor allen Dingen zum Verlust größerer Wassermengen, als zur Lösung der giftigen Stoffe unbedingt nötig wäre. Dadurch verdünnt sich der Urin.

Zusätzlich werden durch einen »Mitreißeffekt« auch Energieträger wie z.B. Zucker und Mineralstoffe mit ausgespült und erscheinen unsinnigerweise im Endurin. Daher wird immer wieder der Urin untersucht, die genaue Ausscheidungsmenge dokumentiert, verlorengegangene Baustoffe

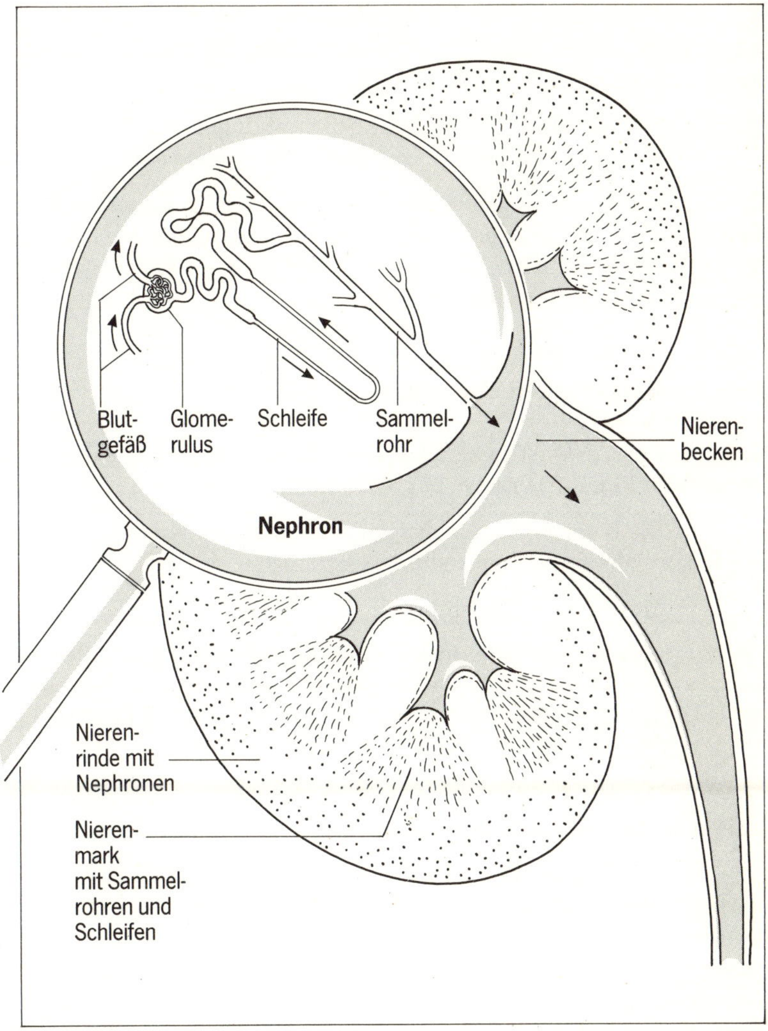

Abb. 40 Aufbau der Nieren.

der Infusion vermehrt zugesetzt und der »Wasserspiegel« auf stabilem Niveau gehalten (siehe auch Volumenmangel, S. 82).

Hohe Wasserverluste bedeuten ständige Gefahr der Austrocknung.

Bei unreifen Nieren kann andererseits der Wasserstandspegel im Körper auch ansteigen. Die Kapazität des »Tropfenbehälters Nierenkörperchen« wird nämlich leicht überschritten. Bei Angebot von zu viel Flüssigkeit ist es nicht in der Lage, die »Wassermassen« auszuscheiden. Der Körper schwemmt jetzt auf (Ödeme, s. S. 94).

Die Regulationsfähigkeit, Schwankungen im Flüssigkeitsangebot sicher auszupendeln, ist bei unreifer Niere begrenzt.

Die Niere ist neben der Lunge das zweite Organ, welches an der Regulation des Säure-Basenhaushaltes beteiligt ist. Da auch die Wiederaufnahme (Rückresorption) von sog. Säurepuffern altersabhängig ist, verstärkt die unreife Niere eine Blutübersäuerung.

Das akute Nierenversagen

Das ANV ist gekennzeichnet durch mangelhafte Urinproduktion unter 0.5 ml/kg Körpergewicht pro Stunde.

Die Ursache liegt in der Regel nicht an der Niere selbst, sondern ist die Folge eines zu geringen Blutdrucks (s. o.).

Man unterscheidet das

- *prärenale Nierenversagen* als Folge des geringen Blutdrucks (s. o.)
- *das renale Nierenversagen* bei »direkten« Nierenkrankheiten
- *das postrenale Nierenversagen* als Folge von Abflußstörungen der Harnwege und/oder Blasenstörungen.

Die genaue Kenntnis der Ursache eines Nierenversagens ist deshalb so bedeutsam, weil sich danach die Behandlung richtet.

Die *Diagnose* eines ANV beruht auf der oben erwähnten verminderten Urinproduktion. Wenn 48 Stunden nach der Geburt keine Ausscheidung erfolgt ist, zudem vielleicht eine *schwere Geburt mit Asphyxie* vorausgegangen ist, dann wird die Diagnose immer wahrscheinlicher. Die »Nierenwerte«: Harnstoff und Kreatinin steigen an, es zeigen sich Störungen der Körpersalze und der Osmolarität (Blut-Salz-Zusammensetzung). Im geringen Resturinanteil können Hämoglobin (roter Blutfarbstoff) als Folge eines Nierenschocks und Eiweißerhöhung nachgewiesen werden. Wechselhafter und niedriger Blutdruck läßt vermuten, daß die Ursache prärenal liegt. Infektionszeichen aus Vorgeschichte, Befund und Laborbestimmungen liefern Hinweise über renale Entstehungsmöglichkeiten.

Der *Ultraschallbefund der Nieren* verrät, ob die Niere gestaut, deformiert oder verkleinert ist. Die Sonographie ist gleichzeitig das wichtigste Hilfsmittel zur Diagnosesicherung postrenaler Ursachen des akuten Nierenversagens.

1. Die *medikamentöse Behandlung des prärenalen Nierenversagens* zielt darauf ab, den Blutdruck anzuheben, sowie die Nierendurchblutung zu steigern. Die Flüssigkeitszufuhr über die Infusion wird erhöht.

2. Die *Therapie des renalen Nierenversagens* zwingt hingegen zu einer sparsamen Flüssigkeitstherapie. Aus geschädigten Zellen werden große Mengen von Kalium freigesetzt, die in den Blutkreislauf gelangen, und nicht mehr ausgeschieden werden können. Eine Kaliumvergiftung mit negativen Auswirkungen auf den Herzrhythmus muß befürchtet werden. Wenn erste medikamentöse Gegenmaßnahmen scheitern, dann muß eine Blutwäsche *(Dialyse)* die Entgiftung zeitweilig übernehmen.

Renales Nierenversagen infolge Infektionen erfordert den Einsatz von Antibiotika.

3. Die *Behandlung des postrenalen Nierenversagens* soll ausführlicher erläutert werden:

Störungen der harnableitenden Wege (postrenale Harntransportstörungen) sind die häufigsten angeborenen Fehlbildungen des Körpers überhaupt.

Harntransportstörungen (HTS)

Bei den Harntransportstörungen können drei große Gruppen unterschieden werden:

- Abgangsverengungen an der Niere mit Aufstau d. Nierenbeckens
- Mündungsengen an der Blase mit Aufstau des Harnleiters
- Engen im Bereich der Harnröhre

Mit *Hilfe des Ultraschalls* ist es durch verschiedene Techniken möglich, sich ein genaues Bild vom Schweregrad der HTS zu verschaffen. Die Befunde reichen vom (noch) physiologischen Grenzbefund eines *ampullären Nierenbeckens* ohne Druckbelastung des Nierengewebes bis hin zur sackartigen Aufblähung mit zusammengestauchtem Nierengewebe (*Hydronephrose*, s. Abb. 41). Dazwischen gibt es eine Vielzahl von Varianten. Leichte Formen können zunächst in Beobachtung bleiben. Höhergradige Einengungen müssen operiert werden, um keine Druckschädigung des Nierengewebes zu riskieren.

Je nach Sitz und Ursache (s. Abb. 41) wird der Kinderurologe eine angeborene Harnleiterenge operieren, und den Harnleiter anschließend neu »einpflanzen«, die Gefäßumschlingung (s.o.) beseitigen, oder bei Harnröhrenverengung durch eine Schlitzoperation den Urinfluß normalisieren.

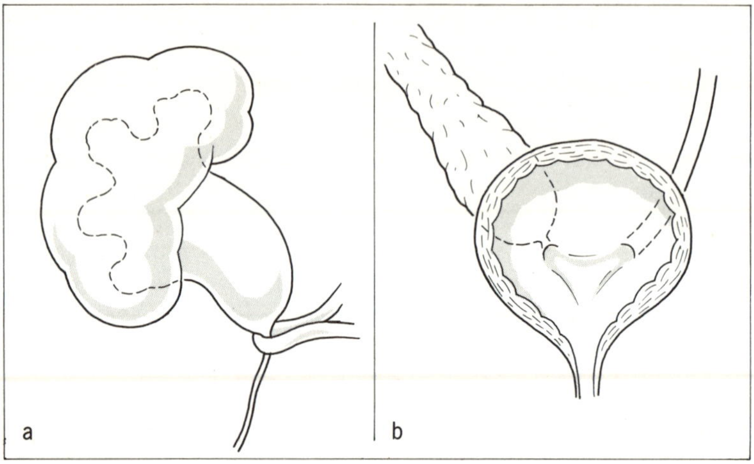

Abb. 41 a Abgangsverengung infolge Gefäßumschlingung.
b rechtsseitige Mündungsstenose mit gesamtem Harnleiter.

Alle Kinder mit Harntransportstörungen müssen – unabhängig davon ob sie operiert worden sind oder nicht – nach der Klinikentlassung regelmäßig nachuntersucht werden. Im Rahmen der Vorsorgeuntersuchung U1–U9 werden per Ultraschall das Harnleitersystem kontrolliert, im Labor die »Nierenwerte Kreatinin und Harnstoff« verfolgt, und mit Teststreifen und Urinbestimmungen wird nach Eiweißausscheidung, Blut im Urin oder Infektionen gefahndet. Zeigen sich befriedigende Ergebnisse, dann können die Nachuntersuchungen mit den Jahren großzügiger durchgeführt werden.

Nierenvenenthrombose (Gerinnsel in der Nierenvene)

Gerinnsel in den Adern entstehen bevorzugt bei träge fließendem (dicken) Blut (*Polyglobulie*, s. S. 217), und bei geringen (rinnsalartigen) Blutströmungen. Risikofaktoren für eine Thrombosebildung sind:

- niedriger Blutdruck
- mangelhafte Flüssigkeitszufuhr
- Asphyxie
- Bluteindickung (Polyglobulie) z. B. bei Diabetes.

Infolge des mangelnden oder verstopften Abflusses aus der Niere vermindert sich bei der Venenthrombose die Harnmenge.

Im Urin taucht Hämoglobin und Eiweiß auf. Der stockende Blutfluß stimuliert ein Nierenhormon (Renin), das seinerseits den Blutdruck steigert.

Der *Ultraschall bestätigt die Diagnose.*

Nebennierenblutungen

Nebennierenblutungen treten gehäuft nach schwierigen *Entbindungen mit Quetschungen und Prellungen* und *nach Asphyxie* auf. Sie können auch *im Rahmen einer Blutvergiftung* entstehen. Die Komplikation betrifft vermehrt *Kinder diabetischer Mütter.* Die Ultraschalldiagnose ist häufig ein Zufallsbefund, da die meisten Babys keine Symptome aufweisen.

In einigen Fällen kann der Blutverlust aber so groß werden, daß ein Blutdruckabfall mit Schockzeichen das führende Erstsymptom darstellt. Da die Nebenniere Hormone produziert, die einen großen Einfluß auf Salz- und Wasserhaushalt ausüben (Aldosteron), sind gelegentlich Störungen der Elektrolyte Na und K nachweisbar.

Blut

Anämie und Polyglobulie

Blut besteht im wesentlichen aus:

Blutzellen	und	*Plasma*
rote Blutzellen (Erythrozyten)		Wasser
weißen Blutzellen (Leukozyten)		Nährstoffen
Blutplättchen (Thrombozyten)		Mineralien
		Gerinnungseiweißen.

Neugeborenen- und Frühgeborenenblut unterscheidet sich gegenüber Erwachsenenblut in seiner Zusammenstellung. Das liegt an den andersartigen Anforderungen und Bedingungen, die im Mutterleib herrschen. Ein Beispiel dafür ist der *rote Blutfarbstoff*, das sog. Hb_F (Hämoglobin$_F$). Es wird nur vom Ungeborenen gebildet. Das Hb_F besitzt die Eigenschaft, Sauerstoff besser an sich zu binden als das »erwachsene« Hämoglobin. Auf diese Weise ist sichergestellt, daß im Mutterkuchen viel Sauerstoff auf das Ungeborene überwechselt. Nach Wegfall der Plazenta (also nach der Geburt) ist dieser Mechanismus sinnlos. Deshalb wird der Stoff ersetzt durch ein Hämoglobin, das für die Lungenatmung besser geeignet ist und – leicht übertrieben – gleich als adult-(= Erwachsenen-)Hb_A bezeichnet wird. Der Austausch vollzieht sich in den ersten sechs Lebensmonaten.

Es gibt aber nicht nur qualitative Unterschiede, sondern auch mengenmäßige: Die Höhe des Hämoglobinwertes ist ein Maß für die »Gesamtmasse« der zirkulierenden roten Blutkörperchen. Je mehr Hämoglobin vorhanden ist, desto mehr rote Blutzellen zirkulieren.

Nach der Geburt kommt es infolge Blutzellenaufnahme aus der Plazenta zu einem kurzzeitigen Anstieg des Hämoglobins. Der Hämoglobinwert erreicht zu diesem Zeitpunkt Werte um 19–20 Prozent; das sind die höchsten Werte im Leben überhaupt. Diesen normalen Vorgang bezeichnet man als *physiologische Polyglobulie*. Der Effekt wird noch dadurch verstärkt, daß Plasmawasser im Körper »versickert« (Ödeme, s. S. 94). Bei manchen Kindern kann die Bluteindickung allerdings kritische Werte um 22 gProzent und mehr erreichen. Die dann derart zähe, lavaartige Blutmasse beeinträchtigt die Durchblutung. Aus dem physiologischen normalen Vorgang wird ein Krankheitsbild.

Übermäßige Bluteindickung (pathologische Polyglobulie)

Die Kinder zeigen als Ausdruck der großen Masse an roten Blutkörperchen eine tiefrote Hautfarbe im Brust- und Bauchbereich. Füße und Hände werden infolge des teigig trägen Blutstroms schlecht durchblutet und neigen zur Blausucht (Akrozyanose), gleichzeitig steigt die *Thrombosegefahr* (Nierenvenenthrombose, s. S. 214). Die ebenfalls erschwerte Gehirndurchblutung zeigt sich an Aktivitätsveränderungen wie Unruhe oder Zittrigkeit. Bisweilen krampfen die Kinder. Später findet sich ein erhöhter Gelbsuchtwert (s. S. 27 f.). Die Durchblutung der Lunge ist erschwert, so daß Atemprobleme und Herzbelastung das Bild eines Atemnotsyndroms vortäuschen. Die *Herzbelastung* steigt mit zunehmender Bluteindickung an.

Therapie

Die beste Möglichkeit, eine Polyglobulie abzuschwächen, ist die frühzeitige Zufuhr von Muttermilch oder Flüssigkeit. Sollte das nicht möglich sein, dann verbessern Infusionen die »Fließeigenschaften« (s. S. 83). Beide Verfahren beruhen im Prinzip auf einem Verdünnungsvorgang.

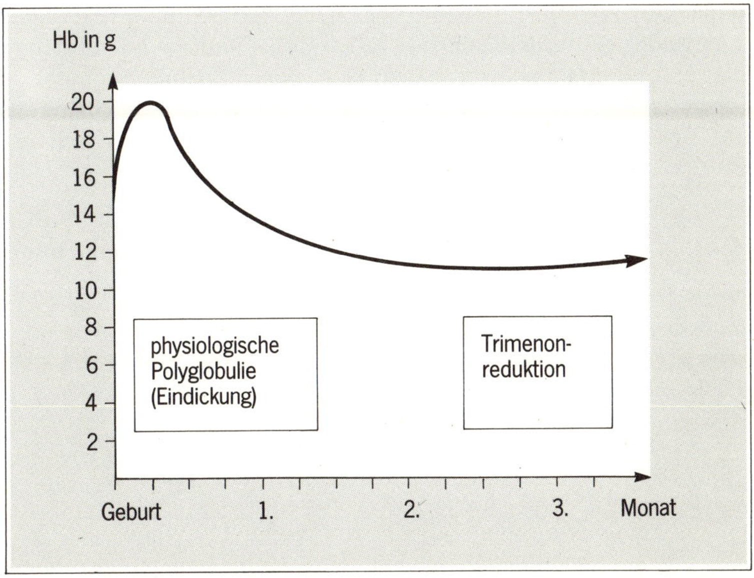

Abb. 42 Hämoglobinverlauf (halbrheumatisch) in den ersten drei Lebensmonaten (vgl. Text).

Im weiteren Verlauf nach der Geburt sinkt der Hb-Wert kontinuierlich ab, und erreicht nach etwa 3 Monaten einen Tiefstand mit Werten von etwa 10–12 gProzent (sog. Trimenonreduktion).

Bei *Frühgeborenen ohne Behandlung* fällt der Wert je nach Geburtsgewicht jedoch weiter auf Werte um 8–10g Prozent ab, weil sie mit der Nachproduktion von neuen Zellen – die im Knochenmark gebildet werden – (noch) nicht nachkommen.

In der Regel bereitet das »Absacken« keine Probleme. Um die Verminderung abzufedern, und denkbaren Gedeihstörungen oder Nahrungsunverträglichkeiten vorzubeugen, kann der Einsatz von Eisenpräparaten manchmal sinnvoll sein.

In der Klinik tragen Blutentnahmen für diagnostische Zwecke allerdings insbesondere bei Intensivfrühchen und kranken Neugeborenen zu derart erheblichen Verlusten bei, daß der kritische Grenzwert wesentlich früher und schneller erreicht würde, wenn keine Gegenmaßnahmen erfolgen würden.

Ein Beispiel soll das verdeutlichen:

Frühgeborene haben etwa ein Blutgesamtvolumen (Zellen + Plasma) von 80–100 ml pro Kilogramm Körpergewicht. Entnimmt man für Untersuchungszwecke zu Beginn der Intensivphase nur ca. 5 ml, und dann bis zum Ende der ersten Woche je 1 ml pro Tag »Routineblut« (Astrup, Blutzukker, Infektionssuche), dann reduziert sich die Blutmenge bei einem 1 kg schweren Kind um ca. 10 Prozent der totalen Blutmenge! Überträgt man das auf Erwachsenenmaßstäbe, dann entspräche das umgerechnet etwa ½ l Blut pro Woche!

Allein der »diagnostische Blutverlust« führt bei Frühgeborenen nicht selten schon in den ersten Tagen nach der Geburt zu einer Blutarmut.

Akute Blutarmut von Frühgeborenen (Frühgeborenen-Anämien)

Anämien in der Frühphase sind sowohl durch *akute Blutverluste* (s.o.), als auch durch ein *Mißverhältnis zwischen Neubildung und Abbau* roter Blutkörperchen zugunsten des Abbaus erklärbar.

Weitere *Ursachen* sind von Bedeutung:

Tab. 18 Einige Ursachen der Blutarmut nach der Geburt

1. akute Blutverluste	
– Blutverluste nach außen	z. B. Blutungen aus dem Nabel Geburtsverletzungen vorgefallene Plazenta (P. praevia) Zwillingstransfusion
– innere Blutverluste	Blutergüsse nach schwerer Entb. Hirnblutungen Leber- und Milzblutungen
2. vermehrter Untergang der roten Blutkörperchen (s. o.)	

Die *Befunde:*

- aschfahles Aussehen
- Apathie
- Atemstörungen
- ausgekühlte Extremitäten
- abfallender Blutdruck
- aufgeblähter Bauch

direkt nach der Geburt sind Zeichen eines bereits eingetretenen ernsthaften Blutmangels. Sie bedürfen unverzüglicher Behandlung.

Die *Diagnose* wird gesichert durch die Blutuntersuchung. Bleibt keine Zeit für die aufwendigen Tests vor Blutübertragungen, dann kann mit Frischplasma (s. S. 84) eine erste Stabilisierung des Kreislaufes erreicht werden. Zeigen Erstversorgung und Astrup befriedigende Werte, dann erfolgt der Ausgleich des Blutverlustes (gleich welcher Ursache) am besten mit Vollblut von Universalspendern der Gruppe 0 rh⁻. Bestehen bei Eltern Bedenken wegen der Übertragung von Krankheiten (HIV), dann sollten Vater oder Mutter (wenn es deren Zustand erlaubt) bei Blutgruppenverträglichkeit als Spender fungieren.

Da die Kinder in der Regel Intensivpatienten sind – und weitere Transfusionen nicht ausgeschlossen sind –, ist es wünschenswert, in jedem Fall über die familiäre Blutspende zu sprechen. Im allgemeinen muß nämlich während des stationären (längeren) Aufenthaltes eine sich einschleichende Anämie häufiger mit Transfusionen ausgeglichen werden.

Schleichende Anämie von Frühgeborenen

Diagnostische Blutentnahme (s. o.), komplizierter Verlauf mit HMD und Beatmung, Asphyxie, die zunehmende Beanspruchung des Darms (infolge Nahrungssteigerung), der vermehrte Abbau von fetalem Hämoglobin und unzureichende Blutneubildung nach der Geburt führen bei Frühgeborenen praktisch immer zum mehr oder weniger langsamen Verlust von Blut.

Die Zeichen sind daher – anders als bei der akuten Blutung – auch zunächst diskret. Ein dicker Bauch (infolge unzureichender Verdauung), eine Neigung zu Übersäuerung des Blutes (schleichende Azidose), Kreislaufunregelmäßigkeiten und abnehmende Aktivität werden ohne Überwachung anfangs leicht übersehen. Im weiteren Verlauf rutscht der mittlere Blutdruck langsam ab, Gewichtsstillstand und Nahrungsunverträglichkeiten schaffen Probleme. Die Folgen einer sich verschlechternden Atmung sind Azidose mit ihren Folgen (s. S. 54) und chronische Atemprobleme. Nicht selten komplizieren Infekte das Erscheinungsbild.

Wie auf einer »schiefen Ebene« entgleitet das Kind und fordert immer mehr Gegenregulation, bis schließlich die ganze Intensivtechnik eingesetzt werden muß. Es ist klar, daß es dazu nicht kommen sollte. Im Blut sind die Zeichen der Anämie nachweisbar: absinkendes HB und verminderte Zahl von roten Blutkörperchen (= Hämatokrit). Rechtzeitiges Eingreifen – also bereits bei »dickem Bauch«, unzureichender Verdauung oder anderer Minisymptome – verhindert ein unkontrolliertes Abgleiten.

In der Frühphase der Intensivbehandlung ist ein rascher Ausgleich besonders wichtig. Dazu ist es unumgänglich, *wiederholte kleine Transfusionen* (von den Eltern oder von den Eltern bestimmten Personen) durchzuführen. *Eisentropfen* helfen in diesem Stadium nicht.

In späteren Phasen (z. B. vor Entlassung) hingegen kann die Eisenmangelanämie durch vorbeugende Einnahme von Eisentropfen befriedigend verhindert werden.

Blutgruppenunverträglichkeit/hochgradige Gelbsucht/ Blutaustausch

Ein frühzeitiges Ansteigen des Gelbsuchtwertes vor dem 2.–3. Lebenstag *(Ikterus präcox)* ist ein Alarmzeichen. Diese Dynamik findet sich häufig bei der Blutgruppenunverträglichkeit zwischen einer rh-negativen Mutter und einem Rhesus-positiven Kind.

Gegen die Rh^+-Blutkörperchen des Ungeborenen, die es vom Vater geerbt hat, können nämlich rh-Mütter Antikörper produzieren, wenn kindliches Blut in Kontakt mit dem mütterlichen Kreislauf kommt. Da das in der Regel lediglich während der Geburt passiert, sind Erstgeborene von der Rhesus-Unverträglichkeit nicht betroffen. rh-Antikörper sind klein und können die Plazentaschranke passieren. Bei einer erneuten Schwangerschaft (mit einem Rh^+-Kind) tauchen sie dann im Blut des Ungeborenen auf und zerstören die roten Blutzellen. Je nach Grad der »Vernichtung« entstehen mehr oder weniger starke Anämien. Die schwerste Form der Anämie des Ungeborenen ist der *Hydrops fetalis*. Das Krankheitsbild ist selten und wird zudem während der Schwangerenvorsorge sicher erkannt. Der freigesetzte rote Blutfarbstoff Hämoglobin wird im Knochenmark in gelben Blutfarbstoff (Bilirubin) umgewandelt, zur Leber transportiert, dort »aufbereitet« (konjugiert) und anschließend über die Gallenwege in den Darm ausgeschleust (Abb. 1). Dieser Abbauweg ist bei Kindern mit Rhesus-Unverträglichkeit wegen des hohen Zerstörungsgrades hoffnungslos überlastet. Das Knochenmark-Bilirubin (indirektes Bilirubin) flutet zu stark an und staut sich vor der Leber. Daraus entwickelt sich die frühzeitige krankhafte Gelbsucht.

Da sich das Bilirubin bei Werten um 16–25 mg Prozent (je nach Alter und zusätzlichen Belastungszeichen wie Asphyxie etc.) im Gehirn ablagert und dort schwere dauerhafte Zerstörungen anrichtet (Kernikterus), muß etwas geschehen, zumal außerdem die Anämie Probleme bereitet.

Die Therapie zielt darauf ab, die Konzentration im Blut so geringzuhalten, daß keine Gehirnablagerungen entstehen. Unter klinischen Bedingungen gelingt das zuverlässig. Mit Hilfe eines Verdünnungseffektes über die Infusion wird der rasante Anstieg zwar abgefangen, aber nicht die Anämie behandelt. Diese Behandlungsmethode ist also nur für leichte Fälle geeignet.

In schweren Fällen muß ein kompletter Blutaustausch erfolgen. *Austauschtransfusionen* über die Nabelvene waschen die Antikörper aus. Gleichzeitig vermindern sie den Bilirubinspiegel um etwa 50 Prozent. Bei hartnäckigen Rhesus-Unverträglichkeiten ist es bisweilen nötig, mehrere Austausche durchzuführen.

Unverträglichkeiten im sog. AB0-System (also z. B. Mutter mit der Blutgruppe A, Vater Blutgruppe B) verlaufen im Gegensatz zu RH-Unverträglichkeiten »ruhiger«. Das liegt daran, daß die produzierten Antikörper (hier also Anti B) große Eiweiße sind, welche die Plazentaschranke nicht so leicht zu durchdringen vermögen wie die kleinen RH-Antikörper. Außerdem »orten« diese Antikörper der Mutter kindliche Blutzellen schlechter. Der Kontakt und die daraus resultierende Zerstörung sind deutlich geringer als bei der Rhesusunverträglichkeit.

AB0-Unverträglichkeiten erzwingen wegen des gemeinhin milderen Verlaufes nur selten einen Austausch. In vielen Fällen reicht Infusionsverdünnung als Therapiemaßnahme aus.

Sinnesorgane

Retinopathia praematurorum (ROP)*

Um das Krankheitsbild zu verstehen, sind einige Vorbemerkungen notwendig: Die Sinneszellen der Netzhaut nehmen Lichtimpulse auf und leiten sie über den sog. Sehnerv weiter zur Hirnrinde, wo sie zu Bildern verarbeitet werden.

Die Blutversorgung der Netzhaut (Retina) ist ein komplizierter Prozeß: Die Gefäßsprossung beginnt in der Schwangerschaft von einer zentralen Ebene, breitet sich ringförmig aus und verästelt sich wellenförmig über das gesamte Netzhautgebiet. Je früher die Kinder geboren wurden, desto weniger ist die Verästelung vorangeschritten. Bei *Frühgeborenen, die mit Sauerstoff behandelt werden* müssen, können(!) an der momentanen Grenzlinie Blockierungen der normalen Gefäßaussprossung entstehen. Die wallartige Frontbarriere begünstigt die Neubildung von Umgehungsgefäßen, die mit all ihren Auswirkungen charakteristische Veränderungen am Augenhintergrund hervorrufen. Entscheidend für die schädigende Rolle des Sauerstoffs ist nicht die Höhe der Konzentration im Inkubator, sondern der Gehalt im Blut. Paradoxerweise hat eine unreife Lunge mit schlechter Aufnahme des Sauerstoffs in das Blut eine Schutzwirkung. Erst wenn die Astrup-Werte (s. S. 59f., Abb. 9) *Sauerstoffspannungen von über 100 mmHg über Stunden bis Tage* anzeigen, muß bei kleinen Frühgeborenen mit einer Erkrankung gerechnet werden. Moderne kontinuierliche Überwachung (transkutane Sonden, Pulsoxymeter, s. S. 59) verhindert zu hohe Belastungen.

Neben Sauerstofftherapie spielt Frühgeburtlichkeit und Geburtsgewicht eine dominierende ursächliche Rolle. Kinder über 1500 g entwickeln in etwa 1 Prozent eine ROP. Frühgeborene mit einem Geburtsgewicht von unter 1000 g trifft die Krankheit ungleich häufiger (~ 20 Prozent). Neben diesen drei Hauptgründen werden noch andere Ursachen diskutiert: *Azidose, Sepsis, Vererbung, Hirnblutungen* u. a. Leider können auch Frühgeborene, die nie Sauerstoff bekommen haben, aus bisher unbekannten Gründen Augenhintergrundschäden entwickeln.

Daher gilt:

Alle Risikokinder müssen augenärztlich regelmäßig nachuntersucht werden.

---

* Syn. retrolentale Fibroplasie.

Da die Erkrankung erste Befunde in der 2. Woche erkennen läßt, sollte die erste Untersuchung in dieser Zeit liegen. Die Kontrolle verdächtiger Befunde schließt sich in regelmäßigen Abständen von 2–4 Wochen an. Auch zunächst unauffällige Inspektion des Augenhintergrundes zwingt zu Nachsorgeuntersuchungen.

Die Retinopathia wird eingeteilt in 5 Schweregrade, wobei der (leichteste) Grad 1 durch eine deutliche Demarkierungslinie auf der Netzhaut gekennzeichnet ist, und Grad 4 und 5 die *Netzhautablösung* charakterisieren. Ort und Ausbreitung der ROP sind weitere wichtige Größen, um das Ausmaß der Krankheit zu beschreiben.

Nach 3 bis 4 Monaten (oder auch später) bessert sich der Befund. Ca. 80 Prozent der Kinder mit Stadium 3 zeigen schließlich eine *völlige Wiederherstellung der normalen Netzhautanatomie.*

Bei Babys mit Netzhautablösung (Grad 4 und 5) muß mit *Narbenbildung an der Netzhaut* gerechnet werden, die im schlimmsten Fall *bis zur Blindheit* führen kann. Man schätzt die Zahl der blinden Kinder in der Gewichtsklasse unter 1000 g auf etwa 10 Prozent. Es ist schwierig, genau vorherzusagen, wie die Krankheit im Einzelfall ausgeht, da es nicht vorhersehbare Aktivitätsschübe gibt, die auch nach Phasen der Ruhe wieder aufbrechen können. Die sind zwar selten, aber kommen vor.

Zudem gibt es eine Reihe von Folgekrankheiten der ROP:

- Schielkrankheit
- Fehlsichtigkeit
- späte Netzhautablösung
- Glaskörpertrübungen
- Augenzittern
- Linsentrübung

die vorbeugende Augenuntersuchungen auch nach überstandener Retinopathie bis weit ins Kindergartenalter zwingend notwendig machen. Denn auch nach einer völligen Erholung haben Kinder mit durchgemachter Retinopathie eine etwa 10mal größere Wahrscheinlichkeit, an einem der oben genannten Augenprobleme zu erkranken als Frühgeborene ohne ROP.

Die *chirurgische Therapie* soll abnorme Gefäßbildung stoppen und Netzhautablösungen verhindern oder reparieren. Dazu werden vor allen Dingen Vereisung (Kryotherapie) und Licht (Lasertherapie) eingesetzt. Besonders die Vereisung verspricht gute Ergebnisse.

Innenohrschäden

Hören und »gehört werden« – also Sprache und selbstbewußtes Auftreten(!) – liegen eng beieinander (s. S. 200). Frühgeborene unterliegen mehreren Stressoren, die Hörverluste nach sich ziehen können:

- laute Umgebungsgeräusche (»Lärmempfindlichkeit«)
- mangelhafte Sauerstoffspannung im Blut (Asphyxie, Atemnotsyndrom)
- Blutdruckschwankungen (Herzprobleme, Bluteindickung, Nierenprobleme)
- Infektionen (pränatale Infekte, z. B. Röteln u. a., Sepsis)
- erhöhte Bilirubinspiegel.

Da außerdem

- familiär bedingte Hörstörungen
- der Gebrauch von hörschädigenden Medikamenten (Aminoglycoside)
- schwere Entbindungen (Zange, Geburtsverletzungen)

Hörstörungen zur Folge haben können, sollten alle Risikokinder bis zum dritten Monat nach der Geburt auf Hörschäden nachuntersucht werden. Bei Frühgeborenen beträgt die Wahrscheinlichkeit eines Hörverlustes je nach Risikohäufung ca. 1–3 Prozent.

Untersuchungsmethoden

Die zuverlässigste Untersuchungsmethode ist die Hirnstammaudiometrie (BERA). Bei diesem Test werden – ähnlich wie im EEG – Elektroden an der Kopfhaut befestigt, die registrieren, wie ein Kind auf definierte Hörreize reagiert.

Leider ist auch bei zunächst unauffälligem Ergebnis nicht gesichert, daß in der Folgezeit Hörprobleme ausbleiben. So kann z. B. ein Kind mit Hochtonstörungen zwar normale Umgangssprache verstehen, aber nicht flüsternde Verständigung oder hohe Töne eines Instruments. Ihm bleiben also viele wichtige Dinge des Alltags verborgen, ohne daß sie zunächst auffallen. Darin liegt eine große Gefahr. Es ist nicht selten, daß diese Kinder später deutliche Verhaltensstörungen entwickeln, weil sie im Umgang nicht den »richtigen Ton« finden können! Wer würde auf Dauer nicht »komisch« reagieren, wenn alle anderen Kinder bei einem Märchen gebannt zuhören, man selbst jedoch nichts verstehen kann.

Wiederholte Hörprüfungen sind daher bei Risikokindern angezeigt. Ergeben die Untersuchungen einen Hörverlust, dann muß je nach Befund im ersten Jahr jede drei Monate, anschließend bis zum Schulalter jede 6 Monate ein Test durchgeführt werden.

Es ist deutlich: Je eher eine Hörstörung entdeckt und entsprechend ihres Schweregrades angemessen behandelt wird, desto besser sind die Aussichten auf eine ungehinderte Entfaltung der Persönlichkeit.

Zusammenfassend gilt für alle Komplikationen:

Nutzen Sie die Chancen der Frühbehandlung, Vorsorgen und Hilfen, die Ihnen von kinderärztlicher Seite angeboten werden.

Und bitte bedenken Sie:
So verführerisch und verständlich es auch sein mag: nichts ist frustrierender als obskure Versprechen von Wunderheilern oder selbsternannten »Spezialisten«. Das ist in der Regel nur teuer und führt zu gar nichts. Staatlich anerkannte Behandlungsmethoden sind abgesichert, kostenfrei und orientieren sich am Stand der Wissenschaft. Ernsthafte Erkrankungen brauchen ihre Zeit, bis sie kuriert sind. Fast alle Kinderärzte sind offen für neue Behandlungsvorschläge, werden sie aber seriös prüfen wollen, um auch längerfristig Ihnen gegenüber glaubhaft bleiben zu können.

Erläuterungen zum Phänomen des »Plötzlichen Kindstods«*

Häufigkeit

Die moderne Perinatalmedizin hat die Chancen von Risikoneugeborenen in den letzten Jahren revolutionär verbessert und dadurch die *Neugeborenen*sterblichkeit in Deutschland auf einen Spitzenplatz in der Welt gesenkt. Leider hat damit die Verbesserung der *Säuglings*sterblichkeit nicht Schritt gehalten. Nach wie vor werden bei uns jährlich 1000–1500 *plötzliche Säuglingstodesfälle* (jeder 500. Säugling) registriert, wobei die öffentlichen Statistiken in den letzten Jahren sogar ein Ansteigen verzeichnen. Die Eltern finden diese Kinder völlig unerwartet, meistens morgens, tot im Bettchen. Aber auch beim Mittagsschlaf, während einer PKW-Fahrt oder sogar aus dem Wachzustand heraus, auf dem Arm der Eltern, kann der Tod auftreten. Die meisten dieser Kinder sterben im 3. oder 4. Lebensmonat. In den ersten Tagen nach der Geburt und jenseits des 12. Lebensmonats sind solche plötzlichen Todesfälle sehr selten. Wie bei den meisten Erkrankungen sind Jungen etwas häufiger betroffen als Mädchen. Außerdem ist die Gefährdung während der Wintermonate größer.

Ursachen

Die Ursache jedoch ist unbekannt – wahrscheinlich auch deswegen, weil es *die* Ursache nicht gibt, sondern weil in jedem Einzelfall – wie beim Flugzeugabsturz – ein Bündel ungünstiger Umstände zusammentreffen muß. Deswegen ist auch eine Obduktion nach einem solchen Tod wichtig: So sinnlos und grausam der plötzliche Säuglingstod auch ist, so soll er doch wenigstens weitestmöglich aufgeklärt werden, um vielleicht anderen Kindern und ihren Eltern dies Schicksal ersparen zu können. Immerhin wird bei ca. 20 Prozent die wahrscheinliche Ursache gefunden: u. a. Herzfehler (s. S. 180), Lungenentzündungen, Hirnblutungen (s. S. 202), Stoffwechselstörungen. Andere Ursachen sind nach dem Tode nicht mehr faßbar und werden nur diagnostiziert, wenn ein Säugling kurz vor Eintritt des Todes aufgefunden und gerettet werden konnte (»near miss event«): u. a. Störungen der Atemsteuerung (s. S. 166), Herzrhythmusstörungen (s. S. 187). Aber noch einmal: Bei den meisten Opfern handelt es sich um anscheinend vorher ganz gesunde Säuglinge, bei denen auch bei intensiver Untersuchung keine eigentliche Todesursache zu finden ist.

---

* von Prof. Dr. G. Jorch

Risikoneugeborene als spätere SID-Opfer

Ca. 20 Prozent der Opfer gehören sogenannten Risikogruppen an. Dazu zählen insbesondere ehemalige Risikoneugeborene, von denen etwa jedes 100. betroffen ist. Das ist verständlich bei Frühgeborenen < 1500 g Geburtsgewicht mit Bronchopulmonaler Dysplasie (s. S. 170). Diese zeigen ja schon auf der Intensivstation, wie schnell und unvermittelt sie blau und bradykard (s. S. 83) werden können. Weniger klar sind die Zusammenhänge bei dystrophen Neugeborenen (s. S. 40) bei Plazentainsuffizienz (Rauchen während der Schwangerschaft!). Möglicherweise führen hier langandauernde Sauerstoffmangelzustände vor der Geburt zu einer Schädigung des Atemzentrums im Hirnstamm.

Heimmonitoring

Die guten Erfahrungen mit Überwachungsgeräten auf der Intensivstation lassen vielen Eltern und Ärzten es plausibel erscheinen, das Monitoring auch zu Hause weiterzuführen. Wegen ihrer häufigen Fehlalarme (99 Prozent) sind dazu Klinikmonitoren allerdings nicht geeignet. Das Kinderzimmer ist schließlich keine Intensivstation. Es wurden deshalb Heimmonitoren entwickelt, die weit weniger Fehlalarme zeigen (bis herunter zu weniger als 1mal pro Tag). Dabei handelt es sich um Monitoren, die die Atmung oder die Atmung plus EKG registrieren.

Ohne Wertung und Anspruch auf Vollständigkeit sollen einige Heimmonitoren kurz beschrieben werden, um ihr Prinzip darzustellen:

MR-10

Eine ca. 1 cm große weiche Kapsel aus Kunststoff wird mit einem Pflaster auf den Bauch geklebt und gibt die Bauchwandbewegungen als Druckimpulse über einen ca. 50 cm langen Schlauch an einen batteriebetriebenen Monitor weiter, der kleiner als eine Videokassette ist. Wenn über 20 sec kein Signal aufgenommen wurde, ertönt ein schriller Piepton.

Babyprotektor

Die Funktion der Druckkapsel wird hier durch eine kunststoffumkleidete Drahtschlinge übernommen, die in die Windel geschoben wird. Ansonsten ähnelt dieser Monitor dem MR 10.

Vitalmon

Über 2–3 Klebeelektroden, die am Brustkorb angebracht und mit einem Kabel an einen strom- oder batteriebetriebenen Monitor von der Größe eines Telefonbuches angeschlossen werden, werden Brustwandbewegungen und die Herzfrequenz registriert (vgl. Abb. 4). Alarm ertönt bei Fehlen von Brustwandbewegungen

(= Atemstillstand) und zusätzlich bei Über- und Unterschreiten einer vorher eingestellten Herzfrequenz (Bradykardie/Tachykardie). Dieser Monitor hat außerdem eine Speicherfunktion, d. h. man kann noch nach Tagen ablesen, wieviel Apnoen oder Herztonabfälle sich zwischenzeitlich ereignet haben.

Die notwendige Bedienungsfreundlichkeit (weniger Fehlalarme) dieser Monitoren wird natürlich mit einem Kompromiß an Sicherheit erkauft. Aber es ist klar, daß z.B. eine klinikübliche Pulsoximetrie (s. S. 61) mit einer unteren Alarmgrenze von 90 Prozent Sauerstoffsättigung als maximale Sicherheit daheim bei bis zu 1000 Fehlalarmen pro Tag nicht durchführbar ist. So wird in lebensbedrohlichen Situationen manchmal sehr spät Alarm ausgelöst, zumal die wichtigen obstruktiven Apnoen (Atemstillstand durch krampfartigen Verschluß der Atemwege) zunächst nicht angezeigt werden, da die registrierten Atembewegungen andauern, ohne daß Sauerstoff in die Lunge kommt. Auch ist denkbar, daß die Eltern in der Alarmsituation überfordert sind, Wiederbelebungsmaßnahmen solange durchzuführen, bis der Notarzt eintrifft.

Aus diesen Gründen ist die Entscheidung zum Heimmonitoring Ihre persönliche Entscheidung! Die meisten Eltern lassen sich jedoch einen Heimmonitor vom Arzt verordnen, weil sie sich damit sicherer fühlen.

Unabdingbar ist jedoch in diesen Fällen
- eine gründliche Einweisung in die Technik des Monitors
- Hilfe bei technischen Defekten durch die Herstellerfirma
- eine kontinuierliche kinderärztliche Betreuung
- gründliches und wiederholtes Notfalltraining.

Vorgehen bei Echtalarm, d.h. Atemstillstand mehr als 20 sek. bei Herztonabfall unter 100 und nicht/schlecht weckbarem blaß-blauen Kind
1. **Kind hochnehmen und zu wecken versuchen**
2. **Notarzt rufen (Tel. 112)**
3. **Mund-zu-Mund-/Nasebeatmung**
4. **Herzmassage.**

Für die Beendigung des Heimmonitorings gibt es keine festen Regeln. Spätestens am 1. Geburtstag ist die Hauptgefahr längst vorüber, insbesondere, wenn über 3 Monate keine Echtalarme beobachtet wurden. Das »Entwöhnen« vom Monitor fällt manchmal schwer. Leichter als die plötzliche Beendigung fällt vielen Eltern das schrittweise Senken der Alarmgrenzen.

Andere Schutzmaßnahmen

Natürlich ist der Heimmonitor kein »Talisman«. Er ist nur ein heute technisch mögliches Mittel, welches hoffentlich in möglichst vielen Fällen eine lebensgefährliche Situation rechtzeitig anzeigt. Wichtiger noch ist eine gute kinderärztliche Nachbetreuung und das Achten auf Krankheitszeichen. Gerade bei ehemaligen Frühgeborenen mit Bronchopulmonaler Dysplasie können noch 1 Jahr nach Klinikentlassung »einfache« Virusinfektionen rasch zu Lungenentzündungen mit Atemnot führen. Antibiotika und Klinikeinweisung sind hier eher angesagt als bei anderen Säuglingen.

Eine freie Nasenatmung ist für Säuglinge besonders wichtig (vgl. Erstversorgung, S. 35 f.), weil sie über den geöffneten Mund schlechter Luft bekommen als wir Erwachsene. Mit der »Spiegelprobe« läßt sich die Durchgängigkeit der Nasengänge leicht prüfen. Dazu wird ein kalter Metallgegenstand (z. B. Löffelstiel) vor die Nasenöffnungen gehalten. Wenn er beschlägt, kann das Kind über die Nase ausatmen. Wenn nicht, ist die Nase durch eingetrocknetes Sekret verlegt oder zugeschwollen. In beiden Fällen helfen Nasentropfen (medikamentös abschwellende oder einfache 0,9prozentige Kochsalzlösung).

Wenn noch am Ende des Klinikaufenthaltes Apnoen aufgefallen sind und durch Aufzeichnung der Atemkurve und Sauerstoffwerte (sogenannte Kardiorespirographie bzw. in erweiterter Form Polysomnographie) sogar dokumentiert wurden, kann in Einzelfällen auch die Gabe von Medikamenten, die die Atmung stimulieren, daheim angebracht sein (Theophyllin, Coffein). Diese Therapie muß wegen ihrer möglichen Nebenwirkungen (Gedeihstörung, Tachykardie) vom Kinderarzt überwacht werden.

Auffallenderweise hat der plötzliche Säuglingstod seinen Häufigkeitsgipfel im 3.–4. Lebensmonat. Zu diesem Zeitpunkt ist auch die Säuglingsanämie (Trimenonreduktion, s. Abb. 41) am ausgeprägtesten. In der Tat gibt es Untersuchungen, die belegen, daß manche SID-Opfer besonders niedrige Hämoglobin-Werte hatten. Ihr Kinderarzt wird also auch unter diesem Gesichtspunkt an eine Kontrolle der Hämoglobin-Werte im 3. Lebensmonat bzw. Eisenprophylaxe denken.

Eine stetig ansteigende Gewichtskurve zeigt nicht nur das Wohlbefinden Ihres Kindes an, sondern scheint auch ein Schutzfaktor gegen den plötzlichen Säuglingstod zu sein. In manchen Untersuchungen wurde ein Abknicken der Gewichtskurve in den letzten Wochen vor dem Tode nachgewiesen. Ernährung durch Stillen scheint ebenfalls eine Schutzfunktion auszuüben. Dabei spielt weniger eine Rolle, ob Sie Ihr Kind lange und ausschließlich stillen – es ist wichtiger, ob es überhaupt gestillt worden ist.

Die meisten deutschen Mütter (und Großmütter) achten traditionell darauf, daß ihr Säugling immer warm genug angezogen ist. Dieses ist für dystrophe Neugeborene sicher auch richtig. Neuere Untersuchungen haben bestätigt, was kräftige deutsche Säuglinge schon lange wußten: Ein Hemd weniger wäre angenehmer! Kinderzimmer mit Zentralheizung sind im Winter häufig wärmer als im Sommer – also keine spezielle Winterkleidung zum Schlafen! Auch sollte der Kinderwagen, in dem der Säugling im warmen Ausgehanzug eingeschlafen ist, nach dem Spaziergang nicht gerade in die wärmste Stube geschoben werden. Fieber bei Infektionen ist eine sinnvolle Abwehrmaßnahme der Natur. Jedoch sollte es nicht durch zusätzliche Pullover oder Zudecken noch verstärkt werden! Nicht wenige SID-Opfer werden mit erhöhten Körpertemperaturen gefunden.

Risikofaktoren Rauchen und Bauchlage

Obwohl über die *Ursachen* des plötzlichen Kindstodes wenig bekannt ist, haben epidemiologische Forschungen jedoch eine Reihe von *Risikofaktoren* gesichert. Etliche davon sind bei einem jungen Säugling nicht beeinflußbar (männliches Geschlecht, Winter, Frühgeburt, jugendliche Mutter...), andere Risikofaktoren sind zu schwach oder zu selten, als daß ihre Beseitigung ein wirksames Mittel gegen die Häufigkeit des plötzlichen Säuglingstodes wäre (Drogenkonsum der Eltern, alleinerziehende/r Mutter/ Vater...). Zwei Risikofaktoren jedoch kommen in Familien häufig vor und könnten prinzipiell leicht beseitigt werden: das *Rauchen* während der Schwangerschaft (ca. 25 Prozent) und in der Gegenwart des Säuglings (ca. 40 Prozent) sowie die Bevorzugung der *Bauchlage* als normale Schlaflage (ca. 40 Prozent). Über 70 Prozent aller SID-Opfer waren (gezwungenermaßen) passive Raucher und sogar über 80 Prozent waren Bauchschläfer!

Beide Risikofaktoren sind bei uns relativ neu. Das Rauchen insbesondere der Mutter hat in den letzten zwei Jahrzehnten deutlich zugenommen, die Bauchlage wurde Anfang der 70er Jahre »eingeführt«. Um bei der Wahrheit zu bleiben, geschah dies auf ärztlichen Rat, da viele Kinder in Bauchlage ruhiger durchschlafen und durch die Förderung der Beugemuskulatur bestimmte Fähigkeiten frühzeitiger erlernen (z.B. Krabbeln und Laufen). Das Sitzen erlernen sie durch eine Vernachlässigung der Streckmuskulatur übrigens eher später. In asiatischen Ländern, in denen Rauchen und Bauchlage selten sind (China, Japan, Hongkong), ist der plötzliche Säuglingstod 5–10 mal seltener. In England, den Niederlanden, Australien und Neuseeland wurde Ende der 80er Jahre auf diese Risikofaktoren hingewiesen und eine schlagartige Senkung der Häufigkeit dieser Risikofaktoren und des plötzlichen Säuglingstodes (um ca. 20–60 Prozent) erreicht. Bedenken gegen die Rückenlage sind nicht angebracht, da die weitaus überwiegende Mehrheit aller Säuglinge dieser Welt (in Asien) und, bis vor 20 Jahren, auch bei uns ohne Schaden auf dem Rücken schlafend groß geworden ist. Es ist auch keinesfalls so, daß beim Erbrechen die Aspirationsgefahr (Ersticken am Erbrochenen) in Rückenlage größer ist. Der Schutz gegen Aspiration ist der aktive Hustenreiz! Bewegungen und Wahrnehmung sind für einen Säugling in Bauchlage erschwert. In Rückenlage hat er ein weites Blickfeld, in Bauchlage muß er dazu mit viel Anstrengung den Kopf heben. Würden Sie gern eine ganze Nacht auf dem Bauch schlafen?

Ab dem 6. Lebensmonat können Sie Ihr Kind selbst entscheiden lassen. Dann ist es nämlich in der Lage, sich zu drehen und so zu schlafen, wie es gern möchte.

Gedanken zum Tod auf Intensivstationen

»sie sterben nicht, sie gehen nur einen anderen Weg...«

Wenn auch die meisten Frühgeborenen die Intensivstation zumindest körperlich gesund verlassen, kommt es doch vereinzelt vor, daß ein Baby den Anforderungen, die diese Welt an es stellt, nicht gewachsen ist und... geht.

Die Frage nach dem »warum« ist manchmal leicht zu beantworten, wenn das Kind extrem klein gewesen ist, und Lunge, Herz sowie die anderen inneren Organe einfach zu schwach waren. Da mag der Tod eine frühe Erlösung sein. Sinnlos erscheint es hingegen, wenn ein Kind nach wochenlangem Kampf stirbt. Trauer, Schmerz und Verzweiflung hinterlassend, bleiben die Eltern als die wahren Verlassenen zurück. Sie haben – so scheint es – alles verloren! Wo war der Sinn? Gleich drängt sich die Frage auf, ob das alles nicht »Quälerei« gewesen sei? Und wir müssen uns in der Tat ständig fragen: Ist es gegenüber Eltern und der Persönlichkeit, die da (scheinbar) wehrlos ausgeliefert ist, zu verantworten, mit immer mehr Maßnahmen ständig neue Hoffnung zu wecken?

Es ist schwer, im Einzelfall darauf eine Antwort zu geben. Eines aber ist sicher: Frühgeburtlichkeit ist ein Naturphänomen. Weil die Babys »einfach da sind«, sind wir verpflichtet etwas für sie zu tun. Ohne Beistand hätten sie keine Chance. Der oftmals vorgebrachte Einwand, die Anwendung von Intensivmedizin bei Frühgeborenen sei ein Experimentierfeld und eine Versuchung an der Natur, ist allein deshalb schon nicht zutreffend!

Bei den Frühgeborenen gibt uns die Natur im Gegenteil die Chance – allerdings nur zusammen mit ihr –, das manchmal waghalsige Unternehmen »Frühgeburt« zu bestehen. Wir müssen es also versuchen, bis zu einem gewissen Grad die inneren Kräfte der Kinder zu stützen, bis deutlich wird, welche Entscheidung das Kind letztlich fällt. Dabei können wir unabhängig vom Erfolg viel lernen:

Allein durch ihre Anwesenheit führen uns Frühgeborene täglich die Grenzen unseres Daseins vor Augen. Eltern und Mitarbeiter kämpfen bisweilen tage-, ja wochenlang, um die Kinder in eine Gemeinschaft aufzunehmen, die sich an anderen Stellen selbst gnadenlos umbringt. Es gibt keinen Elternteil, der sich nach der elementaren Erfahrung auf Intensivstationen nicht darüber Gedanken gemacht hätte, was das Leben eigentlich ausmacht (s. S. 118ff.). Angesichts der besonderen Umstände zwingen uns die Frühgeborenen noch weit mehr als gesunde Kinder zum Nachdenken!

Vor noch nicht allzu langer Zeit vermerkten Kinderärzte auf den Totenscheinen nicht selten als Ursache: Lebensschwäche. Wenn es *Lebensschwäche* gibt, dann muß es auch *Lebens-stärke* geben. Darüber hinaus ist in diesen Begriffen auch das entscheidende Wort: *Lebenswille* enthalten. Natürlich wollen alle Eltern, daß ihr Kind lebt. Vielleicht mehr, wenn sie sehen, daß es den Lebensfunktionen wie Eigenständigkeit oder Kommunikation mit einer gewissen »Leichtigkeit« im Verlauf einer Intensivbehandlung immer näher kommt. Müssen sie miterleiden, daß Leben immer weniger zum schönen Er-leben wird, und z. B. Atmen nur noch Ringen nach Luft ist, dann mögen manche schon anders denken und fühlen.

Stärke und Wille zum Leben *entziehen* sich aber auch ein Stück der elterlichen Fürsorge. Sie sind bei manchen Kindern trotz aller Bemühungen nicht zu wecken. Die Persönlichkeit des Babys bestimmt mehr noch als medizinisches »high-tech« über den Ausgang der Behandlung. Mit keinem Gerät, mit keinem Medikament sind innere Überzeugungen zu manipulieren. Daher macht es auch keinen Sinn, ihn/sie zum Leben zu »prügeln«, wenn er/sie nicht will! Eigenständigkeit und kritische Mitarbeit sind Fähigkeiten, die man ihnen im ersten Augenblick kaum zutraut. Und doch, bei näherem Hinsehen demonstrieren sie von Anfang an ureigene Vorlieben, Stärken und auch Schwächen. Sie werden nicht zu Menschen, sie sind es! Alle Frühgeborenen-Eltern erleben das täglich. Meistens dauert es eine Weile, bis die Entscheidung zu bleiben oder zu gehen getroffen wird. Es ist, als ob die Kinder das »Dasein« prüfen.

Viele Eltern sind als unmittelbar Betroffene in solchen Grenzzonen heillos überfordert. Wer wollte es ihnen verdenken. Der zermarternde Gedanke, ihr Kind könne es vielleicht doch nicht schaffen, läßt sie verzweifeln. Es gibt viele Hilfen, aber kein Patentrezept gegen diese »schmerzliche Erfahrung«. Frühgeborene zwingen ihre Eltern, durch diese Erfahrung zu gehen.

Alles was wir gemeinsam tun können, ist, uns zu fragen, ob wir ihm/ihr nahe genug gekommen sind. Diese Frage muß fast immer – wenigstens von seiten der Eltern – mit Ja beantwortet werden. Es gehört zu den überragenden Erfahrungen auf einer Intensivstation, wenn man miterleben darf, wie Eltern »Menschsein« jeder auf eigene Art verkörpern. Und es ist bitter mitanzusehen, wenn alles gegeben wird, und die Antwort trotzdem für dieses Mal versagt bleibt.

Im Buddhismus heißt schwanger werden »eine Seele einfangen«. Wenn man diesem Gedanken folgt, dann ist es leichter zu ertragen, daß die Seele eines Neugeborenen sich – ähnlich wie wir auch in manchen Lebensumständen – unwohl fühlen kann und wieder aus dieser Welt »flüchten« möchte.

Zugleich wird die Verantwortlichkeit »für die Frühgeburt« weggenommen oder zumindest auf alle Schultern gleichmäßig verteilt. Wenn ein Baby sich entscheidet zu gehen, dann trifft es eine Entscheidung, die nicht *gegen Eltern* gerichtet ist, sondern gegen die ganze Welt.

Schuld und Unfähigkeit sind in diesem Zusammenhang Begriffe, die zwar gern gebraucht werden – und nicht selten aus der direkten Umgebung kommen –, aber völlig fehl am Platze sind. Nach dem Tod verfallen Eltern – besonders Mütter – häufig in eine Sprachlosigkeit. Das ist normal und verständlich, es gehört zur Trauerarbeit.

Ich glaube, daß die Kinder »das nur bedingt wollen«. Auch wenn sie einen anderen Weg eingeschlagen haben, war doch die Zeit, die gemeinsam erlebt wurde, ein Signal, das deutlich gemacht hat, wie sehr Hinwendung und innere Verständigung das Leben bestimmen.

Gelingt es, diese Erkenntnisse in das tägliche Leben einzubauen, haben sie nicht umsonst gelebt.

Wir könnten in der Tat viel von ihnen lernen.

Adressen und Bücher, die weiterhelfen

1. Sie werden in der Klinik bereits viele Anlaufadressen bekommen haben, die Ihnen und Ihrem Kind – so denn nötig – weiterhelfen. Ihr[e] Kinderarzt/-ärztin wird Ihnen auf Wunsch gern weitere Stellen nennen.

2. Eine Zusammenstellung von Selbsthilfegruppen als bundesweiter Wegweiser findet sich bei Schmidt: »Elternselbsthilfegruppen«, Verlag Schmidt-Römhild, Lübeck; ISBN 3-7950-1905-2.

3. Eine Übersicht aller Frühförderstellen in Deutschland mit dem Titel »Einrichtungen und Stellen der Frühförderung in der Bundesrepublik« ist zu beziehen über den Bundesminister für Arbeit und Sozialordnung, Postfach 140280, Referat VI, 53107 Bonn.

4. Nationale Kontakt- und Informationsstelle zur Anregung und Unterstützung von Selbsthilfegruppen (NAKOS)
   Albrecht-Achilles-Str. 65
   10709 Berlin Tel. (030) 8914019

5. Zentrale Bundesgeschäftsstelle für Eltern von Frühgeborenen
   c/o Jürgen und Rosita Tappermann
   Flurgasse 17
   41569 Rommerskirchen Tel. (02183) 5100

6. Bundesverband »Das frühgeborene Kind« e.V.
   Von-der-Tann-Straße 7
   69126 Heidelberg

7. GEPS Deutschland
   Gesellschaft zur Erforschung des plötzlichen Säuglingstodes
   Postfach 410262
   76202 Karlsruhe Tel. (0721) 492821

8. Arbeitskreis Kunstfehler in der Geburtshilfe e.V.
   Rosentalstraße 23
   44135 Dortmund Tel. (0231) 525872

Sachverzeichnis

Bücher zum Thema

Brüggemann, J. H.
Vorsorgeuntersuchungen im Kindesalter (U1–U9)
Erläuterungen für Eltern zum »Gelben Heft«
176 S., 43 Abb.
ISBN 3-89373-165-2

Zukunft-Huber, B.
Die ungestörte Entwicklung des Säuglings
Das erste und entscheidende Lebensjahr · Photos zu allen natürlichen Bewegungsphasen · Wie Eltern Fehlhaltungen ihrer Kinder erkennen und vermeiden können
202 S., 175 Abb.
ISBN 3-89373-118-0

Leiber, B. / Schlack, H.
Baby-Lexikon
Ratgeber für Eltern gesunder und kranker Kinder
485 S., 90 Abb.
ISBN 3-89373-155-5

Niessen, K.-H.
Ernährung des Säuglings
Ernährung mit Muttermilch · Industriell gefertigte Säuglingsmilchen · Beikost im ersten Lebensjahr · Diät bei Durchfallerkrankungen
166 S., 17 Abb.
ISBN 3-89373-116-4

Pflüger, L.
Unser Kind braucht Hilfe
Frühförderung behinderter Kinder
230 S., 26 Abb.
ISBN 3-89373-223-3

Seiler, Th.
Erste Hilfe bei Säuglingen und Kindern
Was Sie über akute, lebensbedrohliche Situationen und bei Unfällen wissen müssen, um schnell und richtig zu handeln
98 S., 45 Abb.
ISBN 3-89373-076-1

Zukunft-Huber, B.
Moderne Säuglingsgymnastik
Spiele und Übungen zur Bewegungsförderung · Erkennen von Fehlentwicklungen · Vor- und Nachteile von »Babygeräten«
189 S., 129 Abb.
ISBN 3-89373-069-9

Illing, St.
Impfungen
Was ist eine Impfung, wie und wie lange wirkt sie? Wann sind Impfungen notwendig und sinnvoll, wie häufig und gefährlich sind Komplikationen?
107 S., 3 Abb.
ISBN 3-89373-167-9

Hertl, M. / Hertl, R.
Das kranke Kind
Krankheitszeichen · Behandlungsmöglichkeiten · Pflege zu Hause · Das Kind im Krankenhaus
366 S., 77 Abb.
ISBN 3-89373-152-0

Gratkowski, M. v.
Zwillinge
Mit ihnen fertig werden, ohne selbst fertig zu sein
239 S., 31 Abb.
ISBN 3-89373-137-7